Access 2010 数据库应用教程（第2版）

程凤娟　赵玉娟　主　编

卫权岗　李　浩　副主编

清华大学出版社

北　京

内 容 简 介

本书是以教育部高等学校计算机基础课程教学指导委员会制定的计算机基础课程教学的基本要求为指导,从数据库的基础理论开始,由浅入深、循序渐进地介绍了 Access 2010 数据库各种对象的功能及创建,最后通过一个完整的 Access 2010 数据库应用系统开发案例将全书的内容贯穿起来。全书共分 9 章,内容分别为数据库系统概述、Access 2010 入门、表、查询、窗体、报表、宏、模块与 VBA 编程、教学管理系统的开发。配套的《Access 2010 数据库应用教程学习指导(第 2 版)》(ISBN 978-7-302-52158-7)提供多种类型的实验案例,适合实践课堂教学。

本书既可作为高等院校数据库应用技术课程的教材,也可作为全国计算机等级考试二级 Access 的培训教材或参考书。

图书在版编目(CIP)数据

Access 2010 数据库应用教程 / 程凤娟,赵玉娟 主编. —2 版. —北京:清华大学出版社,2019
(2021.1 重印)
　　ISBN 978-7-302-52163-1

　　Ⅰ.①A⋯　Ⅱ.①程⋯　②赵⋯　Ⅲ.①关系数据库系统-高等学校-教材　Ⅳ.①TP311.138

　　中国版本图书馆 CIP 数据核字(2019)第 003547 号

责任编辑:王　定
封面设计:孔祥峰
版式设计:思创景点
责任校对:牛艳敏
责任印制:沈　露

出版发行:清华大学出版社
　　　　　网　　　址:http://www.tup.com.cn,http://www.wqbook.com
　　　　　地　　　址:北京清华大学学研大厦 A 座　　　　　邮　　　编:100084
　　　　　社 总 机:010-62770175　　　　　　　　　　　　邮　　　购:010-62786544
　　　　　投稿与读者服务:010-62776969,c-service@tup.tsinghua.edu.cn
　　　　　质 量 反 馈:010-62772015,zhiliang@tup.tsinghua.edu.cn
印 装 者:三河市龙大印装有限公司
经　　销:全国新华书店
开　　本:185mm×260mm　　　　印　　张:19　　　　字　　数:439 千字
版　　次:2015 年 2 月第 1 版　　2019 年 1 月第 2 版　　印　　次:2021 年 1 月第 4 次印刷
定　　价:58.00 元

产品编号:082070-01

前　　言

　　目前，数据库技术与应用已成为高等院校非计算机专业必修的计算机基础教学的典型核心课程。Access 是一个关系型数据库管理系统，是 Microsoft Office 的组件之一，它可以有效地组织、管理和共享数据库中的数据，并将数据库与 Web 结合在一起。

　　本书在写作模式上吸取了国内外优秀教材重视案例教学的优点，以应用为目的、以案例贯穿始终，系统详细地介绍了数据库的基础理论知识、Access 2010 数据库中的各种对象和 VBA 编程等内容，最后还给出教学案例的开发过程，为读者模仿、修改、拓展、延伸和创新提供了原型。本书努力将知识传授、能力培养和素质教育融为一体，实现理论教学与实践教学的完美结合。配套的《Access 2010 数据库应用教程学习指导(第 2 版)》(ISBN 978-7-302-52158-7)提供多种类型的实验案例，适合实践课堂教学。

　　全书共 9 章，各章内容安排如下：

　　第 1 章主要介绍数据库系统的基础知识和理论。

　　第 2 章主要介绍 Access 2010 的基础操作，包括数据库的创建、打开与关闭、管理及数据库对象的导入、导出、复制、删除等操作。

　　第 3 章主要介绍 Access 2010 中表的操作，包括表的创建、表的基本操作及表间关系等。

　　第 4 章主要介绍 Access 2010 中的查询及其应用，包括各类查询的创建、SQL 语句等。

　　第 5 章主要介绍 Access 2010 中的窗体设计及应用，包括窗体的创建、窗体和控件的属性设置等。

　　第 6 章主要介绍 Access 2010 中的报表设计及编辑，包括报表的创建、在报表中进行计算和统计等。

　　第 7 章主要介绍 Access 2010 中的宏及其应用，包括宏的创建、调试和运行方法等。

　　第 8 章主要介绍 Access 2010 中的模块和 VBA 编程，包括模块的创建、VBA 程序的基本结构、过程的创建等。

　　第 9 章主要介绍教学案例"教学管理系统"的开发过程。

　　书中加星号*的章节属于能力提升部分，不要求读者掌握。

　　由于时间仓促，书中难免存在疏漏和不妥之处，敬请各位读者和专家批评指正。

　　本书课件、习题参考答案和教学案例"教学管理系统"下载：

课　件

习题参考答案

教学管理系统

作　者

2018 年 10 月

目　　录

第1章 数据库系统概述

数据库技术产生于 20 世纪 60 年代末期，它是现代信息科学与技术的重要组成部分，是计算机数据处理与信息管理系统的核心。数据库技术是通过研究数据库的结构、存储、设计、管理和应用的基本实现方法，并利用这些理论来实现对数据库中的数据进行处理、分析和理解的技术。简而言之，数据库技术是研究、管理和应用数据库的一门软件科学。

本章将介绍数据库、数据库系统、数据模型、关系数据库及其运算等知识。

【学习要点】
- 数据库系统及其组成
- 数据库模型
- 关系数据库

1.1 数据库系统基本概念

1.1.1 数据和信息

数据是描述现实世界中各种事物的物理符号记录，是最原始的、彼此分散孤立的、未被加工处理过的记录，其具体的表现形式有数字、字母、文字、图形、图像、动画、声音等。在计算机系统中，一切能被计算机接收和处理的物理符号都称为数据。

信息是对现实世界中事物运动状态和特征的描述，是一种已经被加工为特定形式的数据。信息是对数据的解释，是数据含义的体现。

数据和信息是两个互相联系、互相依赖但又互相区别的概念。数据是用来记录信息的可识别的符号，是信息的具体表现形式。数据是信息的符号表示或载体，信息则是数据的内涵，是对数据的语义解释。只有经过加工处理，形成的具有使用价值的数据才能称为信息。

数据要经过处理才能变为信息。数据处理是将数据转换成信息的过程，是指对信息进行收集、整理、存储、加工及传播等一系列活动的总和。数据处理的目的是从大量的、杂乱无章的甚至是难以理解的原始数据中，提炼、抽取出人们所需要的有价值、有意义的数据(即信息)，作为科学决策的依据。

可用下式简单地表示数据、信息与数据处理的关系：

$$信息 = 数据 + 数据处理$$

数据是原料，是输入；而信息是产出，是输出结果。数据处理的真正含义应该是为了产生信息而处理数据。数据、信息和数据处理的关系如图 1-1 所示。

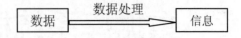

图 1-1 数据、信息和数据处理的关系

数据的组织、存储、检查和维护等工作是数据处理的基本环节，这些工作一般统称为数据管理。

1.1.2 数据管理技术的产生与发展

数据管理技术就是数据库技术，是对数据进行收集、分类、组织、编码、存储、检索和维护等一系列活动的总和，是数据处理的核心问题。数据管理技术经历了人工管理、文件系统和数据库系统三个阶段，每个阶段的发展都以数据存储冗余不断减小、数据独立性不断增强、数据操作更加方便简单为标志。

1. 人工管理阶段

这一阶段(20 世纪 50 年代中期以前)的计算机主要用于科学计算。外部存储器只有卡片、纸带、磁带，没有磁盘等直接存取存储设备；软件只有汇编语言，没有操作系统，更无统一的数据管理方面的软件；对数据的管理完全在程序中进行，数据处理的方式基本上是批处理。程序员编写应用程序时，要考虑具体的数据物理存储细节，即每个应用程序中还要包括数据的存储结构、存取方法、输入方式、地址分配等，如果数据的类型、格式或输入输出方式等逻辑结构或物理结构发生变化，必须对应用程序做出相应的修改，因此程序员负担很重。另外，数据是面向程序的，一组数据只能对应一个程序，很难实现多个应用程序共享数据资源，因此程序之间有大量的冗余数据。概括起来，这个阶段有如下特点：

(1) 用户管理数据。

(2) 数据不能共享，冗余度极大。

(3) 数据不独立，完全依赖于程序。

(4) 数据无结构。

在人工管理阶段，数据和程序之间的关系如图 1-2 所示。

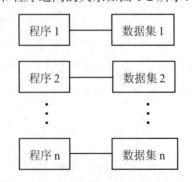

图 1-2 人工管理阶段数据和程序之间的关系

2. 文件系统阶段

这一阶段(20 世纪 50 年代后期至 20 世纪 60 年代中期)的计算机不仅用于科学计算,还大量用于信息管理。随着数据量的增加,数据的存储、检索和维护等问题成为紧迫的需要,数据结构和数据管理技术迅速发展了起来。外部存储器有了磁盘、磁鼓等直接存取的存储设备;软件方面出现了高级语言和操作系统。操作系统中的文件系统专门管理外部存储设备中的数据,文件是操作系统管理的重要资源之一,用户可以把相关数据组织成一个文件存放在计算机中,由文件系统对数据的存取进行管理,处理方式有批处理,也有联机实时处理。文件用户可随时对文件进行查询、修改和增删等处理。这一阶段的特点如下:

(1) 数据以"文件"的形式可以长期保存。

(2) 数据的逻辑结构和物理结构有了区别,但比较简单。

(3) 数据共享性差,冗余度大。

(4) 数据有了一定的独立性。

(5) 对数据的操作以记录为单位。

在文件系统阶段,数据和程序之间的关系如图 1-3 所示。

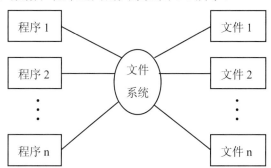

图 1-3　文件系统阶段数据和程序之间的关系

尽管文件系统有了很大的进步,但仍然存在一些缺点,主要体现在以下几个方面:

(1) 数据冗余度大。数据冗余度指同一数据重复存储时的重复程度。文件系统阶段各数据文件之间没有有机的联系,一个文件基本上对应于一个应用程序,数据不能共享,因此数据冗余度大。

(2) 数据独立性不高。文件系统中的文件是为某一特定应用服务的,许多情况下不同的应用程序使用的数据和程序相互依赖,系统不易扩充。一旦改变数据的逻辑结构,必须修改相应的应用程序,而应用程序发生变化,如改用另一种程序设计语言来编写程序,也需修改数据结构。

(3) 数据一致性差。由于相同数据的重复存储、各自管理,在进行更新操作时,容易造成数据的不一致性。

3. 数据库系统阶段

这一阶段(20 世纪 60 年代后期以来)的计算机硬件和软件技术得到了飞速发展,计算机管理的对象规模越来越大，应用范围也越来越广泛，数据量急剧增长，同时多种应用、多种语言相互覆盖地共享数据集合的要求也越来越强烈，数据库技术便应运而生，出现了统一管理数据的专门软件系统，即数据库系统。

与人工管理和文件系统阶段相比较，数据库系统阶段具有以下特点：

(1) 数据结构化，使用数据模型描述。

(2) 数据共享性高、冗余度小、易扩充。

(3) 数据独立性高。

(4) 统一的数据管理和控制。

在数据库系统阶段，数据和程序之间的关系如图 1-4 所示。

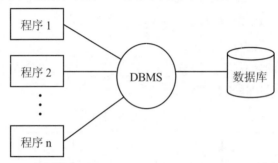

图 1-4 数据库系统阶段数据和程序之间的关系

以上三个阶段的特点对照参见表 1-1。

表 1-1 数据管理三阶段的特点对照

三个阶段 特点	人工管理阶段	文件系统阶段	数据库系统阶段
数据的管理者	用户	文件系统	数据库管理系统(DBMS)
数据面向的对象	某一应用程序	某一应用程序	现实世界(一个部门、企业等)
数据共享程度	无共享，冗余度极大	共享性差，冗余度大	共享性高，冗余度小
数据的独立性	不独立，完全依赖于程序	独立性差	具有高度的物理独立性和一定的逻辑独立性
数据的结构化	无结构	记录内有结构，整体无结构	整体结构化，用数据模型描述
数据控制能力	应用程序自己控制	应用程序自己控制	由 DBMS 提供数据安全性、完整性、并发控制和恢复能力

1.1.3 数据库系统的组成

数据库系统(DataBase System，DBS)是指引进数据库技术后的整个计算机系统。它能够实现有组织地、动态地存储大量相关数据，并能提供数据处理和信息资源共享。

数据库系统一般由数据库、硬件、软件和人员组成。

1. 数据库

数据库(DataBase，DB)是指长期存储在计算机内有组织、可共享的数据集合。数据库中的数据按一定的数学模型组织、描述和存储，具有较小的冗余、较高的数据独立性和易扩展性，并可为各种用户共享。

2. 硬件

硬件是指构成计算机系统的各种物理设备，包括存储所需的外部设备。由于数据库系统承担着数据管理的任务，它主要在计算机操作系统的支持下工作，而且包含着数据库管理例行程序、应用程序等，因此要求有足够大的内存空间。同时，由于用户的数据库管理软件都要保存在外存储器上，所以对外存储器容量的要求也很高，还应具有较好的通道性能。简而言之，硬件的配置应满足整个数据库系统的需要。

3. 软件

软件包括操作系统、数据库管理系统和数据库应用系统。数据库管理系统(DataBase Management System，DBMS)是数据库系统的核心软件，是在操作系统的支持下工作，解决如何科学地组织和存储数据，如何高效获取和维护数据的系统软件。其主要功能包括如下几点：

(1) 数据定义。DBMS 提供数据定义语言(Data Definition Language，DDL)，供用户定义数据库的三级模式结构、两级映象及完整性约束和保密限制等约束。DDL 主要用于建立、修改数据库的库结构。DDL 所描述的库结构仅仅给出了数据库的框架，数据库的框架信息被存放在数据字典(Data Dictionary)中。

(2) 数据操作。DBMS 提供数据操作语言(Data Manipulation Language，DML)，供用户实现对数据的追加、删除、更新、查询等操作。

(3) 数据库的运行管理。数据库的运行管理功能包括多用户环境下的并发控制、安全性检查和存取限制控制、完整性检查和执行、运行日志的组织管理、事务的管理和自动恢复，即保证事务的原子性。这些功能保证了数据库系统的正常运行。

(4) 数据组织、存储与管理。DBMS 要分类组织、存储和管理各种数据，包括数据字典、用户数据、存取路径等，需确定以何种文件结构和存取方式在存储级上组织这些数据，如何实现数据之间的联系。数据组织和存储的基本目标是提高存储空间利用率，选择合适的存取方法，提高存取效率。

(5) 数据库的保护。数据库中的数据是信息社会的战略资源，所以数据的保护至关重要。DBMS 对数据库的保护通过 4 个方面来实现：数据库的恢复、数据库的并发控制、数据库的完整性控制、数据库的安全性控制。DBMS 的其他保护功能还有系统缓冲区的管理和数据存储的某些自适应调节机制等。

(6) 数据库的维护。这部分包括数据库的数据载入、转换、转储、数据库的重组合重构及性能监控等功能，分别由各个使用程序来完成。

(7) 通信。DBMS 具有与操作系统的联机处理、分时系统及远程作业输入的相关接口，负责处理数据的传送。网络环境下的数据库系统，还应该包括 DBMS 与网络中其他软件系统的通信功能以及数据库之间的互操作功能。

4. 人员

人员主要有三类：数据库开发人员、数据库管理员和最终用户。数据库开发人员包括系统分析员、系统设计员和程序员。系统分析员负责应用系统的需求分析和规范说明，与用户和数据库管理员一起确定系统的硬件配置，并参与数据库系统的概要设计；系统设计员负责数据库中数据的确定、数据库各级模式的设计；程序员负责设计和编写应用系统的程序模块，并进行调试和安装。数据库管理员(DataBase Administrator，DBA)，负责数据库的总体信息控制。DBA 的具体职责包括：确定数据库中的信息内容和结构，决定数据库的存储结构和存取策略，定义数据库的安全性要求和完整性约束条件，监控数据库的使用和运行，负责数据库的性能改进、数据库的重组和重构。最终用户通过应用系统的用户接口访问数据库。

数据库系统的组成如图 1-5 所示。

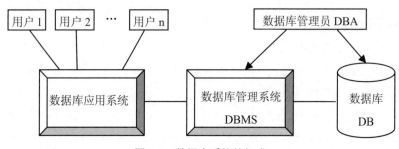

图 1-5　数据库系统的组成

1.1.4　数据库系统的结构

数据库系统的结构是数据库系统的一个总框架，可以从多种不同的角度考查数据库系统的结构。从数据库管理系统的角度看，数据库系统通常采用"外模式-模式-内模式"三级模式结构，如图 1-6 所示。

1. 外模式

外模式(External Schema)又称为子模式(Subschema)或用户模式，它是数据库用户(包括应用程序员和最终用户)能够看到并使用的局部数据的逻辑结构和特征的描述，是数据库用户的数据视图，是与某一应用有关的数据的逻辑表示。

外模式通常是模式的子集，一个数据库可以有多个外模式。由于它是各个用户的数据视图，如果不同的用户在应用需求、看待数据的方式、对数据保密的要求等存在差异，则其外模式描述就是不同的。即使对模式中同一数据记录，在外模式中的结构、类型、长度、保密级别等都可以不同。此外，同一个外模式也可为某一用户的多个应用系统所用，但一个应用程序只能使用一个外模式。

外模式是保证数据库安全性的一个有力措施。每个用户只能看见和访问所对应的外模式中的数据，数据库中其余数据是不可见的。

DBMS 提供子模式描述语言(子模式 DDL)来严格定义子模式。

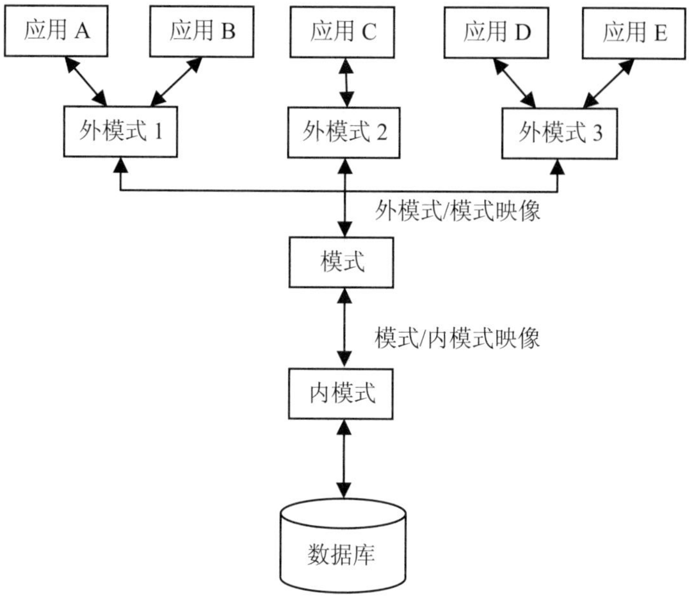

```
  ┌──────┐  ┌──────┐   ┌──────┐   ┌──────┐  ┌──────┐
  │应用 A │  │应用 B │   │应用 C │   │应用 D │  │应用 E │
  └──────┘  └──────┘   └──────┘   └──────┘  └──────┘
```

图 1-6　数据库系统的三级模式结构

2. 模式

模式(Schema)又称为概念模式或逻辑模式，是数据库中全体数据的逻辑结构和特征的描述，是所有用户的公共数据视图。一个数据库只有一个模式。

模式处于三级结构的中间层，它以某一种数据模型为基础，表示了数据库的整体数据。模式是客观世界某一应用环境中所有数据的集合，也是所有个别用户视图综合起来的结果，又称用户公共数据视图。视图可理解为用户或程序员看到和使用的数据库的内容。

定义模式时不仅要定义数据的逻辑结构(例如数据记录由哪些数据项构成，数据项的名字、类型、长度和取值范围等)，而且要定义与数据有关的安全性、完整性要求，定义这些数据之间的联系。

DBMS 提供模式描述语言(模式 DDL)来描述逻辑模式，严格定义数据的名称、特征、相互关系和约束等。

3. 内模式

内模式(Internal Schema)又称为存储模式(Storage Schema)，是数据物理结构和存储方式的描述，是数据在数据库内部的表示方式。一个数据库只有一个内模式。

DBMS 提供内模式描述语言(内模式 DDL，或者存储模式 DDL)来严格定义内模式。

总而言之，内模式处于最底层，它反映数据在计算机物理结构中的实际存储形式；模式处于中间层，它反映设计者的数据全局逻辑要求；外模式处于最外层，它反映用户对数据的要求。

1.2 数 据 模 型

1.2.1 基本概念

数据是对客观事物的符号表示，模型是对现实世界特征的模拟和抽象。数据模型(Data Model)是对数据特征的抽象。

数据库系统的核心是数据库，数据库是根据数据模型建立的，因而数据模型是数据库系统的基础。

计算机不能直接处理现实世界中的客观事物，人们必须把具体事物转换成计算机能够处理的数据。将客观事物转换为数据，是一个逐步转化的过程，经历了现实世界、信息世界和机器世界这三个不同的世界，经历了两级抽象和转化。首先将现实世界中的客观事物抽象为某一种信息结构，这种信息结构不依赖于具体的计算机系统，不是某一个 DBMS 支持的数据模型，而是概念级的模型；然后再将概念模型转换为计算机上某一个 DBMS 支持的数据模型，如图 1-7 所示。

图 1-7　数据抽象过程

1.2.2 组成要素

一般来讲，任何一种数据模型都是严格定义的概念集合。这些概念必须能够精确地描述系统的静态特性、动态特性和完整性约束条件。因此，数据模型通常都是由数据结构、数据操作和数据完整性约束三个要素组成。

1. 数据结构

数据结构研究数据之间的组织形式(数据的逻辑结构)、数据的存储形式(数据的物理结构)及数据对象的类型等。存储在数据库中的对象类型的集合是数据库的组成部分。例如，在教学管理中，要管理的数据对象有学生、教师、成绩等基本情况。学生对象集中，每个学生包括学号、姓名、性别、出生日期、政治面貌等信息，这些基本信息描述了每个学生的特性，构成在数据库中存储的框架，即对象类型。

数据结构用于描述系统的静态特性，是刻画一个数据模型性质最重要的方面。因此，在数据库系统中，通常按照其数据结构的类型来命名数据模型。例如，层次结构、网状结构、关系结构的数据模型分别命名为层次模型、网状模型和关系模型。

2. 数据操作

数据操作用于描述系统的动态特性，是指对数据库中的各种对象(型)的实例(值)允许执行的操作的集合，包括操作及有关的操作规则。数据库主要有查询和更新(包括插入、删除、修改)两大类操作。数据模型必须定义这些操作的确切含义、操作符号、操作规则(如优先级)及实现操作的语言。

3. 数据完整性约束

数据完整性约束是一组完整性规则的集合。完整性规则是给定的数据模型中数据及其联系所具有的制约和储存规则，用以符合数据模型的数据库状态及状态的变化，以保证数据的正确、有效和相容。

数据模型应该反映和规定本数据模型必须遵守的、基本的、通用的完整性约束。此外，数据模型还应该提供定义完整性约束的机制，以反映具体所涉及的数据必须遵守的特定语义约束。例如，在学生信息中，学生的"性别"只能为"男"或"女"。

数据模型是数据库技术的关键，它的三个要素完整地描述了一个数据模型。

1.2.3　数据模型的层次类型

根据数据抽象的不同级别，可以将数据模型分为三层，即概念数据模型、逻辑数据模型和物理数据模型。

从现实世界到概念模型的转换由数据库设计人员完成；从概念模型到逻辑模型的转换可由数据库设计人员完成，也可用数据库设计工具协助设计人员来完成；从逻辑模型到物理模型的转换一般由 DBMS 完成。

1. 概念数据模型

概念数据模型简称为概念模型或信息模型。概念模型用于信息世界的建模，与具体的 DBMS 无关。为了把现实世界中的具体事物抽象、组织为某一 DBMS 支持的数据模型，人们常常先将现实世界抽象为信息世界，然后再将信息世界转换为机器世界。

概念模型最常用的表示方法是实体-联系方法(Entity-Relationship approach，E-R 方法)，该方法用 E-R 图(E-R diagram)描述概念模型。所以，E-R 方法也称 E-R 模型、E-R 图或实体-联系图等。E-R 方法是由美籍华裔计算机科学家陈品山(Peter Chen)于 1976 年首先提出的。它提供不受任何 DBMS 约束的面向用户的表达方法，是在数据库设计中被广泛用作数据建模的工具。下面对一些基本概念和基本 E-R 数据模型进行介绍。

(1) 基本概念。

① 实体。现实世界中的客观事物称为实体，它是现实世界中任何可区分、可识别的事物。实体可以指人，如教师、学生等，也可以指物，如书、仓库等。它不仅可以指客观存在的事物，也可以指抽象的事件，如演出、足球赛等，还可以指事物与事物之间的联系，如学生选课、客户订货等。

② 属性。每个实体必定具有一定的特征(性质)，这样才能以此来区分一个个实体。如教师的编号、姓名等都是教师实体的特征。实体的特征称为属性，一个实体可用若干属性来刻画。属性有"型"和"值"之分，属性型就是属性名及其取值类型，属性值就是属性

在其值域中所取的具体值。如学生实体中的姓名属性中，姓名和取值字符类型是属性型，而"郭莹"是属性值。

③ 实体型。具有相同属性的实体必然具有共同的特征，所以若干个属性型所组成的集合可以表示一个实体的类型，简称实体型，一般用实体名和属性名的集合表示。

④ 实体集。性质相同的同类实体的集合称为实体集，如所有学生、所有课程等。

⑤ 实体之间的联系。实体之间的对应关系称为联系，它反映了现实世界事物之间的相互关联。如学生和课程是两个不同的实体，但学生进行选课时，两者之间就发生了关联，建立了联系。联系的种类分为以下三种：

● 一对一联系(1 : 1)。如果对于实体集 A 中的每一个实体，实体集 B 中有且只有一个实体与之联系，反之亦然，则称实体集 A 与实体集 B 具有一对一联系。例如，一个班级只有一个班长，一个班长只在一个班级任职，班长与班级之间的联系是一对一的联系。

● 一对多联系(1 : N)。如果对于实体集 A 中的每一个实体，实体集 B 中有多个实体与之联系，反之，对于实体集 B 中的每一个实体，实体集 A 中至多只有一个实体与之联系，则称实体集 A 与实体集 B 有一对多的联系。例如，一个班级有许多学生，但一个学生只能在一个班级就读，所以班级和学生之间的联系是一对多的联系。

● 多对多联系(N : M)。如果对于实体集 A 中的每一个实体，实体集 B 中有多个实体与之联系，而对于实体集 B 中的每一个实体，实体集 A 中也有多个实体与之联系，则称实体集 A 与实体集 B 之间有多对多的联系。例如，一个学生可以选修多门课程，任何一门课程可以被多个学生选修，所以学生和课程之间的联系是多对多的联系。

(2) E-R 模型。

E-R 模型又称 E-R 图，是由实体集、属性和联系构成，其表示方法如下：

用矩形表示实体集，矩形框内写明实体名；用椭圆表示实体的属性，并用无向边将其与相应的实体型连接起来；用菱形表示实体型之间的联系，在菱形框内写明联系名，并用无向边分别与有关实体型连接起来，同时在无向边旁标上联系的类型(1 : 1, 1 : N 或 N : M)。

学生和课程的联系对应的 E-R 模型如图 1-8 所示(图中只列出了部分属性)。

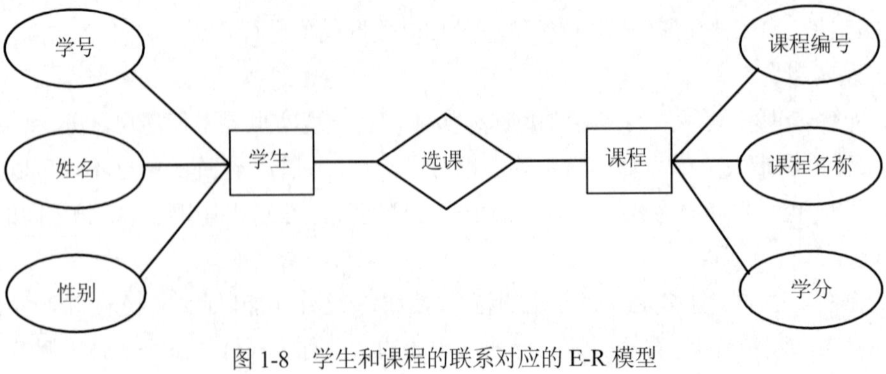

图 1-8 学生和课程的联系对应的 E-R 模型

2. 逻辑数据模型

逻辑数据模型简称为逻辑模型或数据模型。概念数据模型是概念上的抽象，它与具体的 DBMS 无关，而逻辑数据模型与具体的 DBMS 有关，描述数据库数据的整体逻辑结构。

逻辑模型是用户通过 DBMS 看到的现实世界，是按计算机系统的观点对数据建模，即数据的计算机实现形式，主要用于 DBMS 的实现。因此，逻辑模型既要考虑用户容易理解，又要考虑便于 DBMS 的实现。

下面简单介绍三种常用的逻辑数据模型：层次模型、网状模型和关系模型。

(1) 层次模型。

层次模型(Hierarchical Model)是最早出现的数据模型，它是采用层次数据结构来组织数据的数据模型。层次模型可以简单、直观地表示信息世界中实体、实体的属性及实体之间的一对多联系。它使用记录类型来描述实体；使用字段来描述属性；使用结点之间的连线表示实体之间的联系。

层次数据结构也称树型结构，树中的每个结点代表一种记录类型。满足以下两个条件的数据模型称为层次模型：

● 只有一个结点没有双亲结点(双亲结点也称父结点)，该结点称为根结点。

● 根结点以外的其他结点有且只有一个双亲结点。

层次模型可以很自然地表示家族结构、行政组织结构等。图 1-9 所示为使用层次模型表示的某高校的部分组织结构。

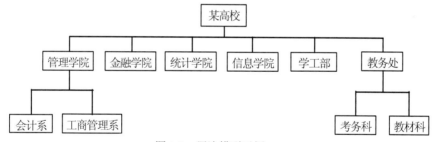

图 1-9　层次模型示例

① 层次模型的三要素。

● 数据结构：使用记录类型表示实体，使用结点之间的连线表示一对多的联系。

● 数据操作：包括结点的查询和结点的更新(如插入、删除和修改)操作。

● 数据完整性约束：一个模型只有一个根结点，其他结点只能有一个双亲结点，结点之间是一对多的联系。

② 层次模型的优点。

● 结构简单、清晰，容易理解。

● 结点之间联系简单，查询效率高。

③ 层次模型的缺点。

● 不能表示一个结点有多个双亲的情况。

- 不能直接表示多对多的联系，需要将多对多联系分解成多个一对多的联系。常用的分解方法是冗余结点法和虚拟结点法。
- 插入、删除限制多。例如，删除父结点则相应的子结点也被同时删除等。
- 必须要经过父结点，才能查询子结点。因为在层次模型中，没有一个子结点的记录值能够脱离父结点的记录值而独立存在。

(2) 网状模型。

网状模型(Network Model)采用网状结构，能够直接描述一个结点有多个父结点，以及结点之间的多对多联系。

网状模型是满足以下两个条件的基本层次联系的集合：

- 允许一个以上的结点无双亲。
- 一个结点可以有多个的双亲。

实际上，层次模型是网状模型的一个特例。网状模型去掉了层次模型中的限制，允许多个结点没有双亲结点，允许结点有多个双亲结点，还允许结点之间存在多对多的联系。使用网状模型可以表示多对多联系。

在教学过程中，学生、教师、课程和教学安排之间的关系可以用网状模型表示，如图 1-10 所示。

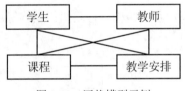

图 1-10　网状模型示例

① 网状模型的三要素。

- 数据结构：使用记录类型表示实体，使用字段描述实体的属性，每个记录类型可包含若干个字段，使用结点之间的连线表示一对多的联系。
- 数据操作：包括结点的查询和结点的更新操作。
- 数据完整性约束：支持码的概念，用于唯一标识记录的数据项的集合；保证一个联系中双亲结点与子结点之间是一对多联系；支持双亲记录和子记录之间的某些约束条件，如只删除双亲结点等。

② 网状模型的优点。

- 网状模型具有良好的性能，存取效率较高。
- 结点之间的联系具有灵活性，能表示事物之间的复杂联系，更适合描述客观世界。

③ 网状模型的缺点。

- 结构复杂，实现网状数据库管理系统比较困难。
- 不容易学习和掌握。
- 应用程序在访问数据时还需要指定存取路径。
- 不支持集合处理，即没有提供一次处理多个记录的功能。

(3) 关系模型。

关系模型(Relational Model)在 1970 年由 IBM 公司的 E.F.Codd 首次提出。关系模型可以描述一对一、一对多和多对多的联系，并向用户隐藏存取路径，大大提高了数据的独立性及程序员的工作效率。此外，关系模型建立在严格的数学概念和数学理论基础之上，支持集合运算。

① 关系模型的三要素。

● 数据结构：实体及实体间的各种联系都用关系来表示，关系用二维表表示。

● 数据操作：可实现数据的更新、查询等操作。

● 数据完整性约束：包括实体完整性、参照完整性和用户定义完整性。

② 关系模型的优点。

● 有严格的数学理论根据。

● 数据结构简单、清晰，用户易懂易用。

● 存取路径对用户透明，从而具有更高的数据独立性、更好的安全保密性，也简化了程序员的工作和数据库建立开发的工作。

③ 网状模型的缺点。

● 查询效率不如非关系模型。

● 增加了开发数据库管理系统的负担。

在关系模型中，实体和实体之间的联系均由关系来表示。关系模型的本质是一张二维表，表 1-2 所示为"学生"关系示例。

表 1-2　"学生"关系

学　号	姓　名	性　别	出生日期	政治面貌
201801010101	郭莹	女	2001 年 3 月 6 日	普通居民
201801010102	刘莉莉	女	1999 年 1 月 27 日	普通居民
201801010103	张婷	女	1999 年 10 月 9 日	普通居民
201801010104	辛盼盼	女	1999 年 6 月 28 日	普通居民
201801010105	许一润	男	1999 年 4 月 26 日	普通居民
201801010106	李琪	女	1999 年 5 月 23 日	普通居民
201801010107	王琰	女	1999 年 3 月 10 日	普通居民
201801010108	马洁	女	1999 年 8 月 10 日	普通居民
201801010109	牛丹霞	女	1999 年 2 月 14 日	普通居民
201801010110	徐易楠	女	1999 年 10 月 28 日	普通居民

3. 物理数据模型

物理层的数据抽象称为物理数据模型(Physical Data Model，PDM)，简称为物理模型，它不但由 DBMS 的设计决定，而且与操作系统、计算机硬件密切相关。物理模型的具体实现是 DBMS 的任务，数据库设计人员要了解和选择物理模型，一般用户不必考虑物理层的细节。

物理层是数据抽象的最底层，用于描述数据的物理存储结构和存取方法。例如，数据的物理记录格式是变长还是定长；数据是压缩还是非压缩；一个数据库中的数据和索引(index)是存放在相同的还是不同的数据段上等。索引提供了对包含特定值的数据项的快速访问，建立索引是加快查询速度的有效手段。索引占用一定的存储空间，当基本表更新时，索引需要进行相应的维护，这就增加了数据库的负担，因此要根据实际应用的需求有选择地创建索引。

1.3　关系数据库

1.3.1　基本概念

用关系模型建立的数据库就是关系数据库。关系数据库建立在严格的数学理论基础上，数据结构简单、易于操作和管理。在关系数据库中，数据被分散到不同的数据表中，每个表中的数据只记录一次，从而避免数据的重复输入，减少数据冗余。Microsoft Access 2010 数据库就是关系数据库。

1.3.2　常用术语

1. 关系

一个关系就是一个二维表，每个关系都有一个关系名。在 Access 中，一个关系可以存储在一个数据库表中，每个表有唯一的表名，即数据表名。

2. 元组

在二维表中，每一行称为一个元组，对应表中一条记录。

3. 属性

在二维表中，每一列称为一个属性，每个属性都有一个属性名。在 Access 数据库中，属性也称为字段。字段由字段名、字段类型组成，在定义和创建表时对其进行定义。

4. 域

属性的取值范围称为域，即不同的元组对于同一属性的取值所限定的范围。例如，性别属性的取值范围只能是"男"或"女"，百分制的成绩属性值应在 0~100 之间。

5. 关键字

关键字是二维表中的一个属性或若干个属性的组合，即属性组，它的值可以唯一地标识一个元组。例如，在学生表中，每个学生的学号是唯一的，它对应唯一的学生，因此，学号可以作为学生表的关键字，而姓名不能作为关键字。

6. 主键

当一个表中存在多个关键字时，可以指定其中一个作为主关键字，而其他的关键字为候选关键字。主关键字简称为主键。一个关系只有一个主键。

7. 外部关键字

如果一个关系中的属性或属性组并非该关系的关键字，但它们是另外一个关系的关键字，则称其为该关系的外部关键字。

1.3.3　关系完整性

关系完整性是为保证数据库中数据的正确性和相容性，对关系模型提出的某种约束条件或规则。完整性通常包括实体完整性、参照完整性和用户定义完整性，其中实体完整性和参照完整性是关系模型必须满足的完整性约束条件。

1. 实体完整性

实体完整性(Entity Integrity)是指关系的主关键字不能重复也不能取"空值"。

一个关系对应现实世界中一个实体集。现实世界中的实体是可以相互区分、识别的，即它们应具有某种唯一性标识。在关系模式中，以主关键字作为唯一性标识，而主关键字中的属性(称为主属性)不能取空值。否则，表明关系模式中存在着不可识别的实体(因空值是"不确定"的)，这与现实世界的实际情况相矛盾，这样的实体就不是一个完整实体。按实体完整性规则要求，主属性不得取空值，如主关键字是多个属性的组合，则所有主属性均不得取空值。

2. 参照完整性

参照完整性(Referential Integrity)是定义建立关系之间联系的主关键字与外部关键字引用的约束条件。

关系数据库中通常都包含多个存在相互联系的关系，关系与关系之间的联系是通过公共属性来实现的。所谓公共属性，它是一个关系 R(称为被参照关系或目标关系)的主关键字，同时又是另一关系 K(称为参照关系)的外部关键字。那么，参照关系 K 中外部关键字的取值，要么与被参照关系 R 中某元组主关键字的值相同，要么取空值，在这两个关系间建立关联的主关键字和外部关键字引用，符合参照完整性规则要求。如果参照关系 K 的外部关键字也是其主关键字，根据实体完整性要求，主关键字不得取空值，因此，参照关系 K 外部关键字的取值实际上只能取相应被参照关系 R 中已经存在的主关键字值。

在教学管理数据库中，如果将成绩表作为参照关系，学生表作为被参照关系，以"学号"作为两个关系进行关联的属性，则成绩关系通过外部关键字"学号"参照学生关系。

3. 用户定义完整性

实体完整性和参照完整性约束机制，主要是针对关系的主键和外键取值必须有效而给出的约束规则。除了实体完整性和参照完整性约束之外，关系数据库管理系统允许用户定义其他的数据完整性约束条件。用户定义完整性(User Defined Integrity)约束是用户针对某一具体应用的要求和实际需要，以及按照实际的数据库运行环境要求，对关系中的数据所定义的约束条件，它反映的是某一具体应用所涉及的数据必须要满足的语义要求和条件。这一约束机制一般由关系模型提供定义并检验。

用户定义的完整性约束包括属性上的完整性约束和整个元组上的完整性约束。属性上的完整性约束也称为域完整性约束。域完整性约束是最简单、最基本的约束，是指对关系中属性取值的正确性限制，包括关系中属性的数据类型、精度、取值范围、是否允许空值等。例如，在课程(课程编号,课程名称,学分,课程类型)关系中，规定"课程编号"属性的数据类型是字符型，长度为 4 位；"学分"取值在 1～6 之间等。

关系数据库管理系统一般都提供了 NOT NULL 约束、UNIQUE 约束(唯一性)、值域约束等用户定义的完整性约束。例如，在使用 SQL 语言 CREATE TABLE 时，可以用 CHECK 短语定义元组上的约束条件，即元组级的限制，当插入元组或修改属性的值时，关系数据库管理系统将检查元组上的约束条件是否被满足。

1.3.4　关系运算

关系模型中常用的关系操作有查询、插入、删除和修改 4 种。查询操作是在一个关系或多个关系中查找满足条件的列或行，得到一个新的关系；插入操作是在指定的关系中插入一个或多个元组；删除操作是将指定关系中的一个或多个满足条件的元组删除；修改操作是针对指定关系中满足条件的一个或多个元组，修改其数据项的值。

关系代数是关系操作能力的一种表示方式。关系代数是一种抽象的查询语言，也是关系数据库理论的基础之一。

关系代数是通过对关系的运算来表达查询的，关系运算的三要素是运算对象、运算符和运算结果。关系运算的对象是关系，运算的结果也是关系。关系代数运算符通常包括 4 类：集合运算符、专门的关系运算符、算术比较符和逻辑运算符。

按照运算符的不同，将关系代数的操作分为传统的集合运算和专门的关系运算两大类。

1. 传统的集合运算

从集合论的观点来定义关系，将关系看成是若干个具有 K 个属性的元组集合。通过对关系进行集合操作来完成查询请求。传统的集合运算是从关系的水平方向进行的，包括并、交、差和广义笛卡儿积，属于二目运算。

要使并、差、交运算有意义，必须满足两个条件：一是参与运算的两个关系具有相同的属性数目；二是这两个关系对应的属性取自同一个域，即属性的域相同或相容。

(1) 并(Union)。设关系 R 和关系 S 具有相同的目 K，即两个关系都有 K 个属性，且相应的属性取自同一个域，则关系 R 与 S 的并是由属于 R 或属于 S 的元组构成的集合，并运算的结果仍是 K 目关系。其形式定义如下：R∪S={t|t∈R∨t∈S}，其中，t 为元组变量。

(2) 交(Intersection)。设关系 R 和关系 S 具有相同的目 K，即两个关系都有 K 个属性，且相应的属性取自同一个域，则关系 R 与 S 的交是由既属于 R 又属于 S 的元组构成的集合，交运算的结果仍是 K 目关系。其形式定义如下：R∩S={t|t∈R∧t∉S}。

交运算可以使用差运算来表示：R∩S=R-(R-S)或者 R∩S=S-(S-R)。

(3) 差(Difference)。设关系 R 和关系 S 具有相同的目 K，即两个关系都有 K 个属性，且相应的属性取自同一个域，则关系 R 与 S 的差是由属于 R 但不属于 S 的元组构成的集合，差运算的结果仍是 K 目关系。其形式定义如下：R-S={t|t∈R∧t∈S}。

进行并、交、差运算的两个关系必须具有相同的结构。对于 Access 数据库来说，是指两个表的结构要相同。

(4) 广义笛卡儿积(Extended Cartesian Product)。设关系 R 的属性数目是 K1，元组数目为 M；关系 S 的属性数目是 K2，元组数目为 N；则 R 和 S 的广义笛卡儿积是一个(K1+K2)列的(M×N)个元组的集合，记作 R×S。

广义笛卡儿积是一个有序对的集合。有序对的第一个元素是关系 R 中的任何一个元组，有序对的第二个元素是关系 S 中的任何一个元组。

如果 R 和 S 中有相同的属性名，可在属性名前加上所属的关系名作为限定。

2. 专门的关系运算

专门的关系运算既可以从关系的水平方向进行运算，也可以从关系的垂直方向运算，主要包括选择、投影和连接运算。

(1) 选择(Selection)。选择运算是从关系的水平方向进行运算，是从关系 R 中选取符合给定条件的所有元组，生成新的关系，记作：Σ条件表达式(R)。

其中，条件表达式的基本形式为 XθY，θ 表示运算符，包括比较运算符(<，<=，>，>=，=，≠)和逻辑运算符(∧，∨，¬)。X 和 Y 可以是属性、常量或简单函数。属性名可以用它的序号或者它在关系中列的位置来代替。若条件表达式中存在常量，则必须用英文引号将常量括起来。

选择运算是从行的角度对关系进行运算，选出条件表达式为真的元组。

(2) 投影(Projection)。投影运算是从关系的垂直方向进行运算，在关系 R 中选取指定的若干属性列，组成新的关系，记作：∏属性列(R)。

投影操作是从列的角度对关系进行垂直分割，取消某些列并重新安排列的顺序。在取消某些列后，元组或许有重复，该操作会自动取消重复的元组，仅保留一个。因此，投影操作的结果使得关系的属性数目减少，元组数目可能也会减少。

(3) 连接(Join)。连接运算从 R 和 S 的笛卡尔积 R×S 中选取(R 关系)在 A 属性组上的值与(S 关系)在 B 属性组上值满足比较关系 θ 的元组。

在连接运算中有两种最为重要的连接：等值连接和自然连接。

① 等值连接(Equal Join)。当 θ 为 "=" 时的连接操作称为等值连接。也就是说，等值连接运算是从 R×S 中选取 A 属性组与 B 属性组的值相等的元组。

② 自然连接(Natural Join)。自然连接是一种特殊的等值连接。关系 R 和关系 S 的自然连接，首先要进行 R×S，然后进行 R 和 S 中所有相同属性的等值比较的选择运算，最后通过投影运算去掉重复的属性。自然连接与等值连接的主要区别是，自然连接的结果是两个关系中的相同属性只出现一次。

1.4　数据库设计基础

数据库设计是数据库技术的主要内容之一。数据库设计是指对于给定的应用环境(包括硬件环境和操作系统、DBMS 等软件环境)，构建一个性能良好的、能满足用户要求的、能够被选定的 DBMS 所接受的数据库模式，建立数据库及应用系统，使之能够有效地、合理地采集、存储、操作和管理数据，满足企业或组织中各类用户的应用需求。

数据库设计的主要内容有数据库的结构特性设计和数据库的行为特性设计。数据库的结构特性设计起着关键作用。

数据库的结构特性是静态的，一般情况下不会轻易变动。因此，数据库的结构特性设计又称为静态结构设计。其设计过程是：先将现实世界中的事物、事物之间的联系用 E-R 图表示，再将各个分 E-R 图汇总，得出数据库的概念结构模型，最后将概念结构模型转换为数据库的逻辑结构模型表示。

数据库的行为结构设计是指确定数据库用户的行为和动作。数据库用户的行为和动作是指数据查询和统计、事物处理及报表处理等，这些都需要通过应用程序来表达和执行，因而设计数据库的行为特征要与应用系统的设计结合进行。由于用户的行为是动态的，所以，数据库的行为特性设计也称为数据库的动态设计。其设计过程是：首先将现实世界中的数据及应用情况用数据流图和数据字典表示，并详细描述其中的数据操作要求，进而得出系统的功能结构和数据库的子模式。

1.4.1　数据库设计原则

为了合理组织数据，应遵循以下的基本设计原则：

(1) 确保每个表描述的是一个单一的事物。

(2) 确保每个表都有一个主键。

(3) 确保表中的字段不可分割。

(4) 确保在同一个数据库中，一个字段只在一个表中出现(外键除外)。

(5) 用外键保证有关联的表之间的联系。

1.4.2　数据库设计步骤

考虑数据库及其应用系统开发的全过程，可以将数据库设计过程分为以下 6 个阶段。

(1) 需求分析阶段。进行数据库应用软件的开发，首先必须准确了解与分析用户需求(包括数据处理)。需求分析是整个开发过程的基础，是最困难、最耗费时间的一步。作为地基的需求分析是否做得充分与准确，决定了在其上建造数据库大厦的速度与质量。需求分析做得不好，会导致整个数据库应用系统开发返工重做的严重后果。

(2) 概念结构设计阶段。概念结构设计是整个数据库设计的关键，它通过对用户需求进行综合、归纳与抽象，形成一个独立于具体 DBMS 的概念模型，一般用 E-R 图表示概念模型。

(3) 逻辑结构设计阶段。逻辑结构设计是将概念结构转化为选定的 DBMS 所支持的数据模型，并使其在功能、性能、完整性约束、一致性和可扩充性等方面均满足用户的需求。

(4) 数据库物理设计阶段。数据库的物理设计是为逻辑数据模型选取一个最适合应用环境的物理结构(包括存储结构和存取方法)。即利用选定的 DBMS 提供的方法和技术，以合理的存储结构设计一个高效的、可行的数据库的物理结构。

(5) 数据库实施阶段。数据库实施阶段的任务是根据逻辑设计和物理设计的结果，在计算机上建立数据库，编制与调试应用程序，组织数据入库，并进行系统测试和试运行。

(6) 数据库运行和维护阶段。数据库应用系统经过试运行后即可投入正式运行。在数据库系统运行过程中必须不断地对其进行评价、调整与修改。

开发一个完善的数据库应用系统不可能一蹴而就，它往往是上述 6 个阶段的不断反复。而这 6 个阶段不仅包含了数据库的(静态)设计过程，而且包含了数据库应用系统(动态)的设计过程。在设计过程中，应该把数据库的结构特性设计(数据库的静态设计)和数据库的行为特性设计(数据库的动态设计)紧密结合起来，将这两个方面的需求分析、数据抽象、系统设计及实现等各个阶段同时进行，相互参照，相互补充，以完善整体设计。

1.4.3　数据库设计范式

设计关系数据库时，遵从不同的规范要求，设计出合理的关系型数据库，这些不同的规范要求被称为不同的范式，各种范式呈递次规范，越高的范式数据库冗余越小。

目前关系数据库有 6 种范式：第一范式(1NF)、第二范式(2NF)、第三范式(3NF)、巴德斯科范式(BCNF)、第四范式(4NF)和第五范式(5NF，又称完美范式)。满足最低要求的范式是第一范式(1NF)。在第一范式的基础上进一步满足更多规范要求的称为第二范式(2NF)，其余范式以此类推。一般说来，数据库只需满足第三范式(3NF)就行了。

1. 第一范式(1NF)

在任何一个关系数据库中，1NF 是对关系模式的基本要求，不满足 1NF 的数据库就不是关系数据库。所谓 1NF 是指关系中每个属性都是不可再分的数据项。

例如，表 1-3 所示是不符合第一范式的，而表 1-4 所示是符合第一范式的。

表 1-3　非规范化关系

教师编号	姓名	联系电话	
		固定电话	移动电话
14250	张三	8686888	13901234567

表 1-4　满足 1NF 的关系

教师编号	姓名	联系电话
14250	张三	86868888

2. 第二范式(2NF)

在一个满足 1NF 的关系中,不存在非关键字段对任一候选关键字段的部分函数依赖(部分函数依赖是指存在组合关键字中的某些字段决定非关键字段的情况),即所有非关键字段都完全依赖于任意一组候选关键字,则称这个关系满足 2NF。

假定成绩关系为(学号,姓名,年龄,课程名称,成绩,学分),关键字为组合关键字(学号,课程名称),因为存在如下决定关系:

(学号,课程名称)→(姓名,年龄,成绩,学分);(课程名称)→(学分);(学号)→(姓名,年龄)

所以这个数据库表不满足第二范式,原因是存在组合关键字中的字段决定非关键字的情况。

由于不符合 2NF,这个选课关系表会存在如下问题:

(1) 数据冗余。同一门课程由 n 个学生选修,"学分"就重复 n-1 次;同一个学生选修了 m 门课程,姓名和年龄就重复 m-1 次。

(2) 更新异常。若调整了某门课程的学分,数据表中所有行的"学分"值都要更新,否则会出现同一门课程学分不同的情况。

(3) 插入异常。假设要开设一门新的课程,暂时还没有人选修。由于没有"学号"关键字,课程名称和学分无法输入数据库。

(4) 删除异常。假设一批学生已经完成课程的选修,这些选修记录就应该从数据库表中删除。但是,与此同时,课程名称和学分信息也被删除。很显然,这会导致插入异常。

把选课关系表改为如下 3 个表:

学生(学号,姓名,年龄);课程(课程名称,学分);成绩(学号,课程名称,成绩)

这样的数据库表是符合第二范式的,消除了数据冗余、更新异常、插入异常和删除异常。另外,所有单关键字的数据库表都符合第二范式,因为不可能存在组合关键字。

3. 第三范式(3NF)

在一个满足 2NF 的关系中,如果不存在非关键字段对任一候选关键字段的传递函数依赖,则符合第三范式。所谓传递函数依赖,指的是如果存在 A→B→C 的决定关系,则 C 传递函数依赖于 A。因此,满足第三范式的关系应该不存在如下依赖关系:

关键字段→非关键字段 x→非关键字段 y

假定学生关系为(学号,姓名,年龄,所在学院,学院地点,学院电话)，关键字为单一关键字“学号”，因为存在如下决定关系：

(学号)→(姓名,年龄,所在学院,学院地点,学院电话)

所以这个数据库是符合 2NF 的，但是不符合 3NF，原因是存在如下决定关系：

(学号)→(所在学院)→(学院地点,学院电话)

即存在非关键字段“学院地点”“学院电话”对关键字段“学号”的传递函数依赖。它会存在数据冗余、更新异常、插入异常和删除异常的情况。

把学生关系表分为如下两个表：

学生(学号,姓名,年龄,所在学院)；学院(学院,地点,电话)

这样的数据库表是符合第三范式的，消除了数据冗余、更新异常、插入异常和删除异常。

以上三范式的通俗理解如下。

第一范式：是对属性的原子性约束，要求属性具有原子性，不可再分解。

第二范式：是对记录的唯一性约束，要求记录有唯一标志，即实体的唯一性。

第三范式：是对字段冗余性的约束，即任何字段不能由其他字段派生而来，它要求字段没有冗余。

1.5　习　　题

1.5.1　简答题

1. 简述数据库系统的组成。
2. 简述层次模型、网状模型和关系模型的优缺点。
3. 什么是 E-R 图？构成 E-R 图的基本要素是什么？
4. 简述关系模型的基本术语。
5. 什么是关系的完整性？试举例说明关系的完整性约束条件。

1.5.2　选择题

1. 下列有关数据库的描述，正确的是(　　)。
   A．数据库设计是指设计数据库管理系统
   B．数据库技术的根本目标是要解决数据共享的问题
   C．数据库是一个独立的系统，不需要操作系统的支持
   D．数据库系统中，数据的物理结构必须与逻辑结构一致
2. 在数据库管理技术的发展中，数据独立性最高的是(　　)。

A. 人工管理　　　　B. 文件系统　　　　C. 数据库系统　　　　D. 数据模型

3. 在数据库设计中，将 E-R 图转换成关系数据模型的过程属于(　　)。

A. 需求分析阶段　　B. 概念设计阶段　　C. 逻辑设计阶段　　　　D. 物理设计阶段

4. 下列选项中，不属于数据模型所描述内容的是(　　)。

A. 数据类型　　　　B. 数据操作　　　　C. 数据结构　　　　　D. 数据约束

5. 在关系运算中，选择运算的含义是(　　)。

A. 在基本表中选择满足条件的记录组成一个新的关系

B. 在基本表中选择需要的字段(属性)组成一个新的关系

C. 在基本表中选择满足条件的记录和属性组成一个新的关系

D. 上述说法均是正确的

6. 两个关系在没有公共属性时，其自然连接操作表现为(　　)。

A. 笛卡儿积操作　　　　　　　　　　B. 等值连接操作

C. 空操作　　　　　　　　　　　　　D. 无意义的操作

7. 设有如图 1-11 所示的关系表，则下列操作正确的是(　　)。

R

A	B	C
4	5	6
5	6	4
7	8	9

S

A	B	C
4	5	6
10	9	4

T

A	B	C
4	5	6

图 1-11　关系表

A. T=R/S　　　　　B. T=R×S　　　　C. T=R∩S　　　　　D. T=R∪S

8. 在 E-R 模型中，表示属性的图形是(　　)。

A. 菱形　　　　　　B. 椭圆形　　　　　C. 矩形　　　　　　D. 直线

9. 按照数据抽象的不同级别，数据模型可分为三种模型，它们是(　　)。

A. 小型、中型和大型模型　　　　　　B. 网状、环状和链状模型

C. 层次、网状和关系模型　　　　　　D. 概念、逻辑和物理模型

10. 下列实体之间存在多对多联系的是(　　)。

A. 宿舍与学生　　　B. 学生与课程　　　C. 病人与病床　　　D. 公司与职工

1.5.3　填空题

1. 数据库系统 DBS 的核心组成部分是＿＿＿＿＿＿，其英文缩写是＿＿＿＿＿＿。

2. 用二维表的形式来表示实体之间联系的数据模型称为＿＿＿＿＿＿。

3. 数据库管理员的英文缩写是＿＿＿＿＿＿。

4. 将 E-R 模型转换为关系模式时，实体和联系都可以表示为＿＿＿＿＿＿。

5. 在关系模型中，操作的对象和结果都是＿＿＿＿＿＿。

第2章　Access 2010入门

Access 2010 是 Office 2010 办公软件的一个重要组件，是小型的桌面型关系数据库管理系统，主要用于数据管理。它可以高效地完成各类中小型数据库管理工作，可以广泛应用于财务、金融、统计和审计等多种管理领域，可以大大提高数据处理的效率。它还是特别适合非计算机专业的普通用户开发所需的各种数据库应用系统。

【学习要点】
- Access 2010 的工作界面
- Access 2010 的数据库对象
- 数据库的创建
- 数据库的基本操作

2.1　Access 2010 概述

2.1.1　Access 2010 的特点

Access 2010 不仅继承和发扬了以前版本功能强大、界面友好、易学易用的优点，又有了新的变化。其发生的变化主要有智能特性、用户界面、创建 Web 网络数据功能、新的数据类型、宏的改进和增强、主题的改进、布局视图的改进及生成器功能的增强等方面。这些增加的功能，使得原来十分复杂的数据库管理、应用和开发工作变得更简单、更轻松、更方便；同时更加突出了数据共享、网络交流、安全可靠的特性。

Access 2010 的主要功能和特点如下。

1. 入门更快速方便

利用 Access 2010 的社区功能，不但可以使用以前版本开发的成果，还能以他人创建的数据库模板为基础展开工作。用户可以从社区提交的数据库模板或 Office.com 上提供的数据库模板中选择并进行修改，快速地完成开发数据的具体需要。

2. 面向对象的开发环境

Access 是一个面向对象、采用事件驱动的关系型数据库管理系统，允许用户使用 VBA(Visual Basic for Applications)语言作为应用程序开发工具，通过数据库对象、控件、属性、事件、方法及类、封装、继承、消息、传递等面向对象程序设计机制，实现对数据库应用系统的开发。

3. 兼容多种数据格式

Access 符合开放数据库连接(Open Database Connectivity，ODBC)标准，通过 ODBC 驱动程序可以与其他数据库相连，能够与 Excel、Word、Outlook、XML、SharePoint、dBASE 等其他软件进行数据交互和共享。

4. 可使用应用程序部件

用户可以通过使用"应用程序部件"插入或创建数据库局部或整个数据库应用程序，创建表格、窗体和报表作为数据库的组成部分。应用程序部件是 Access 2010 的新增功能，它是一个模板，是构成数据库的一部分。用户可以创建预设格式的表或者具有关联窗体和报表的表，如图 2-1 所示。如果向数据库中添加"任务"应用程序部件，用户将获得"任务"表、"任务"窗体，以及用于将"任务"表与数据库中的其他表相关联的选项。

5. 可使用主题实现专业设计

如图 2-2 所示，利用"主题"可以更改数据库的总体设计，包括颜色和字体。从各种主题中进行选择，或者设计用户自己的自定义主题，可以制作出美观的窗体。

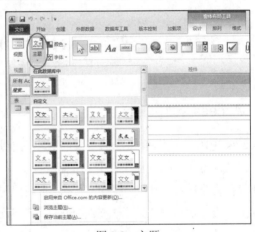

图 2-1　应用程序部件   图 2-2　主题

6. 具有智能感知特性

用户可以使用智能感知特性轻松编写 Access 表达式。使用智能感知的快速信息、工具说明和自动完成，用户可以减少录入错误，不用花费时间去记忆函数名称和语法，能有更多时间去重点关注编写应用程序的逻辑。如图 2-3 所示，在"条件："中输入字母 s 后，Access 智能感知出以 s 开头的系统函数和表的名字，用鼠标指向 StrReverse 函数时，显示其功能是：返回与指定字符串的字符顺序相反的字符串。

图 2-3　Access 2010 的智能感知特性

7. 各版本之间的兼容性强

在 Access 2010 中可以查看和调用以 Access 2000/2003/2007/2013/2016 版本创建的数据库,并快速实现各种版本的兼容和转换。用户不用因为 Access 版本的升级而重新设计数据库,不同版本的应用程序和用户间可以便捷地共享数据库资源。

8. 共享数据库

用户可以将自己的 Access 数据与实时 Web 内容集成。Access 2010 有两种数据库类型的开发工具:标准桌面数据库类型和 Web 数据库类型。使用 Web 数据库开发工具可以开发网络数据库,实现数据库的共享。

Access 2010 提供了一种作为 Web 应用程序部署到 SharePoint 服务器的新方法。Access 2010 与 SharePoint 技术结合,可以基于 SharePoint 的数据创建数据库,也可以与 SharePoint 服务器交换数据。

2.1.2　Access 2010 的启动与退出

1. 启动 Access 2010

启动 Access 2010 的方式主要有 4 种:

(1) 选择"开始"|"程序"中的命令。

(2) 双击桌面快捷图标。

(3) 选择"开始"菜单选项。

(4) 打开已存在的数据库文件。

2. 退出 Access 2010

关闭并退出 Access 2010 的方法主要有 6 种:

(1) 选择"文件"|"退出"命令。

(2) 单击标题栏上的"关闭"按钮。

(3) 单击标题栏上的控制图标,在弹出的快捷菜单中选择"关闭"命令。

(4) 双击控制图标。

(5) 右击标题栏,在弹出的快捷菜单中选择"关闭"命令。

(6) 按【Alt+F4】组合键。

说明:

"文件"|"关闭"命令用来关闭数据库窗口。

2.1.3　Access 2010 的工作界面

Access 2010 将工作界面分为 Access 2010 工作首界面(即 Backstage 视图)和操作界面两个部分。用户在启动 Access 2010 时就打开了工作首界面,之后用户在操作中用到的界面就是操作界面。

1. 工作首界面(Backstage 视图)

启动 Access 2010 后，屏幕上将显示 Access 2010 的工作首界面，如图 2-4 所示。

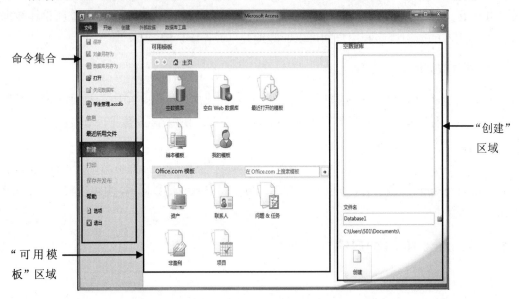

图 2-4　Access 2010 的工作首界面

工作首界面(Backstage 视图)由三部分组成：命令集合、"可用模板"区域和"创建"区域。

(1) 命令集合。工作首界面的左侧是"文件"选项卡上的命令集合。用户在该视图中可以对数据库实现保存、打开、新建、关闭、退出等操作，并可以快速访问最近用过的数据库。

(2) "可用模板"区域。工作首界面的中间是"可用模板"区域，其中包含多种数据库模板，用户可根据需要选择模板来创建数据库，可提高工作效率。

(3) "创建"区域。工作首界面的右侧是"创建"区域，用户创建新数据库时，可在该区域指定数据库的名称和保存位置。

2. 操作界面

操作界面由三个主要组件组成：功能区、导航窗格和工作区。在选择某种数据库模板创建数据库或打开某个数据库后，即正式进入 Access 2010 的操作界面，如图 2-5 所示。下面主要介绍功能区和导航窗格。

(1) 功能区。

功能区是一个包含多组命令且横跨程序窗口顶部的带状选项卡区域。功能区分组显示常用命令的按钮，Access 2010 允许把功能区隐藏起来，便于扩大数据库的显示区域。隐藏与展开功能区的方法有两种：双击任一选项卡或单击功能区的"最小化/展开"按钮。

选项卡包括文件、开始、创建、外部数据和数据库工具。

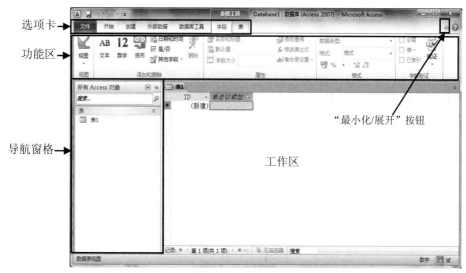

图 2-5　操作界面

"文件"选项卡是 Access 2010 增加的一个选项卡，其结构、布局和功能与其他选项卡完全不同，如图 2-6 所示。文件窗口分为左右窗格，左窗格显示操作命令，主要包括保存、打开、关闭数据库、新建、打印、帮助、选项和退出等，右窗格显示左窗格所选命令的结果。

图 2-6　"文件"选项卡

思考：

图 2-4 和图 2-6 都是选择"文件"选项卡后显示的 Backstage 视图，两者有何区别？

"开始"选项卡用来对数据表进行各种常用操作，操作按钮分别放在"视图"等 7 个组中，如图 2-7 所示。当打开不同的数据库对象时，组中的显示会有所不同。每个组都有

"可用"和"禁止"两种状态。

图 2-7　"开始"选项卡

"创建"选项卡用来创建数据库对象，操作按钮分别放在"模板"等 6 个组中，如图 2-8 所示。

图 2-8　"创建"选项卡

"外部数据"选项卡用来进行内外数据交换的管理和操作，操作按钮分别放在"导入并链接"等 3 个组中，如图 2-9 所示。

图 2-9　"外部数据"选项卡

"数据库工具"选项卡用来管理数据库后台，操作按钮分别放在"工具"等 6 个组中，如图 2-10 所示。

图 2-10　"数据库工具"选项卡

(2) 导航窗格。

导航窗格是 Access 程序窗口左侧的窗格(参见图 2-5)，用户可在其中使用数据库对象。

导航窗格用来帮助用户组织归类数据库对象，并且是打开或更改数据库对象的主要方式。在打开或创建数据库后，数据库对象将显示在导航窗格中，如图 2-11 所示。

单击导航窗格中数据库对象按钮⚟时，即可展开该对象，显示出其中内容。例如，单击"表"右侧的按钮，当前数据库中的所有表对象都会显示出来。

图 2-11　导航窗格

导航窗格可以最小化或者隐藏起来。单击导航窗格右上角的按钮«或按【F11】键可以最小化导航窗格，再次单击可以还原导航窗格。隐藏与显示需在"选项"对话框中设置。

3. 上下文选项卡

Access 2010 采用的上下文选项卡是一种新的 Office 用户界面元素。当用户进行的操作不同时，在常规选项卡的右侧就会显示一个或多个上下文选项卡，其中包含对当前对象的操作命令。例如，用户在创建表对象时，在"数据库工具"选项卡的右侧会显示一个"表格工具"的上下文选项卡，其含有"字段"和"表"两项，如图 2-12 所示。

图 2-12　"表格工具"上下文选项卡

4. 文档式选项卡

Access 2010 使用文档式选项卡取代重叠窗口来显示数据库对象，如图 2-13 所示。文档式选项卡界面的优点是便于用户与数据库的交互，它不仅可以在 Access 窗口中用更小的空间显示更多的信息，而且可以方便用户查看和管理对象。

当打开的对象比较多时，在文档窗口的上部只显示一部分对象，单击左右侧的滚动按钮，即可显示其他对象。

图 2-13　文档式选项卡

说明：

通过"Access 选项"对话框可对文档选项卡进行显示与隐藏的设置。

5. Access 选项

"Access 选项"对话框如图 2-14 所示。在"Access 选项"对话框中，除了可以进行上文提到的设置之外，还可以进行个性化设置：修改默认文件格式、自定义功能区、自定义快速访问工具栏等。

图 2-14　"Access 选项"对话框

2.2　Access 2010 数据库的创建

Access 2010 提供两种创建数据库的方法：一种是使用模板创建，另一种是从空白开始创建。它还提供了两类数据库的创建：一类是客户端数据库，另一类是 Web 数据库。本书介绍客户端数据库的创建和设计。

2.2.1　使用模板创建数据库

模板是预设的数据库，含有已定义好的数据结构，还包含执行特定任务所需的所有表、查询、窗体和报表。用户既能以原样使用模板，也能对模板进行修改。

若用户所需数据库与模板接近，则使用模板是创建数据库最快的方式，效果也最佳。除了可以使用本地模板创建数据库之外，还可以利用 Internet 上的资源，即在 Office.com 网站上下载所需的模板。

Access 2010 附带 5 个 Web 数据库模板：资产 Web 数据库、慈善捐赠 Web 数据库、联系人 Web 数据库、问题 Web 数据库和项目 Web 数据库；并附带 7 个客户端数据库模板：事件、教职员、营销项目、罗斯文、销售渠道、学生和任务。Web 数据库既可发布到运行 Access Service 的服务器上，也可作为客户端数据库，故适用于任何环境；客户端数据库不会发布到服务器，但可以通过将它们放在共享网络文件夹或文档库中实现共享。

使用模板创建数据库的操作步骤如下：

(1) 启动 Access 2010。

(2) 在工作首界面的"可用模板"区域，单击"样本模板"，如图 2-15 所示。

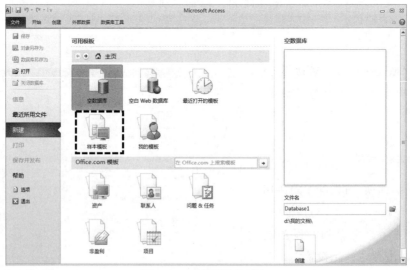

图 2-15　"新建"选项卡

(3) 在"可用模板"窗格中单击所需模板，在右侧的"文件名"文本框中，输入数据库文件名，如图 2-16 所示。若要更改文件的保存位置，可单击"文件名"文本框右侧的"浏览某个位置来存放数据库"按钮来选择新的位置。

(4) 单击"创建"按钮。

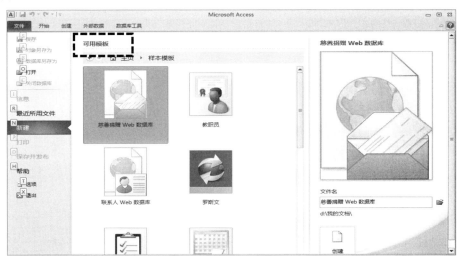

图 2-16　"可用模板"区域中的数据库模板

说明：

利用模板创建的数据库如果不满足用户需求，可在数据库创建完成后修改。

2.2.2　创建空数据库

若没有满足用户需要的数据库模板，或是要导入数据，就要创建空白数据库。空白数据库中不包含任何对象，用户可根据实际情况，添加所需的表、查询、窗体、报表、宏和模块。

创建空白数据库的操作步骤如下：

(1) 启动 Access 2010。

(2) 在工作首界面的"可用模板"区域，单击"空数据库"，参见图 2-15。

(3) 在右侧的"文件名"文本框中，输入数据库文件名。

(4) 单击"创建"按钮。

Access 2010 默认的第一个空白数据库的名称为 Database1.accdb，用户可根据需要将主文件名修改。在这里，将主文件名修改为"教学管理系统"。

说明：

创建空数据库时，系统会为数据库自动添加一个名为"表 1"的表对象。如果不需要此表，可直接关闭，系统会自动删除此表。

2.3　数据库的打开与关闭

2.3.1　打开数据库

要对已有的数据库进行查看或编辑，必须先将其打开，具体操作方法如下：

(1) 双击数据库文件图标。

(2) 选择 Access 窗口中的"文件"|"打开"命令，在弹出的"打开"对话框中双击文件或选中文件再单击"打开"按钮。

打开数据库的模式有 4 种，单击"打开"按钮右侧箭头可进行选择，如图 2-17 所示。

(1) 打开：默认方式，是以共享方式打开数据库。

(2) 以只读方式打开：以此方式打开的数据库只能查看不能编辑修改。

(3) 以独占方式打开：此方式表示数据库已打开时，其他用户不能再打开。

(4) 以独占只读方式打开：以此方式打开数据库后，其他用户能以只读方式打开该数据库。

图 2-17　数据库打开方式

2.3.2　关闭数据库

数据库使用结束或要打开另一数据库时，就要关闭当前数据库，具体操作方法如下：

(1) 选择"文件"|"关闭数据库"命令，此方法只关闭数据库而不退出 Access。

(2) 单击标题栏右侧的"关闭"按钮，或选择"文件"|"退出"命令，或双击控制图标，或单击控制图标再选择"关闭"命令，此方法会先关闭数据库然后退出 Access。

2.4　管理数据库

2.4.1　压缩和修复数据库

用户不断地给数据库添加、更新、删除数据及修改数据库设计，这就会使数据库越来越大，致使数据库的性能逐渐降低，出现打开对象的速度变慢、查询运行时间更长等情况。因此，要对数据库进行压缩和修复操作。

压缩和修复数据库的方法分为两种：一是关闭数据库时自动执行压缩和修复；二是手动压缩和修复数据库。

1．关闭数据库时自动执行压缩和修复

(1) 选择"文件"|"选项"命令。

(2) 在弹出的"Access 选项"对话框中，单击"当前数据库"按钮。

(3) 在"应用程序选项"选项组中，选中"关闭时压缩"复选框，如图 2-18 所示。

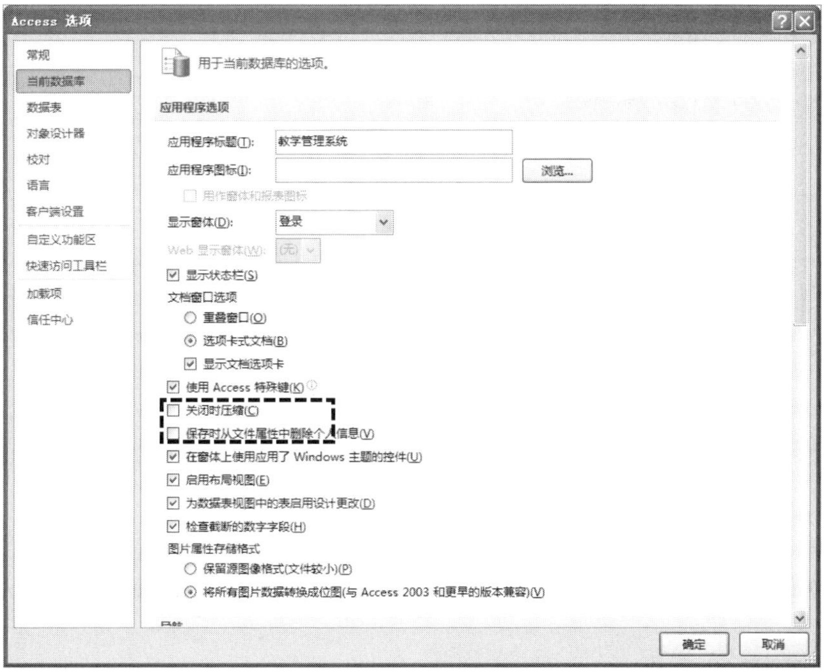

图 2-18　压缩数据库选项

说明:

"关闭时压缩"选项只对当前数据库有效，对于有此需求的数据库，必须单独设置此选项。

2. 手动压缩和修复数据库

(1) 选择"文件"|"信息"命令或单击"数据库工具"选项卡。

(2) 单击"压缩和修复数据库"按钮。

2.4.2　备份与还原数据库

1. 备份数据库

为了避免因数据库损坏或数据丢失给用户造成损失，应对数据库定期做备份。具体操作步骤如下:

(1) 打开要备份的数据库。

(2) 选择"文件"|"保存并发布"命令。

(3) 单击"数据库另存为"区域"高级"选项组中的"备份数据库"按钮，如图 2-19所示。

(4) 单击"另存为"按钮。

(5) 在弹出的"另存为"对话框中选择保存位置，单击"保存"按钮。

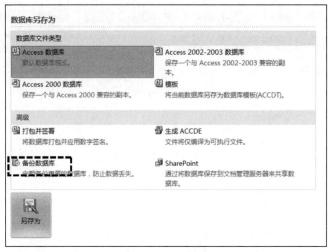

图 2-19　备份数据库

说明:

系统默认的备份数据库名称中包含备份日期, 便于还原数据, 故建议使用默认名称。

2. 还原数据库

还原数据库就是用数据库的备份来替代已经损坏或数据存在问题的数据库。只有在具有数据库备份的情况下, 才能还原数据库。还原数据库的具体步骤如下:

(1) 打开资源管理器, 找到数据库备份。

(2) 将数据库备份复制到需替换的数据库位置。

2.4.3　加密数据库

为了保护数据库不被其他用户使用或修改, 可以给数据库设置访问密码。设置密码后, 还可根据需要, 撤消密码并重新设置密码。

1. 设置用户密码

操作步骤如下:

(1) 以独占方式打开"教学管理系统"数据库。

(2) 选择"文件"|"信息"命令, 打开"有关教学管理系统的信息"窗格, 如图 2-20 所示。

(3) 单击"用密码进行加密"按钮, 弹出"设置数据库密码"对话框, 如图 2-21 所示。

(4) 在"密码"和"验证"文本框中分别输入相同的密码, 然后单击"确定"按钮。

图 2-20　"有关教学管理系统的信息"窗格

2. 撤消用户密码

操作步骤如下:

(1) 以独占方式打开数据库。

(2) 选择"文件"|"信息"命令,打开"有关教学管理系统的信息"窗格。

(3) 单击"解密数据库"按钮,弹出"撤消数据库密码"对话框,如图 2-22 所示。

(4) 在"密码"文本框中输入密码,单击"确定"按钮。

图 2-21　"设置数据库密码"对话框

图 2-22　"撤消数据库密码"对话框

2.4.4　数据库版本的转换

在 Access 中,可以实现数据库在不同版本之间的转换,从而使数据库在不同的 Access 环境中都能使用。Access 2010 可以将当前版本的数据库与以前版本的数据库进行相互转换,转换的方法相同。

数据库转换的操作步骤如下:

(1) 打开要转换的数据库。

(2) 选择"文件"|"保存并发布"命令,打开"文件类型 | 数据库另存为"窗格,单击"数据库另存为"按钮,显示信息如图 2-23 所示。

图 2-23　"文件类型 | 数据库另存为"窗格信息

(3) 在右侧窗格中有 4 个选项按钮,单击所需版本按钮,然后单击"另存为"按钮。

(4) 在弹出的"另存为"对话框中,输入数据库名,单击"保存"按钮。

说明：

当 Access 2010 数据库中使用的某些功能在以前版本中没有时，不能将 Access 2010 数据库转换为以前版本的格式。

2.5　数据库对象的基本操作

2.5.1　Access 2010 的数据库对象

Access 2010 创建一个文件就是创建了一个扩展名为.accdb 的数据库文件。在 Access 2010 数据库文件中，包含表、查询、窗体、报表、宏和模块 6 种对象。

1．表(table)

表是数据库的最基本对象，是创建其他数据库对象的基础。一个数据库中可以包含多个表，在不同表中存放用户所需的不同主题的数据，其他对象都以表为数据源。

2．查询(query)

查询是数据库处理和分析数据的工具。查询是在指定的一个或多个表中，根据给定的条件筛选出符合条件的记录而构成的一个新的数据集合，以供用户查看、更改和分析使用。查询的数据源是表或查询。

3．窗体(form)

窗体既是管理数据库的窗口，又是用户和数据库之间的桥梁。通过窗体可方便地输入、编辑、查询、排序、筛选和显示数据。Access 利用窗体将整个数据库组织起来，从而构成完整的应用系统。窗体的数据源是表或查询。

4．报表(report)

报表是数据库中数据输出的特有形式，它可将数据进行分类汇总、平均、求和等操作，然后通过打印机打印输出。报表的数据源是表或查询。

5．宏(macro)

宏是由一个或多个宏操作组成的集合，它不直接处理数据库中的数据，而是组织 Access 数据处理对象的工具。使用宏可以把数据库对象有机地整合起来协调一致地完成特定的任务。

6．模块(module)

模块是 VBA 语言编写的程序集合，功能与宏类似，但模块可以实现更精细和复杂的操作。

2.5.2　数据库对象的导入

导入是指将外部文件或另一个数据库对象导入到当前数据库的过程。数据的导入使得 Access 与其他文件实现了信息交流的目的。

Access 2010 可以将多种类型的文件导入，包括 Excel 文件、Access 数据库、ODBC 数据库、文本文件、XML 文件等，如图 2-24 所示。

图 2-24　"导入并链接"组的功能按钮

数据库对象导入的操作步骤如下：

(1) 打开需要导入数据的数据库。

(2) 选择"外部数据"选项卡，在"导入并链接"组中单击要导入的数据所在文件的类型按钮，在弹出的"获取外部数据"对话框中完成相关设置后，单击"确定"按钮。

2.5.3　数据库对象的导出

导出是指将 Access 中的数据库对象导出到外部文件或另一个数据库的过程。数据的导出也达到了信息交流的目的。

Access 2010 可以将数据库对象导出为多种数据类型，包括 Excel 文件、文本文件、XML 文件、Word 文件、PDF 文件、Access 数据库等，如图 2-25 所示。

图 2-25　"导出"组的功能按钮

数据库对象导出的操作步骤如下：

(1) 打开要导出的数据库。

(2) 在导航窗格中选择要导出的对象。

(3) 选择"外部数据"选项卡，在"导出"组中单击要导出的文件类型按钮，在弹出的"导出"对话框中完成相关设置后，单击"确定"按钮。

2.5.4　复制数据库对象

可以借助剪贴板对数据库对象进行复制操作，具体操作步骤如下：

(1) 在导航窗格中选中要复制的数据库对象。

(2) 单击"开始"选项卡下"剪贴板"组中的"复制"按钮。

(3) 单击"开始"选项卡下"剪贴板"组中的"粘贴"按钮，弹出"粘贴表方式"对话框，如图 2-26 所示。

图 2-26   "粘贴表方式"对话框

(4) 按实际需要在对话框中设置后，单击"确定"按钮。

说明：

剪贴板功能的使用方式不止一种，可用其他方式代替以上操作中的第(2)、(3)步。

2.5.5 删除数据库对象

删除数据库对象的操作步骤如下。

方法一：

(1) 在导航窗格中右击需要重命名的数据库对象。

(2) 在快捷菜单中选择"删除"命令。

方法二：

(1) 在导航窗格中选中要删除的数据库对象。

(2) 单击"开始"选项卡下"记录"组中的"删除"按钮。

2.5.6 重命名数据库对象

重命名数据库对象的操作步骤如下：

(1) 在导航窗格中右击需要重命名的数据库对象。

(2) 在快捷菜单中选择"重命名"命令。

(3) 输入新名称，按【Enter】键。

2.6 习 题

2.6.1 简答题

1. Access 2010 数据库有哪些对象？各自的作用是什么？

2. 如何创建数据库？

3. 打开和关闭数据库的方法有哪些？

4. 如何给数据库设置密码？

5. 如何将数据库的表导出到 Excel 文件？

6. 导航窗格中显示哪些信息？

2.6.2　操作题

1. 分别用两种方法创建一个名为"教务管理.accdb"的数据库。

2. 将"教学管理系统.accdb"数据库中的所有表导入到"教务管理.accdb"数据库。

3. 压缩与修复"教务管理.accdb"数据库。

4. 为"教务管理.accdb"数据库设置密码。

第3章 表

表是用于存储有关特定主题数据的数据库对象，是数据库组成的基本元素，也是数据库存储数据的唯一方式。表将具有相同性质或相关联的数据存储在一起，以行和列的形式来记录数据，同时它也是所有查询、窗体和报表的基础。

在一个数据库中包含至少一个或多个表，每个表用于存储包含不同主题的信息。如教学管理系统数据库中包含9张表——"学生""教师""课程""成绩""班级""专业""学院""教学安排""学期"，分别用来管理教学过程中有关学生、教师、课程等方面的信息，这些各自独立的表通过建立关系被连接起来，组成一个有机的整体。

【学习要点】
- 表的设计原则
- 结构设计概述
- 创建表
- 表的基本操作
- 表间关系
- 表的导入、导出与链接

3.1 表设计概述

表是数据库中最基本的对象，所有的数据都存在表中。其他数据库对象都是基于表而建立的。在数据库中，其他对象对数据库中数据的任何操作都是针对表进行的。

数据表的主要功能是存储数据，存储的数据主要应用于以下几个方面：

(1) 作为窗体、报表的数据源，用于显示和分析。

(2) 建立功能强大的查询，完成一般表格不能完成的任务。

3.1.1 表的设计原则

作为数据库中其他对象的数据源，表结构设计得好与坏直接影响到数据库的性能，也直接影响整个系统设计的复杂程度。因此，设计一个结构、关系良好的数据表在系统开发中是相当重要的。

在数据库中，一个良好的表设计应该遵循以下原则：

(1) 将信息划分到基于主题的表中，以减少冗余数据。

(2) 向 Access 提供链接表中信息时所需的信息。

(3) 可帮助支持和确保信息的准确性和完整性。

(4) 可满足数据处理和报表需求。

3.1.2　表的构成

表由表结构和表中数据组成。表的结构有字段名称、字段类型和字段属性组成。若干行和若干列组成表。每个表可以包含许多不同数据类型(例如文本、数字、日期和超链接)的字段。

每个字段都应具有唯一的标识名，即字段名称，用以标识该列字段。Access 要求字段名符合以下规则：

(1) 最长可达 64 个字符(包括空格)。

(2) 可采用字母、汉字、数字、空格和其他字符。

(3) 不能包含点(.)、感叹号(!)、方括号([])及不可打印字符(如回车符等)。

(4) 不能使用 ASCII 码中的 34 个控制字符。

在 Access 2010 中，表具有以下限制，如表 3-1 所示。

表 3-1　表的限制

属　　　性	取　　　值
表名的字符个数	64
字段名的字符个数	64
表中字段的个数	255
打开表的个数	2048，此限制包括 Access 从内部打开的表
表的大小	2 GB 减去系统对象需要的空间
文本字段的字符个数	255
备注字段的字符个数	通过用户界面输入数据为 65 535，以编程方式输入数据时为 2 GB 的字符存储
OLE 对象字段的大小	1 GB
表中的索引个数	32
索引中的字段个数	10
有效性消息的字符个数	255
有效性规则的字符个数	2048
表或字段说明的字符个数	255
当字段的 Unicode Compression 属性设置为"是"时记录中的字符个数(除"备注"和"OLE 对象"字段外)	4000
字段属性设置的字符个数	255

3.1.3 数据类型

Access 2010 包括文本、数字、日期/时间、货币、备注、自动编号、附件、计算和查阅向导等数据类型。

不同的数据类型，不仅数据的存储方式可能不同，而且占用的计算机存储空间也不同，同时所能保存的信息长度也是不同的。以数字类型的字段为例，根据字段的大小属性还细分为字节型、整型、长整型、单精度型和双精度型 5 种类型。字节型占 1 字节，它能表示 0～255 之间的整数；整型占 2 字节，它能表示数的范围为-32 768～32 767，而长整型要占 4 字节，它能表示的整型范围更大一些。具体使用哪种类型，根据实际需要而定。

数据类型名称、接受的数据及大小如表 3-2 所示。

表 3-2　数据类型

类 型 名 称	接受的数据	大　　小
文本	文本或文本和数字的组合	最多为 255 个字符
数字	用于数学计算的数值数据	1、2、4、8 字节
日期/时间	从 100 到 9999 年的日期与时间值	8 字节
货币	用于数值数据，整数位为 15，小数位为 4	8 字节
自动编号	自动给每一条记录分配一个递增唯一数值	4 字节
是/否	只包含两者之一(Yes/No, True/False, On/Off)	1 字节
备注	长文本或文本和数字的组合或具有 RTF 格式的文本	最多为 65 535 个字符
OLE 对象	用于存储其他从 Microsoft Windows 应用程序中的 OLE 对象	最多为 1 GB
超级链接	用来存放链接到本地和网络上的地址，为文本形式	
附件	图片、图像、二进制文件、Office 文件，是用于存储数字图像和任意类型的二进制文件的首选数据类型	对于压缩的附件为 2 GB，对于未压缩的附件大约为 700 KB
计算	表达式或结果类型是小数	8 字节
查阅向导	用来实现查阅另外表中的数据或从一个列表中选择的字段	与执行查阅的主键字段大小相同

在关系数据库中，一个数据表中的同一列数据必须具有共同的数据特征。字段类型是指字段取值的数据类型。对于字段该选择哪一种数据类型，可由下面几点来确定：

(1) 存储在表格中的数据内容。比如设置为"数字"类型，则无法输入文本。

(2) 存储内容的大小。如果要存储的是一篇文章的正文，那么设置成"文本"类型显然是不合适的，因为它只存储 255 个字符，约 120 个汉字。

(3) 存储内容的用途。如果存储的数据要进行统计计算，则必然要设置为"数字"或"货币"。

(4) 其他。例如要存储图像、图表等，则要用到"OLE 对象"或"附件"。

3.1.4 字段属性

字段属性是指字段特征值的集合。在创建表的过程中，除了对字段类型、大小属性进行设置外，还要设置字段的其他属性。例如，字段的有效性规则、有效性文本，字段的显示格式等。这些属性的设置使用户在使用数据库时更加安全、方便和可靠。

1. 标题

标题是字段的别名，在数据表视图中，它是字段列标题显示的内容；在窗体和报表中，它是该字段标签所显示的内容。

通常字段的标题为空，但是有些情况下需要设置。设置字段的标题往往和字段名是不同的，例如字段名可以是 tel，而标题是"联系电话"。在数据表视图，用户看到的是标题"联系电话"，在系统内部引用的则是字段名 tel。

2. 格式

"格式"属性用来限制字段数据在数据表视图中的显示格式。不同数据类型的字段，其格式设置不同。对于"文本"类型和"备注"类型的字段，可以在"格式"属性的设置中使用特殊的符号来创建自定义格式。特殊符号说明如表 3-3 所示。

表 3-3　特殊符号说明

符　　号	说　　明
@	需要文本字符
&	不需要文本字符
<	强制所有字符为小写
>	强制所有字符为大写

3. 输入掩码

在数据库管理工作中，有时常常要求以指定的格式和长度输入数据，例如，学生学号既要求以数字的形式输入，又要求输入完整的数位，既不能多又不能少。Access 2010 提供的输入掩码就可以实现上述要求。设置输入掩码的最简单方法是使用 Access 2010 提供的"输入掩码向导"。

Access 2010 不仅提供了预定义输入掩码模板，而且还允许用户自定义输入掩码。对于一些常用的输入格式，如邮政编码、身份证号码和日期等，Access 2010 已经预先定义好其输入格式，用户直接使用即可。如果用户需要的输入掩码在预定义中没有，那么就需要自己定义。

设置字段的输入掩码属性时，使用一串字符作为占位符代表用于格式化电话号码、身份证号码等类型的数据。占位符顾名思义在字段中占据一定的位置。不同的字符具有不同的含义，如表 3-4 所示。

表 3-4　特殊字符说明

字　　符	说　　明
0	数字(0～9，必须输入，不允许加号+和减号-)
9	数字或空格(非必须输入，不允许加号+和减号-)
#	数字或空格(非必须输入；在"编辑"模式下空格显示为空白，但是在保存数据时空白将删除；允许加号+和减号-)
L	字母(A～Z，必须输入)
?	字母(A～Z，可选输入)
A	字母或数字(必须输入)
a	字母或数字(可选输入)
&	任一字符或空格(必须输入)
C	任一字符或空格(可选输入)
.,:;-/	十进制占位符及千位、日期与时间的分隔符
<	强制所有字符为小写
>	强制所有字符为大写
\	使后面的字符以字面字符显示
密码	输入的任何字符均按原字符保存，显示为*

4. 有效性规则和有效性文本

有效性规则用来防止非法数据输入到表中，对输入的数据起着限定的作用。有效性规则使用 Access 表达式来描述。有效性文本是用来配合有效性规则使用的。在设置有效性文本后，当用户输入的数据违反有效性规则时，就会给出明确的提示性信息。

5. 默认值

默认值是一个提高输入数据效率的属性。在一个表中，经常会有一些字段的数据值相同。例如，在学生表中的"性别"字段只有"男"或"女"，而在某些情况下，如男生人数较多的情况下，就可以把默认值设置为"男"，这样输入学生信息时，系统自动在"性别"字段填入"男"，对于少数女生则只需进行修改即可。

6. 必需

该属性取值仅有"是"或"否"两项。当取值为"是"时，表示该字段不能为空；反之，字段可以为空。

7. 允许空字符串

该属性的取值仅有"是"或"否"两项。当取值为"是"时，表示本字段中数据库可以存储和显示多种语言的文本。使用 Unicode 压缩，还可以自动压缩字段中的数据，使得数据库尺寸最小化。

3.1.5 "教学管理系统"数据库的表结构设计实例

在"教学管理系统"数据库中,包含 9 张表,每张表的结构如下。

(1) "班级"表结构如表 3-5 所示。

表 3-5 "班级"表结构

字 段 名 称	数 据 类 型	字 段 大 小
班级编号	文本	20
班级名称	文本	50
入学年份	数字	整型
专业编号	文本	20

(2) "成绩"表结构如表 3-6 所示。

表 3-6 "成绩"表结构

字 段 名 称	数 据 类 型	字 段 大 小
学号	文本	20
课程编号	文本	20
分数	数字	小数

(3) "教师"表结构如表 3-7 所示。

表 3-7 "教师"表结构

字 段 名 称	数 据 类 型	字 段 大 小
教师编号	文本	20
姓名	文本	50
性别	文本	2
职称	文本	20
婚否	是/否	
基本工资	货币	
学院编号	文本	20

(4) "教学安排"表结构如表 3-8 所示。

表 3-8 "教学安排"表结构

字 段 名 称	数 据 类 型	字 段 大 小
教学安排 ID	自动编号	
学期 ID	数字	长整型
班级编号	文本	20

(续表)

字 段 名 称	数 据 类 型	字 段 大 小
课程编号	文本	20
教师编号	文本	20
总学时	数字	整型

(5) "课程"表结构如表 3-9 所示。

表 3-9 "课程"表结构

字 段 名 称	数 据 类 型	字 段 大 小
课程编号	文本	20
课程名称	文本	50
学分	数字	整型
课程类型	文本	20

(6) "学期"表结构如表 3-10 所示。

表 3-10 "学期"表结构

字 段 名 称	数 据 类 型	字 段 大 小
学期 ID	自动编号	
开始学年	数字	整型
结束学年	计算	
学期	数字	整型
学期名称	计算	

(7) "学生"表结构如表 3-11 所示。

表 3-11 "学生"表结构

字 段 名 称	数 据 类 型	字 段 大 小
学号	文本	20
姓名	文本	20
性别	文本	2
出生日期	日期/时间	长日期
政治面貌	文本	20
照片	OLE 对象	
爱好	文本	255
简历	备注	
班级编号	文本	20

(8) "学院"表结构如表 3-12 所示。

表 3-12　"学院"表结构

字 段 名 称	数 据 类 型	字 段 大 小
学院编号	文本	20
学院名称	文本	50

(9) "专业"表结构如表 3-13 所示。

表 3-13　"专业"表结构

字 段 名 称	数 据 类 型	字 段 大 小
专业编号	文本	20
专业名称	文本	50
专业简称	文本	50
学院编号	文本	20

3.2　创 建 表

在完成表的设计工作之后，下一步工作就是创建表。在 Access 2010 中，建立数据表的常用方式有以下 4 种：

(1) 使用数据表视图创建。通过在数据表视图中的新列中输入数据来创建新字段。在数据表视图中输入数据来创建字段时，Access 会自动根据输入的值为字段分配数据类型。如果输入没有设置数据类型，Access 会自动将数据类型设置为"文本"。

(2) 通过"SharePoint 列表"创建。在 SharePoint 网站建立一个列表，再在本地建立一个新表，并将其连接到"SharePoint 列表"中。

(3) 通过"表设计"创建。在表的"设计视图"中设计表，用户需要设置每个字段的各种属性。

(4) 通过从外部导入数据创建。

3.2.1　使用数据表视图创建

【例 3.1】创建一个"教学管理系统"数据库，根据表 3-11 所示，通过数据表视图建立"学生"表。要求如下：

(1) 将"学号"字段设置为主键，而且输入数据时只能输入 12 位。

(2) 性别的有效性规则设置为"男"或"女"，有效性文本为"性别非法"。

(3) 出生日期显示效果为"****年**月**日"。

操作步骤如下：

(1) 使用数据表视图创建"学生"表。

① 启动 Access 2010，在打开的窗口中，选择"文件"|"新建"命令。

② 在右侧的"文件名"文本框中，输入文件名"教学管理系统"，选择保存的文件夹为"d：\教学管理"，单击"创建"按钮，新数据库随即打开。

③ 选中 ID 列，在"属性"组中单击"名称与标题"按钮或直接双击 ID 列，将名称改为"学号"，如图 3-1 和图 3-2 所示。

④ 选中已更名的"学号"列，在"格式"组中的"数据类型"下拉列表框中，将该列的数据类型改为"文本"，如图 3-3 所示。

图 3-1　建立新数据库

图 3-2　设置"字段属性"

图 3-3　设置字段"数据类型"

⑤ 添加所需字段的字段名，然后输入记录数据，Access 会自动根据输入的值为字段分配数据类型，而后根据表结构修改字段大小。结果如图 3-4 所示。

学号	姓名	性别	出生日期	政治面貌	照片	爱好	简历	班级编号
⊞ 201801010101	郭莹	女	2001年3月6日	共青团员	lap Image	绘画，音乐	表达沟通协调能力	18贸经2
⊞ 201801010102	刘莉莉	女	1999年1月27日	普通居民		旅游，摄影		18贸1
⊞ 201801010103	张婷	女	1999年10月9日	中共预备党员		看电影，上网		18金融5
⊞ 201801010104	辛盼盼	女	1999年6月28日	共青团员		钓鱼，阅读		18法学1
⊞ 201801010105	许一润	男	1999年4月26日	共青团员		书法，阅读		18保险1
⊞ 201801010106	李琪	女	1999年5月23日	普通居民		看电影，体育		18国贸1
⊞ 201801010107	王琰	女	1999年3月10日	普通居民		体育，围棋		18国贸1

图 3-4　学生表结果

(2) 设置主键。打开设计视图，单击"学号"字段行任意一列，在"设计"选项卡的"工具"组中，单击"主键"按钮，如图 3-5 所示。

(3) 设置"学号"字段的"输入掩码"。在"输入掩码"文本框中输入 000000000000，如图 3-6 所示。

图 3-5　设置"主键"

图 3-6　设置"输入掩码"

(4) 设置有效性规则。单击"性别"字段行任意一列，在"有效性规则"文本框中输入"in ('男','女')"，如图 3-7 所示。

(5) 设置日期显示。单击"出生日期"字段行任意一列，然后单击"格式"下拉列表框，选择"长日期"，如图 3-8 所示。

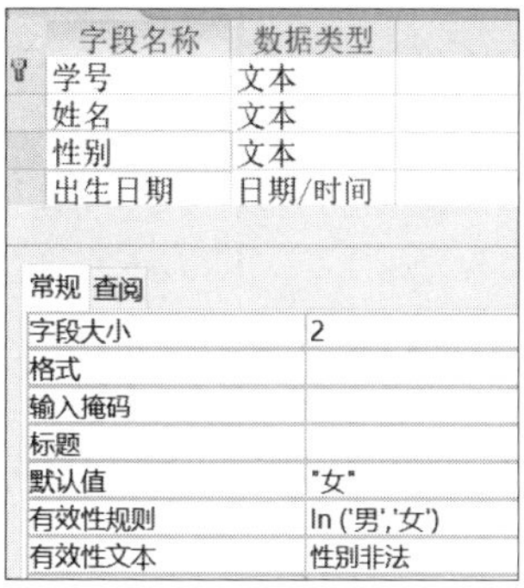

图 3-7　设置"有效性规则"

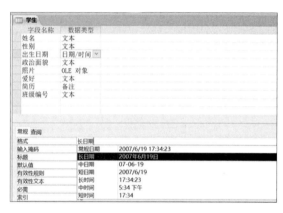

图 3-8　设置"日期格式"

说明：

使用数据表视图创建表与通过"字段"模板创建表的区别是：数据表视图创建表时先要输入相关数据后，需要通过"字段"选项卡进行相关的修改；通过"字段"模板建立设计表是在输入数据之前对字段进行相关设置，而后输入信息。

3.2.2　通过导入创建

Access 支持电子表格、文本文件或其他数据库导入当前数据库。

【例 3.2】打开"教学管理系统"数据库，把 D 盘根目录下的"课程.xlsx"中的"课程"表导入到当前数据库中。

操作步骤如下：

(1) 打开需要导入数据的"教学管理系统"数据库。

(2) 选择"外部数据"选项卡，在"导入并链接"组中单击要导入的数据所在文件的类型按钮，如图 3-9 所示(这里选择 Excel)。在弹出的"获取外部数据"对话框中单击"浏览"

按钮，在弹出的对话框中选择 D 盘根目录下的"课程.xlsx"文件，单击"打开"按钮，如图 3-10 所示。单击"确定"按钮后，弹出"导入数据表向导"对话框，在该对话框中勾选"第一行包含列标题"，如图 3-11 所示，然后单击"下一步"。

图 3-9　选择外部数据类型

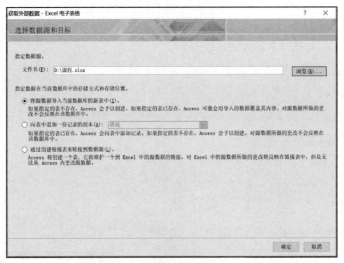

图 3-10　　"获取外部数据"对话框

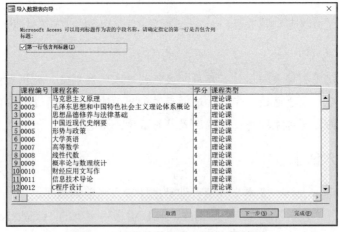

图 3-11　　"导入数据表向导"对话框一

(3) 在"导入数据表向导"对话框中设置每个字段的信息，单击"下一步"，最后选择"课程编号"为主键，如图 3-12 所示，然后单击"下一步"。

(4) 在"导入到表"下的文本框中输入表名"课程"，单击"完成"按钮，最后单击"关闭"按钮。

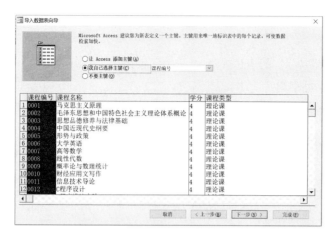

图 3-12　"导入数据表向导"对话框二

3.2.3　使用设计视图创建

通过设计视图创建表能够符合个性化需求，但相对有些复杂，较为复杂的表一般都是通过设计视图创建。使用表的"设计视图"来创建表，主要是创建表结构和设置字段属性，而数据信息还需要在"数据表视图"中输入。

【例 3.3】在"教学管理系统"数据库中，通过设计视图创建"学期"表。学期表的结构如表 3-10 所示。

操作步骤如下：

(1) 打开"教学管理系统"数据库，在功能区"创建"选项卡的"表格"组中，单击"表设计"按钮。

(2) 根据学期表结构，在"字段名称"列中输入字段名称，"数据类型"列中选择相应的数据类型，并在"常规"属性窗格中设置字段大小，如图 3-13 所示。

图 3-13　设置"字段名称"及"数据类型"

(3) 字段"开始学年"的默认值设定为：Year(Date())；有效性规则设定为：>2000 And <Year(Date())+1；有效性文本：起始年份不合法。

(4) 字段"结束学年"的表达式为：[开始学年]+1；结果类型为：长整型。

(5) 字段"学期"的默认值为 1；有效性规则设定为：in (1,2,3,4)；有效性文本：学期只能输入 1～4。

(6) 字段"学期名称"的表达式为：[开始学年] & "—" & [结束学年] & "学年第" & [学期] & "学期"；结果类型为：文本。

(7) 单击"保存"按钮，在弹出的"另存为"对话框中将表命名为"学期"，单击"确定"按钮。

(8) 此时将弹出对话框，提示尚未定义主键，如图 3-14 所示。此例中暂时不定义主键，单击"否"按钮。

图 3-14　"定义主键"提示框

(9) 单击"视图"组中的"视图"按钮，切换到数据表视图，这样就完成了表的创建，用户可以在表中输入信息，如图 3-15 所示。

图 3-15　"学期"表视图

3.2.4　修改表的结构

表创建后，由于种种原因，设计的表结构不一定很完善，或由于用户需求的变化不能满足用户的实际需要，故需修改表的结构。表结构的修改既能在"设计视图"中进行，也可以在"数据表视图"中进行。

在"设计视图"中修改表结构的操作步骤如下：

(1) 打开要修改表的"设计视图"。

方法一：在导航窗格中右击表名，在弹出的快捷菜单中选择"设计视图"命令，界面如图 3-16 所示。

方法二：单击"视图"下拉菜单，选择"数据表视图"选项，如图 3-17 所示。

图 3-16　"表"的快捷菜单　　　　　图 3-17　"视图"下拉菜单

(2) 修改表结构。

在"设计视图"中，既可以对已有字段进行修改，也可通过"设计"选项卡下"工具"组中的"插入行"和"删除行"按钮添加新字段和删除已有字段(右击字段所在行的任意位置，在弹出的快捷菜单中选择"插入行""删除行"命令也可以进行修改)，或者直接单击最后一个字段的下一行进行修改，如图 3-18 所示。

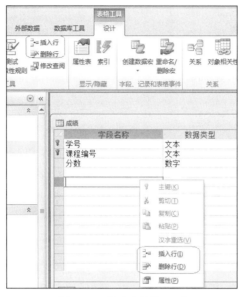

图 3-18　修改表结构界面

在"数据表视图"中修改表结构的方法如下：在导航窗格中双击需要修改的表，或单击"视图"下拉菜单，选择"数据表视图"选项，如图 3-17 所示。此时出现"表格工具"选项卡，单击"字段"选项，就可以通过修改工具进行表结构的修改，如图 3-19 所示。

图 3-19　"字段"选项卡

- "视图"组：单击该组中的倒三角按钮，弹出数据表的各种视图，包括"数据表视图""数据透视表视图""数据透视图视图"和"设计视图"。
- "添加和删除"组：该组中有各种关于字段操作的按钮，用户可以单击这些按钮，实现对表中字段的新建、添加、查阅和删除。
- "属性"组：该组中包含字段属性的操作按钮。
- "格式"组：该组可以对字段的数据类型进行设置，如图 3-20 所示。
- "字段验证"组：直接设置字段的属性，如图 3-21 所示。

图 3-20　"格式"组界面

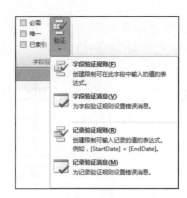

图 3-21　"字段验证"组界面

3.2.5　设置和取消表的主键

主键是表中的一个字段或字段集，为每条记录提供唯一的标识符。在数据库中，信息被划分到基于主题的不同表中，然后通过表关系和主键以指示 Access 如何将信息再次组合起来。Access 使用主键字段将多个表中的数据迅速关联起来，并以一种有意义的方式将这些数据组合在一起。

主键具有以下几个特征：

(1) 主键的值是唯一的。

(2) 该字段或字段组合从不为空或为 Null，即始终包含值。如果某列的值可以在某个时间变成未分配或未知(缺少值)，则该值不能作为主键的组成部分。

(3) 所包含的值几乎不会更改。应该始终选择其值不会更改的主键。在使用多个表的数据库中，可将一个表的主键作为引用在其他表中使用。如果主键发生更改，还必须将此更改应用到其他任何引用该键的位置。使用不会更改的主键可降低出现主键与其他引用该键的表不同步的概率。

应该始终为表指定一个主键，Access 使用主键字段将多个表中的数据关联起来，从而将数据组合在一起。

为表指定主键具有以下好处：

(1) Access 会自动为主键创建索引，这有助于改进数据库性能。

(2) Access 会确保每条记录的主键字段中有值。

(3) Access 会确保主键字段中的每个值都是唯一的。唯一值至关重要，因为不这样便无法可靠地将特定记录与其他记录相区分。

【例 3.4】为"班级"表定义主键。

操作步骤如下：

(1) 打开建立的"教学管理系统"数据库。

(2) 在"设计视图"中打开"班级"表。

(3) 在设计视图中选择作为主键的一个或多个字段，如果选择多个字段，按住【Ctrl】键，选择每个字段的选择器；如果选择一个字段，单击该字段的行选择器。本例我们选择

"班级编号"字段，如图 3-22 所示。

(4) 在"设计"选项卡下的"工具"组中，单击"主键"按钮，或者右击"班级编号"字段，在弹出的快捷菜单中选择"主键"命令，如图 3-23 所示。

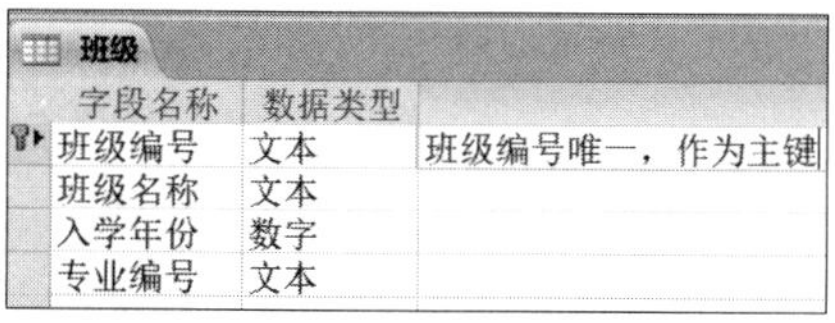

图 3-22 选定"主键"字段

图 3-23 设定"主键"

说明：

如果一个表没有好的候选键，可以考虑添加一个具有"自动编号"数据类型的字段，并将该字段用作主键。

如果要更改主键，首先要取消现有主键，才能重新指定主键。取消时，可以通过右击已选择的主键字段，在弹出的快捷菜单中选择"主键"命令，将已定义为主键的字段取消；也可通过行选择器选择主键字段，而后单击"主键"按钮取消。

3.3 表的基本操作

建立好表的结构后，就要在"数据表视图"中进行数据输入、数据浏览、数据修改、数据删除等基本操作。

3.3.1 打开和关闭表

【例 3.5】打开"教学管理系统"数据库中的"课程"表。

操作步骤如下：

(1) 在导航窗格中，单击"所有 Access 对象"右侧的下拉箭头。

(2) 在打开的组织方式列表中，单击"对象类型"命令，如图 3-24 所示。

(3) 在展开的对象列表中，双击"课程"表图标，如图 3-25 所示。或者右击"课程"表图标，在弹出的快捷菜单中，单击"打开"命令，如图 3-26 所示。

图 3-24 组织方式列表

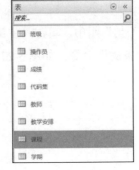
图 3-25 对象列表

图 3-26 快捷菜单

【例 3.6】关闭打开的表。

操作步骤如下：右击打开的表的表名，在弹出的快捷菜单中选择"关闭"，则关闭该表的数据表视图；在快捷菜单中选择"全部关闭"，则关闭所有表的数据表视图，如图 3-27 所示。

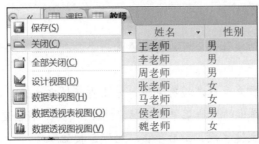
图 3-27 关闭表

3.3.2 选定和添加记录

在"数据表视图"中进行某些操作时，必须选定记录。在"数据表视图"中，使用"行选定器""列选定器""表选定器"可以分别选定对应的记录、字段和整个表，如图 3-28 所示，使用"记录导航按钮"可以定位并浏览"第一条记录""上一条记录""当前记录""下一条记录"和"尾记录"。

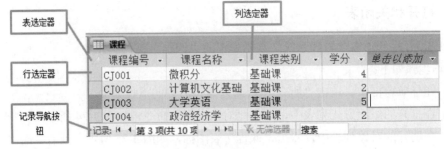
图 3-28 数据表视图的工具按钮

选定连续的多条记录或多个字段的方法如下。

(1) 选定连续多条记录：按住鼠标左键拖动，或先选定首记录，按住【Shift】键，再选定末记录。

(2) 选定连续的多个字段：按住鼠标左键拖动，或先选定首字段，然后按住【Shift】键，再选定末字段。

打开表的"数据表视图"，在表尾就可以输入新的记录，如图 3-29 所示。

课程编号	课程名称	课程类	学分	单击以添加
CJ001	微积分	基础课	4	
CJ002	计算机文化基础	基础课	2	
CJ003	大学英语	基础课	5	
CJ004	政治经济学	基础课	2	
CJ005	马克思主义哲学	基础课	2	
CZ001	成本管理	专业课	4	
CZ002	审计学	专业课	4	
CZ003	管理会计	专业课	4	
CZ004	保险法	专业课	4	
CZ005	货币银行学	专业课	4	

图 3-29　添加记录

3.3.3　修改和删除记录

将光标移动到所要修改的数据位置，就可以修改数据了。如将"大学英语"改为"大学英语Ⅰ"，只需将光标移动至"大学英语"单元格，将内容修改即可。

在"数据表视图"中，鼠标指针指向需要删除的记录并右击，在弹出的快捷菜单中选择"删除记录"命令，或按下【Delete】键即可。

说明：

当需要删除的记录不连续时，需要分多次删除。

3.3.4　数据的排序与筛选

由于表中的数据显示顺序与输入顺序一致，在进行数据浏览和审阅时不是很方便，故而需要用到排序。排序是常用的数据处理方法，可以为使用者提供很大的便利。在 Access 中，排序规则如下：

(1) 英文字母不分大小写，按字母顺序排序。

(2) 中文字符按照拼音字母顺序排序。

(3) 数字按照数值大小排序。

(4) 日期/时间型数据按照日期顺序的先后排序。

(5) 备注型、超链接型和 OLE 对象型的字段无法排序。

Access 提供了两种排序：一种是简单排序，即直接使用命令或按钮进行；另一种是在窗口中进行的高级排序。所有的排序操作都是在"开始"选项卡的"排序和筛选"组中进行的，如图 3-30 所示。

图 3-30　"排序和筛选"组

当数据表中的信息量较多时，用户选择感兴趣的数据信息会很不方便，通过 Access 提供的筛选功能可以满足用户需求，根据用户设定的条件选择相关的信息记录。

在 Access 2010 中，筛选记录的方法有"选择筛选""按窗体筛选"和"高级筛选"3 种。"选择筛选"主要用于查找某一字段中，值满足一定条件的数据记录；"按窗体筛选"是在空白窗体中设置相应的筛选条件(一个或多个条件)，将满足条件的所有记录显示出来；"高级筛选"不仅可以筛选满足条件的记录，还可以对筛选出来的记录排序。

【例 3.7】在"教学管理系统"数据库中完成下列筛选操作：

(1) 在"教师"表中显示所有职称为"教授"的记录。

(2) 在"学生"表中选择所有"男性""中共党员"的记录。

(3) 在"学生"表中选择所有政治面貌为"共青团员"的"女"同学记录，并按照学号降序排列。

操作步骤如下：

(1) 在"教师"表中显示所有职称为"教授"的记录。

① 进入"教学管理系统"数据库中的"教师"表，并进入"数据表视图"。

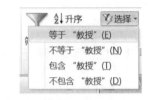

② 选中"职称"字段中的某个"教授"。在"开始"选项卡的"排序和筛选"组中，单击"选择"按钮，并选择"等于"教授"，如图 3-31 所示，显示结果如图 3-32 所示。

图 3-31　选择"等于"教授""

图 3-32　筛选结果

(2) 在"学生"表中选择所有"男性""中共党员"的记录。

① 进入"教学管理系统"数据库中的"学生"表，并进入"数据表视图"。

② 在"开始"选项卡的"排序和筛选"组中，单击"高级"按钮并选择"按窗体筛选"，性别选择"男"，政治面貌选择"中共党员"，如图 3-33 所示。

图 3-33　选择筛选条件

③ 单击"高级"按钮并选择"应用筛选/排序"，结果显示如图 3-34 所示。

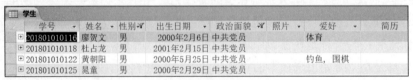

图 3-34　筛选结果

(3) 在"学生"表中选择所有政治面貌为"共青团员"的"女"同学记录，并按照学号降序排列。

　　① 在"开始"选项卡的"排序和筛选"组中，单击"高级"按钮并选择"按窗体筛选"，性别选择"女"，政治面貌选择"共青团员"。

　　② 单击"高级"按钮并选择"高级筛选/排序"，如图 3-35 所示，在字段排序条件中增加"学号"字段，选择"降序"，如图 3-36 所示。

图 3-35　选择排序字段

图 3-36　选择排序条件

　　③ 单击"高级"按钮并选择"应用筛选/排序"，结果显示如图 3-37 所示。

图 3-37　排序筛选结果

3.3.5　数据的查找与替换

　　在数据库中，快速而又准确地查找特定数据，甚至进行数据替换时，要用到 Access 提供的"查找"和"替换"功能。在"开始"选项卡的"查找"组中，可以看到"查找"与"替换"命令，如图 3-38 所示。

　　单击"查找"按钮或"替换"按钮，输入信息后就可以进行查找与替换了，弹出图 3-39 所示的对话框。

图 3-38　"查找"组

图 3-39　"查找和替换"对话框

3.3.6 表的索引

在一个记录非常多的数据表中，如果没有建立索引，数据库系统只能按照顺序查找所需要的一条记录，这将会耗费很长的时间来读取整个表。如果事先为数据表创建了有关字段的索引，在查找这个字段信息时，就会快得多。这就如同在一本书中设定了目录，需要查找特定的章节，只需查看目录就可以很快查阅对应的章节。

创建索引可以加快对记录进行查找和排序的速度，除此之外还对建立表的关系、验证数据的唯一性有重要的作用。

Access 可以对单个字段或多个字段来创建记录的索引，多字段索引能够进一步分开数据表中的第一个索引字段值相同的记录。

在数据表中创建索引的原则是确定经常依据哪些字段查找信息和排序，根据这个原则对相应的字段设置索引。字段索引可以取三个值："无""有(有重复)"和"有(无重复)"。

对于 Access 数据表中的字段，如果符合下列所有条件，推荐对该字段设置索引：

(1) 字段的数据类型为文本型、数字型、货币型或日期/时间型。

(2) 常用于查询的字段。

(3) 常用于排序的字段。

【例 3.8】设置学生表中"学号"和"姓名"字段为多字段索引。

操作步骤如下：

(1) 打开学生表的设计视图。在"表格工具/设计"选项卡的"显示/隐藏"组中，单击"索引"按钮，在弹出的对话框中，设为主键的学号字段已经显示出来，在"索引名称"列输入"姓名"，"字段名称"列中选择"姓名"，如图 3-40 所示。

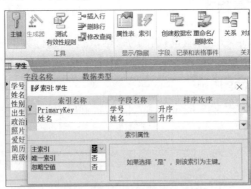

图 3-40 设置"索引"

(2) 切换回"数据表视图"，输入其他相关信息。如学号、出生日期输入的数据格式不符合设定要求，则系统会返回提示，重新按要求输入。

(3) 在快速访问工具栏中单击"保存"按钮 ⊞ 。

3.3.7 设置表的外观

在数据表视图中，可以对表的显示格式进行设计，如设置行高、列宽、字体、隐藏列或冻结列等。

1．设置行高

行高的设置可以通过拖动鼠标或使用菜单命令完成。

(1) 使用鼠标拖动：直接拖动行选定器就可以改变行高。

(2) 菜单命令：在"数据表视图"中，鼠标指针指向行选择器，右击弹出快捷菜单，如图 3-41 所示。选择"行高"，在"行高"文本框中输入数值，即可进行设置，如图 3-42 所示。

图 3-41　快捷菜单中选择"行高"　　　　图 3-42　"行高"对话框

2．设置列宽

设置列宽的方法有以下两种。

(1) 使用鼠标拖动：直接拖动列选定器就可以改变列宽。

(2) 菜单命令：在"数据表视图"中，选定一个或多个字段，右击弹出快捷菜单，如图 3-43 所示。选择"字段宽度"，在"列宽"文本框中输入数值，即可进行设置，如图 3-44 所示。

图 3-43　快捷菜单中选择"字段宽度"　　　　图 3-44　"列宽"对话框

3．设置文本字体

通过列选择器选定一列，在"开始"选项卡的"文本格式"组中，单击对话框启动器按钮，在弹出的对话框中可设置字段格式与数据表格式，如图 3-45 所示。

图 3-45　"设置数据表格式"对话框

3.4　表间关系

　　一个数据库系统中通常包括多个表，每个表也只是包含一个特定主题的信息。但是数据库中的各个表中的数据并不是独立存在的，通过不同表之间的公共字段建立联系，将不同表中的数据组合在一起，形成一个有机的整体，则须建立表间的关系。

3.4.1　建立表间关系

1. 建立一对一的关系

　　【例 3.9】在"教学管理系统"数据库中为"学生"表和"成绩"表建立一对多关系。
操作步骤如下：

　　(1) 在"数据库工具"选项卡的"关系"组中，单击"关系"按钮，再单击"显示表"按钮，如图 3-46 所示，弹出"显示表"对话框，如图 3-47 所示。

图 3-46　单击"显示表"　　　　　　图 3-47　"显示表"对话框

　　(2) 分别双击"显示表"中的"学生"与"成绩"(也可将表选中，单击"添加"按钮)，打开"关系"窗口，如图 3-48 所示。

　　(3) 关闭"显示表"对话框，将"学生"表的"学号"字段拖动至"成绩"表的"学号"字段，弹出"编辑关系"对话框，如图 3-49 所示。

图 3-48　"关系"窗口　　　　　　图 3-49　"编辑关系"对话框

(4) 勾选"实施参照完整性"，单击"创建"按钮，即完成了关系的建立，如图 3-50 所示。

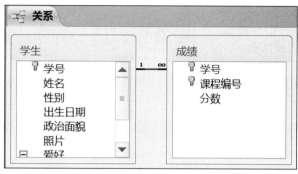

图 3-50　关系建立

2. 建立多对多的关系

建立多对多关系前必须建立一个链接表，将多对多关系至少划分成两个一对多关系，并将这两个表的主键都插入链接表中，通过该链接表建立多对多关系。

【例 3.10】在"教学管理系统"数据库中为"教师"表和"课程"表建立多对多关系。在建立多对多关系之前，引入"教学安排"表，分别为"教师-教学安排"和"教学安排-课程"建立一对多关系，从而使得"教师"表和"课程"表建立起多对多关系。

操作步骤如下：

(1) 在"教学管理系统"数据库中，将"教师""教学安排""课程"添加到"关系"窗口中，如图 3-51 所示。

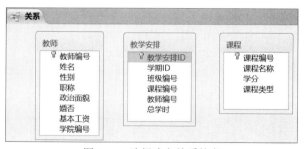

图 3-51　选择建立关系的表

(2) 分别为"教师-教学安排"和"教学安排-课程"建立一对多关系，如图 3-52 所示。

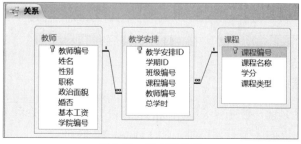

图 3-52　建立表关系

(3) 建立表间关系后，为了显示结果，可以切换到"教师"表，如图 3-53 所示。

教师							
教师编号 ▾	姓名 ▾	性别 ▾	职称 ▾	政治面貌 ▾	婚否 ▾	基本工资 ▾	学院编号
⊟ 001	王老师	男	副教授	中共党员	☐	¥5,300.00	金融学院

	教学安排ID ▾	学期ID ▾	班级编号 ▾	课程编号 ▾	总学时 ▾	单击以添加 ▾
	2	2018—2019学	18国贸1	马克思主义原	34	
	3	2018—2019学	18国贸2	马克思主义原	34	
	4	2018—2019学	18国贸3	马克思主义原	34	
*	(新建)				0	

| ⊞ 002 | 李老师 | 男 | 教授 | 中共党员 | ☑ | ¥6,200.00 | 会计学院 |

图 3-53　显示结果

在"教师"标号的左边出现了"+"标记，单击该标记，出现每一个教师的授课信息。同理，在"课程"表中也有以子表形式出现的课程相关信息。

3.4.2　查看和编辑表间关系

在使用表间关系的过程中，可能会对表间的关系进行修改或删除。

1. 表间关系的修改

在"关系"窗口中，右击表之间的关系连接线，选择"编辑关系"命令，如图 3-54 所示。在弹出的"编辑关系"对话框中重新选择关联的表与字段，即可进行表间关系的修改。

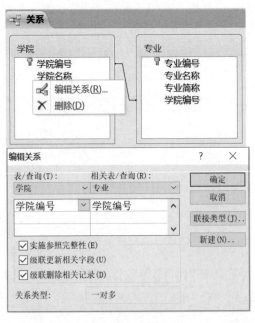

图 3-54　修改关系

2. 表间关系的删除

在删除表间关系之前，首先要关闭相应的表，右击表之间的关系连接线，选择"删除"命令即可。或单击表之间的关系连接线，按【Delete】键删除。

3.4.3 参照完整性和级联规则

1. 参照完整性

参照完整性是一个规则，Access 使用这个规则来确保相关表中记录之间关系的有效性，并且不会意外地删除或更改相关数据。

在符合下列所有条件时，可以设置参照完整性：

(1) 两个表建立一对多的关系后，"一"方的表称为"主表"，"多"方的表称为"子表"，来自于主表的相关联字段是"主键"。

(2) 两个表中相关联的字段都有相同的数据类型。

使用参照完整性时要遵守如下规则：在两个表之间设置参照完整性后，如果在主表中没有相关的记录，就不能把记录添加到子表中。反之，在子表中存在与之相匹配的记录时，则在主表中不能删除该记录。

2. 级联更新和级联删除

在数据库中，有时会改变表关系一端的值。此时为保证整个数据库能够自动更新所有受到影响的行，保证数据库信息的一致，就需要使用到级联更新(或级联删除)。

级联更新和级联删除的操作都是在"数据库工具"选项卡下的"关系"组中进行的。首先是要显示数据库中的所有关系，选定对应的关系连接线，单击"编辑关系"按钮或双击连接线，在弹出的对话框中选中"实施参照完整性"复选框，其次再选中"级联更新相关字段"或"级联删除相关记录"，如图 3-55 所示。

图 3-55 "编辑关系"对话框

3.5 习 题

3.5.1 简答题

1. 简述表的字段类型有哪些？

2. 在 Access 2010 中，创建表有哪些方法？

3. 定义主键需要注意什么？

4. 筛选记录的方法有哪几种？

5. 简述表的结构。

3.5.2　选择题

1. Access 是一种(　　)。

    A．数据库管理系统软件　　　　　　　　B．操作系统软件

    C．文字处理软件　　　　　　　　　　　D．图像处理软件

2. Access 2010 中，可以选择输入字符或空格的输入掩码是(　　)。

    A. 0　　　　　　　　B. &　　　　　　　　C. A　　　　　　　　D. C

3. 下面有关主关键字的说法中，错误的一项是(　　)。

    A．Access 并不要求在每一个表中都必须包含一个主关键字

    B．在一个表中只能指定一个字段成为主关键字

    C．在输入数据或对数据进行修改时，不能向主关键字的字段输入相同的值

    D．利用主关键字可以对记录快速地进行排序和查找

4. 关于字段默认值叙述错误的是(　　)。

    A．设置文本型默认值时不用输入引号，系统自动加入

    B．设置默认值时，必须与字段中所设的数据类型相匹配

    C．设置默认值时，可以减少用户输入强度

    D．默认值是一个确定的值，不能使用表达式

5. 字节型数据的取值范围是(　　)。

    A. -128～127　　　　　B. 0～255　　　　　　C. -256～255　　　　　D. 0～32767

3.5.3　填空题

1. Access 字段名称长度最多为_____字符。

2. 主键是表中的_____或_____，为每条记录提供一个标识符。

3. 表的索引方式有_____、_____和_____。

4. Access 2010 中，对数据库表的记录进行排序时，数据类型为_____和_____的字段不能排序。

5. 两个数据表可以通过其间的_____建立联系。

3.5.4　操作题

1. 根据 3.1.5 节所学内容，为"教学管理系统"数据库建立相关的表并输入数据。

2. 为已创建好的表建立表间关系，表间关系如图 3-56 所示。

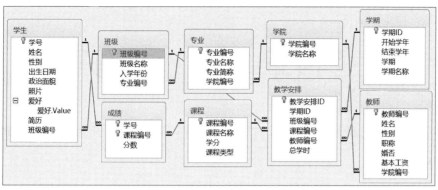

图 3-56　"教学管理系统"数据库表间关系

第4章 查　　询

本章将学习如何利用查询来实现对数据库中一个或多个数据表的数据进行处理。

【学习要点】
- 查询的概念、作用与分类
- 查询条件
- 选择查询的创建与使用
- 参数查询的创建与使用
- 交叉表查询的创建与使用
- 操作查询的创建与使用
- SQL 查询

4.1　查　询　概　述

查询是 Access 数据库的主要对象，是 Access 数据库的核心操作之一。利用查询可以直接查看表中的原始数据，也可以对表中数据进行相关处理后再查看，还可以从表中抽取数据供用户对数据进行修改、分析。查询的结果可以作为查询、窗体、报表的数据来源，从而增强数据库设计的灵活性。

查询是按照一定的条件或要求对数据库中的数据进行检索或操作。查询的运行结果是一个数据集，也称为动态集。它类似于一张表，但并没有存储在数据库中。创建查询后只保存查询的操作，只有在运行查询时才会从数据源中抽取数据。基于此，查询结果总是与数据源中的数据保持同步，当数据库中的记录更新时，查询的结果也会随数据源的变化自动更新。

在 Access 中，查询工具有三种：查询向导、查询设计器和结构化查询语言(Structured Query Language，SQL)。用户可以使用这三种工具实现查询功能。

4.1.1　查询的功能

查询主要有以下几个方面的功能。

(1) 选择字段：选择表中的部分字段生成所需的表或多个数据集。

(2) 选择记录：根据指定的条件查找所需的记录，并显示查找的记录。

(3) 编辑记录：添加记录、修改记录和删除记录(如更新查询、删除查询)。

(4) 实现计算：查询满足条件的记录，还可以在建立查询过程中进行各种计算(如计算平均成绩、年龄等)。

(5) 建立新表：操作查询中的生成表查询可以建立新表。

(6) 为窗体和报表提供数据：可以作为建立报表和查询的数据源。

4.1.2　查询的类型

根据对数据源的操作方式及查询结果的不同，Access 2010 提供的查询可以分为 5 种类型，分别是选择查询、交叉表查询、参数查询、操作查询和 SQL 查询。

1. 选择查询

根据指定的条件，从一个或多个数据源中获取数据并显示结果，也可对分组的记录进行总计、计数、平均及其他类型的计算。

Access 2010 的选择查询包括以下几种类型。

(1) 简单选择查询：是最常见的查询方式，即从一个或多个数据表中按照指定的准则进行查询，并在类似数据表视图中的表的结构中显示结果集。

(2) 统计查询：是一种特殊查询。它可以对查询的结果进行各种统计，包括总计、平均、求最大值和最小值等，并在结果集中显示。

(3) 重复项查询：可以在数据库的数据表中查找具有相同字段信息的重复记录。

(4) 不匹配项查询：即在数据表中查找与指定条件不相符的记录。

2. 交叉表查询

交叉表查询就是将来源于某个表中的字段进行分组，一组列在交叉表的左侧，一组列在交叉表的上部，并在交叉表行与列交叉处显示表中某个字段的汇总计算值(可以计算平均值、总计、最大值、最小值等)。

3. 参数查询

参数查询是一种根据用户输入的条件或参数来检索记录的查询。例如，可以设计一个参数查询，提示输入两个成绩值，然后检索这两个值之间的所有记录。输入不同的值，得到不同的结果。因此，参数查询可以提高查询的灵活性。执行参数查询时，屏幕会显示一个设计好的对话框，以提示输入信息。参数查询分为单参数查询和多参数查询两种。执行查询时，只需要输入一个条件参数的称为单参数查询；执行查询时，针对多组条件，需要输入多个参数条件的称为多参数查询。

4. 操作查询

操作查询是利用查询所生成的动态结果集对表中的数据进行更新的一类查询，包括如下几种。

(1) 生成表查询：利用一个或多个表中的全部或部分数据创建新表。

(2) 删除查询：从一个或多个表中删除记录。

(3) 更新查询：对一个或多个表中的一组记录全部进行更新。

(4) 追加查询：将一个或多个表中符合条件的记录追加到一个表的尾部。

5. SQL 查询

SQL 是用来查询、更新和管理关系型数据库的标准语言。SQL 查询就是用户使用 SQL 语句创建的查询。

所有的 Access 2010 查询都是基于 SQL 语句的，每个查询都对应一条 SQL 语句。用户在查询设计视图中所做的查询设计，在其 SQL 视图中均能找到对应的 SQL 语句。常用的 SQL 查询有联合查询、传递查询、数据定义查询和子查询。

4.1.3　查询的视图

查询共有 5 种视图，分别是设计视图、数据表视图、SQL 视图、数据透视表视图和数据透视图视图。

1. 设计视图

设计视图就是查询设计器，通过该视图可以创建各种类型查询。

2. 数据表视图

数据表视图是查询的数据浏览器，用于浏览查询的结果。数据表视图可被看成虚拟表，它并不代表任何的物理数据，只是用来查看数据的视窗而已。

3. SQL 视图

SQL 是一种用于数据库的结构化查询语言，许多数据库管理系统都支持该语言。SQL 查询是指用户通过使用 SQL 语句创建的查询。SQL 视图是用于查看和编辑 SQL 语句的窗口。

4. 数据透视表视图和数据透视图视图

在数据透视表视图和数据透视图视图中，用户可以根据需要生成数据透视表和数据透视图，从而对数据进行分析，得到直观的分析结果。

4.1.4　创建查询的方法

在 Access 2010 中，创建查询的方法主要有以下两种。

1. 使用查询设计视图创建查询

使用查询设计视图创建查询，首先要打开查询设计视图窗口，然后根据需要进行查询定义。操作步骤如下：

(1) 打开数据库。

(2) 选择"创建"选项卡的"查询"组，单击"查询设计"按钮，打开"查询"窗口，如图 4-1 所示。

"查询"窗口由两部分组成，上半部分是数据源窗格，用于显示查询所涉及的数据源，可以是数据表或查询；下半部分是查询定义窗口，也称为 QBE 网格，主要包括以下内容。

- 字段：查询结果中所显示的字段。
- 表：查询的数据源，即查询结果中字段的来源。
- 排序：查询结果中相应字段的排序方式。
- 显示：当相应字段的复选框被选中时，则在结构中显示，否则不显示。
- 条件：即查询条件，同一行中的多个准则之间是逻辑"与"关系。
- 或：查询条件，表示多个条件之间的"或"关系。

(3) 在打开"查询"窗口的同时弹出"显示表"对话框，如图 4-2 所示。

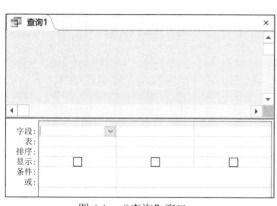

图 4-1 "查询"窗口

图 4-2 "显示表"对话框

(4) 在"显示表"对话框中，选择作为数据源的表或查询，将其添加到"查询"窗口的数据源窗格中。通过"字段"列表框选择所需字段，选中的字段将显示在查询定义窗口中。

(5) 在查询设计器窗口的查询定义窗口中，打开"排序"列表框，可以指定查询的排序关键字和排序方式。排序方式分为升序、降序和不排序 3 种。

(6) 使用"显示"复选框可以设置某个字段是否在查询结果中显示，若复选框被选中，则显示该字段，否则不显示。

(7) 在"条件"文本框中输入查询条件，或者利用表达式生成器输入查询条件。

(8) 保存查询，创建查询完成。

2. 使用查询向导创建查询

使用查询向导创建查询就是使用系统提供的查询向导，按照系统的引导完成查询的创建。

Access 2010 共提供 4 种类型的查询向导，包括简单查询向导、交叉表查询向导、查找重复项查询向导和查找不匹配项查询向导。它们创建查询的方法基本相同，用户可以根据需要进行选择。

操作步骤如下：

(1) 打开数据库。

(2) 选择"创建"选项卡的"查询"组，单击"查询向导"按钮，弹出"新建查询"对话框。

(3) 在"新建查询"对话框中，选择需要的查询向导，根据系统引导选择参数或者输入信息。

(4) 保存查询。

4.2 查询条件

在实际应用中，经常查询满足某个条件的记录，这需要在查询时进行查询条件的设置。例如，查询所有"男"同学的记录，查询职称为"讲师"的教师信息等。通过在查询设计视图中设置条件可以实现条件查询，而查询条件是通过输入表达式来表示的。

表达式是由操作数和运算符构成的可计算的式子。其中，操作数可以是常量、变量、函数，甚至可以是另一个表达式(子表达式)；运算符是表示进行某种运算的符号，包括算术运算符、关系运算符、逻辑运算符、连接运算符、特殊运算符和对象运算符等。表达式具有唯一的运算结果。下面对表达式的各个组成部分进行介绍。

4.2.1 常量和变量

1. 常量

常量代表不会发生更改的值。按其类型的不同，有不同的表示方法，如表 4-1 所示。

表 4-1 常量的表示方法

类　　型	表 示 方 法	示　　例
数字型	直接输入数据	123，-4，56.7
日期时间型	以"#"为定界符	#2018-9-18#
文本型	以西文半角的单引号或双引号作为定界符	"Hello Word"
是/否型	用系统定义的符号表示	True,False,或 Yes,No,或 On,Off,或-1,0

2. 变量

变量是指在运算过程中其值允许变化的量。在查询的条件表达式中使用变量就是通过字段名对字段变量进行引用，一般需要使用[字段名]的格式，如[姓名]。如果需要指明该字段所属的数据源，则要写成[数据表名]![字段名]的格式。其他类型变量及其引用参见 VBA 编程部分的内容。

4.2.2 函数

函数是用来实现某指定的运算或操作的一个特殊程序。一个函数可以接收输入参数(并不是所有函数都有输入参数)，且返回一个特定类型的值。

函数一般都用于表达式中，其使用格式为：函数名([实际参数列表])。当函数的参数超过一个时，各参数间用西文半角逗号","隔开。

函数分为系统内置函数和用户自定义函数。Access 2010 提供了上千个标准函数，可分为数学函数、字符串处理函数、日期/时间函数、聚合函数等，其中聚合函数可直接用于查询中。下面仅介绍一些常见的基本函数，关于其他函数的相关信息，用户可以通过"帮助"查询。

1. 数学函数

数学函数完成数学计算功能，常用的数学函数如表 4-2 所示。

表4-2 常用数学函数

函 数 名	功 能 说 明	示 例	结 果
Abs(x)	取绝对值	Abs(−2)	2
Cos(x)	求余弦值	Cos(3.1415926)	−1
Exp(x)	求 e^x	Exp(l)	2.718
Int(x)	返回不大于 x 的最大整数	Int(3.2) Int(−3.2)	3 −4
Fix(x)	返回 x 的整数部分	Fix(3.2) Fix(−3.2)	3 −3
Log(x)	取自然对数	Log(2.718)	1
Rnd([x])	产生(0,1)区间均匀分布的随机数	Rnd(l)	随机产生(0,1)之间的数
Sgn(x)	返回正负 1 或 0	Sgn(5) Sgn(−5) Sgn(0)	1 −1 0
Sin(x)	求正弦值	Sin(0)	0
Sqr(x)	求平方根	Sqr(25)	5
Tan(x)	求正切值	Tan(3.14/4)	1

其中，x 可以是数值型常量、数值型变量、数学函数和算术表达式，其返回值仍然是数值型。

2. 字符串函数

常用的字符串函数如表 4-3 所示。

表4-3 常用字符串函数

函 数 名	功 能 说 明	示 例	结 果
Instr(S1,S2)	在字符串 S1 中查找 S2 的位置	Instr("ABCD","CD")	3
Lcase(S)	将字符串 S 中的字母转换为小写	Lcase("ABCD")	"abcd"

(续表)

函 数 名	功 能 说 明	示 例	结 果
Ucase(S)	将字符串 S 中的字母转换为大写	Ucase("abcd")	"ABCD"
Left(S,N)	从字符串 S 左侧取 N 个字符	Left("ABCD",2)	"AB"
Right(S,N)	从字符串 S 右侧取 N 个字符	Right("ABCD",2)	"CD"
Len(S)	计算字符串 S 的长度	Len("ABCD")	4
Ltrim(S)	删除字符串 S 左边的空格	Ltrim("ABCD")	"ABCD"
Trim(S)	删除字符串 S 两端的空格	Trim("ABCD")	"ABCD"
Rtrim(S)	删除字符串 S 右边的空格	Rtrim("ABCD")	"ABCD"
Mid(S,M,N)	从字符串 S 的第 M 个字符起,连续取 N 个字符	Mid("ABCDEFG",3,4)	"CDEF"
Space(N)	生成 N 个空格字符	Space(5)	" "

其中，S 可以是字符串常量、字符串变量、值为字符串的函数和字符串表达式，M 和 N 的值为数值型的常量、变量、函数或表达式。

3. 日期或时间函数

常用的日期或时间函数如表 4-4 所示。

表 4-4　常用日期或时间函数

函 数 名	功 能 说 明	示 例	结 果
Date()	取系统当前日期	Date()	2018-10-1
Now()	取系统当前日期和时间	Now()	2018-10-1 19:24:23
Time()	取系统当前时间	Time()	19:24:23
Year(D)	计算日期 D 的年份	Year(#2018-10-1#)	2018
Month(D)	计算日期 D 的月份	Month(#2018-10-1#)	10
Day(D)	计算日期 D 的日	Day(#2018-10-1#)	1
Hour(T)	计算时间 T 的小时	Hour(#19:24:23#)	19
Minute(T)	计算时间 T 的分	Minute(#19:24:23#)	24
Second(T)	计算时间 T 的秒	Second(#19:24:23#)	23
DateAdd(C,N,D)	对日期 D 增加特定时间 N	DateAdd("D",2,#2018-10-1#)	2018-10-3
		DateAdd("M",2,#2018-10-1#)	2018-12-1
DateDiff(C,D1,D2)	计算日期 D1 和 D2 的间隔时间	DateDiff("D",#2018-9-15#,2018-10-1)	15
		DateDiff("YYYY",#2018-10-1#,2019-10-1)	1
Weekday(D)	计算日期 D 为星期几	Weekday(#2018-10-1#)	2

其中，D、D1 和 D2 可以是日期常量、日期变量或日期表达式；T 是时间常量、变量或表达式；C 为字符串，表示要增加时间的形式或间隔时间形式，YYYY 表示"年"，Q

表示"季"，M 表示"月"，D 表示"日"，WW 表示"星期"，H 表示"时"，N 表示"分"，S 表示"秒"。

4. 类型转换函数

常用的类型转换函数如表 4-5 所示。

表 4-5　常用类型转换函数

函 数 名	功 能 说 明	示　　例	结　　果
Asc(S)	将字符串 S 的首字符转换为对应的 ASCII 码	Asc("BC")	66
Chr(N)	将 ASCII 码 N 转换为对应的字符	Chr(67)	C
Str(N)	将数值 N 转换成字符串	Str(100101)	100101
Val(S)	将字符串 S 转换为数值	Val("2010. 6")	2010.6

5. 测试函数

常用的测试函数如表 4-6 所示。

表 4-6　常用测试函数

函 数 名	功 能 说 明	示　　例	结　　果
IsArray(A)	测试 A 是否为数组	Dim A(2) IsArray(A)	True
IsDate(A)	测试 A 是否是日期类型	IsDate(#2010-6-30#)	True
IsNumeric(A)	测试 A 是否为数值类型	IsNumeric(5)	True
IsNull(A)	测试 A 是否为空值	IsNull(Null)	True
IsEmpty(A)	测试 A 是否已经被初始化	Dim vl IsEmpty(vl)	True

6. SQL 聚合函数

常用的 SQL 聚合函数如表 4-7 所示。

表 4-7　常用 SQL 聚合函数

函 数 名	功 能 说 明	参　　数	实　　例
COUNT()	统计记录个数	*	COUNT(*)
COUNT()	统计某列非空值个数	列名	COUNT(分数)
AVG()	求某列(必须是数字型)数据的平均值	列名	AVG(分数)
SUM()	求某列(必须是数字型)数据的总和	列名	SUM(分数)
MIN()	求某列数据中的最小值	列名	MIN(姓名)
MAX()	求某列数据中的最大值	列名	MAX(学号)

提示：

所有聚合函数均会忽略空值，例如 AVG(分数)在计算分数的平均值时，不计算空值，如果成绩表中有 5 条记录，其中两条记录的分数字段的值为 NULL，则平均值的计算方式为先对不为空的 3 条记录的分数求和，然后再除以 3；MIN(分数)和 MAX(分数)也只计算三个不为空的分数中的最大值和最小值；COUNT(*)在计算记录行数时，如果所有的字段均为 NULL，则不对该记录计数。

4.2.3　运算符

运算符是表示进行某种运算的符号，包括算术运算符、关系运算符、逻辑运算符、连接运算符和特殊运算符等。

1. 算术运算符

算术运算符包括加(+)、减(-)、乘(*)、除(/)、乘方(^)、整除(\)、取余(Mod)等，主要用于数值计算。例如，表达式 4*4 的运算结果为 16；表达式 9/2 的运算结果为 4.5；表达式 9\2 的运算结果为 4；表达式 9 Mod 2 的运算结果为 1。

2. 关系运算符

关系运算符由=、>、>=、<、<=、<>等符号构成，主要用于数据之间的比较，其运算结果为逻辑值，即"真"和"假"，如表 4-8 所示。

表 4-8　关系运算符

关系运算符	含　义	关系运算符	含　义	关系运算符	含　义
>	大于	>=	大于等于	<	小于
<=	小于等于	=	等于	<>	不等于

3. 逻辑运算符

逻辑运算符由 Not、And、Or、Xor、Eqv 等符号构成，具体含义如表 4-9 所示。

表 4-9　逻辑运算符

逻辑运算符	作　用
Not	逻辑非
And	当 And 前后的两个表达式均为真时，整个表达式的值为真，否则为假
Or	当 Or 前后的两个表达式均为假时，整个表达式的值为假，否则为真
Xor	当 Xor 前后的两个表达式均为假或均为真时，整个表达式的值为假，否则为真
Eqv	当 Eqv 前后的两个表达式均为假或均为真时，整个表达式的值为真，否则为假

4. 连接运算符

连接运算符包括"&"和"+"。

- "&"：字符串连接。例如，表达式"Access"&"2010"，运算结果为"Access2010"。

- "+"：当前后两个表达式都是字符串时与&作用相同；当前后两个表达式有一个或者两个都是数值表达式时，则进行加法算术运算。例如，表达式"Access"+"2010"，运算结果为"Access2010"；表达式"Access"+2010，运算结果为提示"类型不匹配"；表达式"1"+2013，运算结果为 2014。

5. 特殊运算符

Access 提供了一些特殊运算符用于对记录进行过滤，常用的特殊运算符如表 4-10 所示。

表 4-10　特殊运算符

特殊运算符	含　　义
In	指定值属于列表中所列出的值
Between…And…	指定值的范围在……到……之间
Is	与 Null 一起使用确定字段值是否为空值
Like	用通配符查找文本型字段是否与其匹配。通配符"?"匹配任意单个字符；"*"匹配任意多个字符；"#"匹配任意单个数字；"!"不匹配指定的字符；[字符列表]匹配任何在列表中的单个字符

4.3　选择查询

选择查询是最常见的一类查询，很多数据库查询功能均可以用它来实现。所谓"选择查询"就是从一个或多个有关系的表中将满足要求的数据选择出来，并把这些数据显示在新的查询数据表中。而其他的方法，如"交叉表查询""参数查询"和"操作查询"等，都是"选择查询"的扩展。使用选择查询可以从一个或多个表或查询中检索数据，可以对记录进行分组，并进行求总计、计数、平均值等运算。选择查询产生的结果是一个动态记录集，不会改变源数据表中的数据。

4.3.1　使用向导创建

借助"简单查询向导"可以从一个表、多个表或已有查询中选择要显示的字段，也可对数值型字段的值进行简单汇总计算。如果查询中的字段来自多个表，这些表之间就已经建立了关系。简单查询的功能有限，不能指定查询条件或查询的排序方式，但它是学习建立查询的基本方法。因此，使用"简单查询向导"创建查询，用户可以在向导的指示下选择表和表中的字段，快速准确地建立查询。

1. 建立单表查询

【例 4.1】查询学生的基本信息，并显示学生的姓名、性别、出生日期等信息。
操作步骤如下：
(1) 打开"教学管理系统"数据库，并在数据库窗口中选择"创建"选项卡中的

"查询"组。

(2) 单击"查询"组中的"查询向导"按钮, 弹出"新建查询"对话框, 如图 4-3 所示。在"新建查询"对话框中选择"简单查询向导"选项, 然后单击"确定"按钮, 打开"简单查询向导"对话框, 如图 4-4 所示。

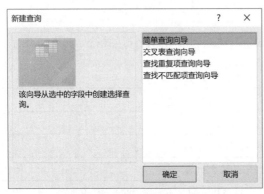

图 4-3   "新建查询"对话框   图 4-4   "简单查询向导"对话框一

(3) 在弹出的"简单查询向导"对话框中, 单击"表/查询"下拉列表框右侧的下拉按钮, 从下拉列表框中选择"表: 学生"选项, 这时"学生"表中的全部字段均显示在"可用字段"列表框中。然后分别双击姓名、性别、出生日期等字段, 或选定字段后, 单击">"按钮, 均可将所需字段添加到"选定字段"列表框中, 如图 4-5 所示。

(4) 在选择全部所需字段后, 单击"下一步"按钮。若选定的字段中包含数字型字段, 则会弹出如图 4-6 所示的对话框, 用户需要确定是建立"明细"查询, 还是建立"汇总"查询。如果选择"明细"选项, 则查看详细信息。如果选择"汇总"选项, 则将要对一组或全部记录进行各种统计。若选定的字段中没有数字型字段, 则将弹出如图 4-7 所示的对话框。

(5) 在文本框中输入查询的名称, 即"学生基本信息查询", 然后选择"打开查询查看信息"单选按钮, 最后单击"完成"按钮即可。查询结果如图 4-8 所示。

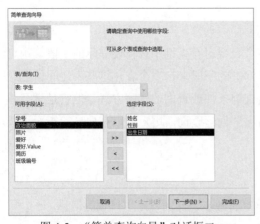
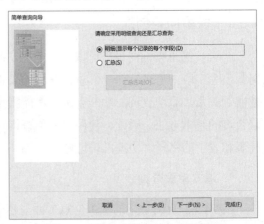

图 4-5   "简单查询向导"对话框二   图 4-6   "简单查询向导"对话框三

图 4-7 "简单查询向导"对话框四 图 4-8 【例 4.1】查询结果

2. 建立多表查询

有时，用户所需查询的信息来自两个或两个以上的表或查询，因此，需要建立多表查询。建立多表查询必须有相关联的字段，并且事先应通过这些相关联的字段建立起表之间的关系。

【例 4.2】查询学生的课程成绩，显示的内容包括学号、姓名、课程编号、课程名称和分数。

具体步骤同【例 4.1】，差异在【例 4.1】中的第 3 步操作，在此要做 3 次，分别选择"学生""课程"和"成绩"表。查询结果如图 4-9 所示。

3. 查找重复项查询向导

"查找重复项查询向导"可以快速找到表中的重复字段值的记录。

【例 4.3】在"学生"表中查询重名的学生的所有信息。

操作步骤如下：

图 4-9 【例 4.2】查询结果

(1) 打开"教学管理系统"数据库，并在数据库窗口中选择"创建"选项卡中的"查询"组。

(2) 单击"查询"组中的"查询向导"按钮，弹出"新建查询"对话框，如图 4-3 所示。在"新建查询"对话框中选择"查找重复项查询向导"选项，然后单击"确定"按钮，打开"查找重复项查询向导"对话框，如图 4-10 所示。

(3) 在弹出的"查找重复项查询向导"对话框中选择"学生"表，单击"下一步"按钮。

(4) 在弹出的对话框中选择"姓名"为重复字段，如图 4-11 所示，单击"下一步"按钮。

 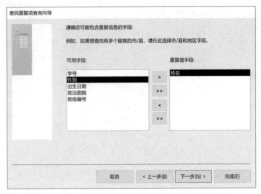

图 4-10 "查找重复项查询向导"对话框一   图 4-11 "查找重复项查询向导"对话框二

(5) 选择其他要显示的字段,这里将对话框的"可用字段"列中的所有字段移动到"另外的查询字段"列中,如图 4-12 所示,单击"下一步"按钮。

(6) 在弹出对话框的"请指定查询的名称"文本框中输入"重名学生信息查询",如图 4-13 所示。单击"完成"按钮,查看查询结果,如图 4-14 所示。

图 4-12 "查找重复项查询向导"对话框三   图 4-13 "查找重复项查询向导"对话框四

| 重名学生信息查询 | | | | | | |
姓名	学号	性别	出生日期	政治面貌	爱好	班级编号
白茹	201805060214	女	2001年5月11日	普通居民		18绘画(油画)
白茹	201810020221	女	2001年4月18日	普通居民		18财政2
高洁	201801010218	女	2000年9月22日	普通居民		18国贸2
高洁	201807040131	女	2001年3月19日	普通居民		18信计
高敏	201802010440	女	2000年2月26日	普通居民		18金融4
高敏	201804020227	女	2000年7月6日	普通居民		18商英2
顾杰	201812010229	男	2000年2月15日	普通居民		18广告2
顾杰	201802010102	男	2000年7月5日	普通居民		18金融1
郭燕	201807040140	女	2001年5月14日	普通居民		18信计
郭燕	201809020547	女	2001年5月23日	普通居民		18财管5
郭燕	201801020111	女	2001年4月18日	普通居民		18贸经1
韩婧	201803010231	女	2001年5月14日	普通居民		18法学2
韩婧	201809030322	女	2001年2月3日	普通居民		18审计3
何婷婷	201805050122	女	2001年9月14日	普通居民		18公共艺术1

图 4-14 【例 4.3】查询结果

4. 查找不匹配项查询向导

在 Access 中,可能需要对数据表中的记录进行检索,查看它们是否与其他记录相关,是否真正有实际意义。即用户可以利用"查找不匹配项查询向导"在两个表或查询中查找不匹配的记录。

【例 4.4】利用"查找不匹配项查询向导"创建查询,查找没有学生选修的课程信息。

操作步骤如下:

(1) 打开"教学管理系统"数据库,并在数据库窗口中选择"创建"选项卡中的"查询"组。

(2) 单击"查询"组中的"查询向导"按钮,弹出"新建查询"对话框,如图 4-3 所示。在"新建查询"对话框中选择"查找不匹配项查询向导"选项,然后单击"确定"按钮,弹出"查找不匹配项查询向导"对话框。

(3) 在弹出的"查找不匹配项查询向导"对话框中选择"课程"表,如图 4-15 所示,单击"下一步"按钮,打开如图 4-16 所示的对话框。

图 4-15 "查找不匹配项查询向导"对话框一   图 4-16 "查找不匹配项查询向导"对话框二

(4) 选择与"课程"表中的记录不匹配的"成绩"表,单击"下一步"按钮,打开如图 4-17 所示的对话框。

(5) 确定选取的两个表之间的匹配字段。Access 会自动根据匹配的字段进行检索,查看不匹配的记录。这里选择"课程编号"字段,再单击"下一步"按钮。

(6) 选择其他要显示的字段,这里选择对话框的"可用字段"列中的所有字段,移动到"选定字段"列中,如图 4-18 所示,单击"下一步"按钮。

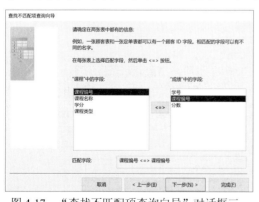

图 4-17 "查找不匹配项查询向导"对话框三   图 4-18 "查找不匹配项查询向导"对话框四

(7) 在弹出对话框的"请指定查询名称"文本框中输入"没有学生选修的课程查询",如图 4-19 所示。单击"完成"按钮,查看查询结果,如图 4-20 所示。

图 4-19　"查找不匹配项查询向导"对话框五　　　　图 4-20　【例 4.4】查询结果

4.3.2　使用设计视图创建

对于简单的查询，使用向导比较方便，但是对于有条件的查询，则无法使用向导来创建，而是需要在"设计视图"中创建。

【例 4.5】在"教学管理系统"数据库中，创建以下查询：

(1) 查询 2001 年以后出生的学生的学号、姓名和出生日期。

(2) 查询姓名中有"国"字的学生的姓名、性别和出生日期。

(3) 查询学号第 6 位是 2 或者 9 的学生的学号、姓名和班级名称。

(4) 查询"微积分"分数在 60～80 之间的学生的姓名、课程名称和分数。

(5) 查询无爱好的学生的学号、姓名和性别。

操作步骤如下：

打开"教学管理系统"数据库，选择"创建"选项卡的"查询"组，单击"查询设计"按钮，打开查询设计器窗口，将所需表添加到查询设计器的数据源窗格中。

(1) 查询 2001 年以后出生的学生的学号、姓名和出生日期。

① 将字段"学号""姓名"和"出生日期"添加到查询定义窗格中，对应"出生日期"字段，在"条件"行输入"＞=#2001-1-1 #"，如图 4-21 所示。

② 保存查询。查询运行结果如图 4-22 所示。

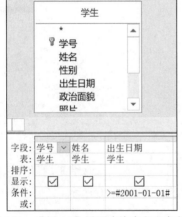

图 4-21　【例 4.5】设置查询字段和条件一

图 4-22　【例 4.5】查询结果一

(2) 查询姓名中有"国"字的学生的姓名、性别和出生日期。

① 将字段"姓名""性别"和"出生日期"添加到查询定义窗格中，对应"姓名"字段，在"条件"行输入"Like "*国*""，如图 4-23 所示。

② 保存查询。查询运行结果如图 4-24 所示。

图 4-23　【例 4.5】设置查询字段和条件二

姓名 ▾	性别 ▾	出生日期 ▾
李国婷	女	2000年7月2日
胡志国	男	2001年2月10日
刘镇国	男	2001年9月1日
张国丹	女	2001年9月19日
齐国强	男	2000年1月2日
刘国矫	男	2000年7月16日
周国慧	女	2001年6月18日
雒国荣	男	2001年7月10日
何国鸿	女	2001年3月7日
蔺国萍	女	2000年8月4日
马国芝	女	1999年12月3日
党国强	男	2000年1月21日
邱国明	男	2000年8月21日
侯国孝	男	2001年10月3日
李国蓉	女	2001年7月26日

图 4-24　【例 4.5】查询结果二

(3) 查询学号第 6 位是 2 或者 9 的学生的学号、姓名和班级名称。

① 将字段"学号""姓名"和"班级名称"添加到查询定义窗格中，对应"学号"字段，在"条件"行输入"Mid([学号],6,1)="2" Or Mid([学号],6,1)="9""，如图 4-25 所示。

② 保存查询。查询运行结果如图 4-26 所示。

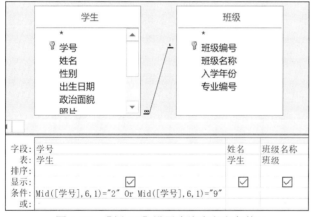

图 4-25　【例 4.5】设置查询字段和条件三

学号 ▾	姓名 ▾	班级名称 ▾
2018020101 01	李真行	18金融1
2018020101 02	顾杰	18金融1
2018020101 03	焦有婷	18金融1
2018020101 04	刘宁	18金融1
2018020101 05	张凯亮	18金融1
2018020101 06	傅帝	18金融1
2018020101 08	宫再鑫	18金融1
2018020101 09	陈家玉	18金融1
2018020101 10	胥晓君	18金融1
2018020101 11	闫永生	18金融1
2018020101 12	张红亮	18金融1
2018020101 13	张新培	18金融1
2018020101 14	严章满	18金融1
2018020101 15	张婷婷	18金融1
2018020101 16	谭夏帆	18金融1
2018020101 17	闵雪莲	18金融1
2018020101 18	曾堇	18金融1

图 4-26　【例 4.5】查询结果三

(4) 查询"微积分"分数在 60～80 之间的学生的姓名、课程名称和分数。

① 将字段"姓名""课程名称"和"分数"添加到查询定义窗格中，对应"课程名称"字段，在"条件"行输入""微积分""；对应"分数"字段，在"条件"行输入 Between 60 And 80，如图 4-27 所示。

② 保存查询。查询运行结果如图 4-28 所示。

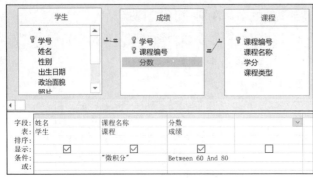

姓名	课程名称	分数
郭莹	微积分	62.0
张婷	微积分	73.0
辛盼盼	微积分	73.0
许一润	微积分	79.0
李琪	微积分	74.0
王琰	微积分	67.0
徐易楠	微积分	79.0
李静	微积分	77.0
陈佩	微积分	77.0
胡翻翻	微积分	69.0
段邦恩	微积分	66.0
李静	微积分	76.0
仇鹏鹏	微积分	64.0
黄朝阳	微积分	75.0

图 4-27　【例 4.5】设置查询字段和条件四　　　　图 4-28　【例 4.5】查询结果四

(5) 查询无爱好的学生的学号、姓名和性别。

① 将字段"学号""姓名""性别"和"爱好"添加到查询定义窗格中,取消选中"爱好"字段的"显示"复选框,在"条件"行对应"爱好"字段输入 Is Null,如图 4-29所示。

② 保存查询。查询运行结果如图 4-30 所示。

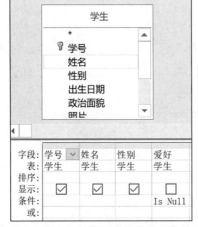

学号	姓名	性别
201809020251	王竣右	男
201809020252	刘彦钊	男
201809030255	吴丹	女
201810020160	马振兴	男
201801010141	马红军	男
201803010219	刘锡铭	男
201807010147	陈晶	女
201808020235	周鑫	女
201809020301	段美玉	女
201809020302	杨帆	男
201809020303	牛犇正	男
201809020304	郝堃尧	男
201809020305	朱文洲	男
201809020306	杨丽平	女
201809020307	张文昊	男
201809020308	何艳丽	女

图 4-29　【例 4.5】设置查询字段和条件五　　　　图 4-30　【例 4.5】查询结果五

4.3.3　运行和修改查询

1. 运行查询

查询创建完成后,将保存在数据库中。运行查询后才能看到查询结果,运行查询的方法有以下几种方式:

(1) 在"查询工具|设计"上下文选项卡的"结果"组中单击"运行"按钮。

(2) 在"查询工具|设计"上下文选项卡的"结果"组中单击"视图"按钮。

(3) 在导航窗格中双击要运行的查询。

(4) 在导航窗格中右击要运行的查询,在弹出的快捷菜单中选择"打开"命令。

(5) 在查询设计视图窗口中右击标题栏,在弹出的快捷菜单中选择"数据表视图"命令。

无论是利用向导创建的查询，还是利用"设计视图"建立的查询，建立后均可以对查询进行编辑修改。

2. 编辑查询中的字段

在"设计视图"中打开要修改的查询，可以进行添加字段、删除字段、移动字段和重命名查询字段操作，具体操作步骤如下：

(1) 添加字段。从字段表中选定一个或多个字段，并将其拖曳到查询定义窗口的相应列中。若需要的字段列表不在查询中，可以先进行添加一个包含该字段列表的表或查询。

(2) 删除字段。单击列选定器选定相应的字段，然后按【Delete】键。

(3) 移动字段。先选定要移动的列，可以单击列选定器来选择一列，也可以通过相应的列选定器来选定相邻的数列。再次单击选定字段中任何一个选定器，将字段拖曳到新的位置。移走的字段及其右侧的字段一起向右移动。

(4) 重命名查询字段。若希望在查询结果中使用用户自定义的字段名称替代表中的字段名称，可以对查询字段进行重新命名。将光标移动到查询定义窗口中需要重命名的字段左边，输入新名称后输入英文冒号(:)即可。

3. 编辑查询中的数据源

(1) 添加表或查询。操作步骤如下：

① 在"设计视图"中打开要修改的查询。

② 在"设计"选项卡的"查询设置"组中，单击"显示表"按钮，弹出"显示表"对话框。

③ 若要加入表，则选择"表"选项卡；若要加入查询，则选择"查询"选项卡；若既要加入表又要加入查询，则选择"两者都有"选项卡。

④ 在相应的选项卡中单击要加入的表或查询，然后单击"添加"按钮。

⑤ 选择完所有要添加的表或查询后，单击"关闭"按钮。

(2) 删除表或查询。操作步骤如下：

① 在"设计视图"中打开要修改的查询。

② 右击要删除的表或查询，在弹出的快捷菜单中选择"删除表"命令。

4.3.4　在查询中使用计算

在设计选择查询时，除了进行条件设置外，还可以进行计算和分类汇总。下面通过例子来说明如何设置查询中的计算。

【例 4.6】在"教学管理系统"数据库中，创建以下查询：

(1) 查询学生的学号、姓名、出生日期并计算年龄。

(2) 统计各班学生的平均年龄。

(3) 统计学生的课程总分和平均分。

操作步骤如下:

打开"教学管理系统"数据库,选择"创建"选项卡的"查询"组,单击"查询设计"按钮,打开"查询设计器"窗口,将查询所需要的表添加到查询设计视图的数据源窗格中。

(1) 查询学生的学号、姓名、出生日期并计算年龄。将"学生"表的字段"学号""姓名"和"出生日期"添加到查询定义窗格中,然后在空白列中输入"年龄: Year(Date())-Year([出生日期])",其中"年龄"是计算字段,"Year(Date())-Year([出生日期])"是计算年龄的表达式,如图 4-31 所示,保存运行查询。

(2) 统计各班学生的平均年龄。将"班级名称"字段添加到查询定义窗格中,并在空白列中输入"平均年龄: Year(Date())-Year([出生日期])",然后单击工具栏上"汇总"按钮,在查询定义窗格中出现 "总计"行,如图 4-32 所示。对应"班级名称"字段,在"总计"下拉列表框中选择 Group By;对应表达式"Year(Date())-Year([出生日期])",在"总计"下拉列表框中选择"平均值",这表明按照"班级名称"字段分组统计年龄的平均值。最后保存运行查询。

图 4-31　【例 4.6】设置查询字段和输入计算字段

图 4-32　【例 4.6】查询平均年龄

(3) 统计学生的课程总分和平均分。将"学生"表的 "学号"和"姓名"字段、"成绩"表的 "分数"字段添加到查询定义窗格中,注意,将"分数"字段添加两次。然后在"总计"行中,对应"学号"和"姓名"字段,选择 Group By;对应第 1 个"分数"字段,选择"合计"并添加标题"总分";对应第 2 个"分数"字段,选择"平均值"并添加标题"平均分",如图 4-33 所示,保存运行查询。

图 4-33　【例 4.6】查询总分和平均分

4.4 参 数 查 询

参数查询是一种动态查询，可以在每次运行查询时输入不同的条件值，系统根据给定的参数值确定查询结果，而参数值在创建查询时不要定义。这种查询完全由用户控制，能在一定程度上适应应用的变化需求，提高查询效率。参数查询一般建立在选择查询基础上，在运行查询时会出现一个或多个对话框，要求输入查询条件。根据查询中参数个数的不同，参数查询可以分为单参数查询和多参数查询。

4.4.1 单参数查询

【例 4.7】在"教学管理系统"数据库中创建以下单参数查询：

(1) 按输入的学号查询学生的所有信息。

(2) 按输入的教师姓名查询该教师的教学安排情况，显示学期名称、教师姓名、班级名称和课程名称。

操作步骤如下：

打开"教学管理系统"数据库，选择"创建"选项卡的"查询"组，单击"查询设计"按钮，打开"查询设计器"窗口，将查询所需要的表添加到查询设计视图的数据源窗格中。

(1) 按输入的学号查询学生的所有信息。

① 将"学生"表的所有字段添加到查询定义窗格中(选择所有字段可直接在数据表中双击"＊")，对应"学号"字段，在"条件"行输入"[请输入学生学号:]"，如图 4-34 所示。

② 保存查询并运行，显示"输入参数值"对话框，如图 4-35 所示。

③ 输入学号 201801010107，系统将显示 201801010107 的学生信息。

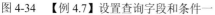

图 4-34 　【例 4.7】设置查询字段和条件一

图 4-35 　设置查询参数值

(2) 按输入的教师姓名查询该教师的教学安排情况，显示学期名称、教师姓名、班级名称和课程名称。将"学期"表的"学期名称"字段、"教师"表的"姓名"字段、"班级"表的"班级名称"字段和"课程"表的"课程名称"字段添加到查询定义窗格中，对应"姓名"字段，在"条件"行输入"[请输入教师姓名：]"，如图 4-36 所示，保存运行查询。

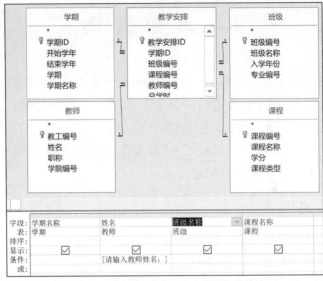

图 4-36　【例 4.7】设置查询字段和条件二

4.4.2　多参数查询

【**例 4.8**】在"教学管理系统"数据库中创建以下多参数查询：

(1) 按输入的最低分和最高分，查询学生的学号、姓名及"微积分"课程成绩。

(2) 按输入的性别和姓氏查询学生的所有信息。

操作步骤如下：

打开"教学管理系统"数据库，选择"创建"选项卡的"查询"组，单击"查询设计"按钮，打开"查询设计器"窗口，将查询所需要的表添加到查询设计视图的数据源窗格中。

(1) 按输入的最低分和最高分，查询学生的学号、姓名及"微积分"课程成绩。

① 将"学生"表的"学号""姓名"字段、"课程"表的"课程名称"和"成绩"表的"分数"字段添加到查询定义窗格中，对应"课程名称"字段，在"条件"行输入""微积分""；对应"分数"字段，在"条件"行输入"Between [最低分] And [最高分]"，如图4-37 所示。

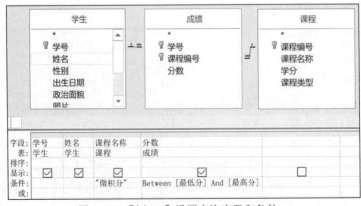

图 4-37　【例 4.8】设置查询字段和条件一

② 保存查询并运行，显示第 1 个"输入参数值"对话框，输入最低分 80，单击"确定"按钮，打开第 2 个"输入参数值"对话框，输入最高分 90，单击"确定"按钮，如图 4-38 和图 4-39 所示。

③ 系统会显示微积分成绩介于 80～90 分之间的学生信息。

图 4-38　设置查询参数值一

图 4-39　设置查询参数值二

(2) 按输入的性别和姓氏查询学生的所有信息。将"学生"表的所有字段添加到查询定义窗口中，对应"性别"和"姓名"字段，分别在"条件"行输入"[请输入性别:]""Like [请输入姓氏:]&"*""，如图 4-40 所示，保存运行查询。

图 4-40　【例 4.8】设置查询字段和条件二

4.5　交叉表查询

交叉表查询通常以一个字段作为表的行标题，以另一个字段的取值作为列标题，在行和列的交叉点单元格处获得数据的汇总信息，以达到数据统计的目的。交叉表查询既可以通过交叉表查询向导来创建，也可以在设计视图中创建。

4.5.1　使用向导创建

使用"交叉表查询向导"建立交叉表查询时，使用的字段必须属于同一个表或同一个查询。如果使用的字段不在同一个表或查询中，则应先建立一个查询，将它们集中在一起。

【例 4.9】在"教学管理系统"数据库中，从学生表中统计各个班级的男女生人数，建立所需的交叉表。

操作步骤如下：

(1) 选择"创建"选项卡的"查询"组，单击"查询向导"按钮，打开"新建查询"

对话框。

(2) 在"新建查询"对话框中，选择"交叉表查询向导"选项，单击"确定"按钮，将出现"交叉表查询向导"对话框，此时，选择"学生"表，如图 4-41 所示，然后单击"下一步"按钮。

(3) 选择作为行标题的字段。行标题最多可选择 3 个字段，为了在交叉表的每一行显示学生所属班级，这里应双击"可用字段"列表框中"班级编号"字段，将它添加到"选定字段"列表框中，如图 4-42 所示，然后单击"下一步"按钮。

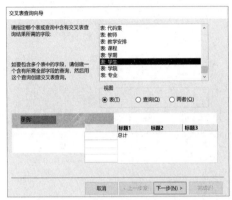

图 4-41 "交叉表查询向导"对话框一　　　图 4-42 "交叉表查询向导"对话框二

(4) 选择作为列标题的字段。列标题只能选择一个字段，为了在交叉表每一列的上面显示性别情况，单击"性别"字段，如图 4-43 所示，然后单击"下一步"按钮。

(5) 确定行、列交叉处显示内容的字段。为了让交叉表统计每个班级的男女生人数，单击"字段"列表框中的"学号"字段，然后在"函数"列表框中选择"计数"函数。若要在交叉表的每行前面显示总计数，还应选中"是，包括各行小计"复选框，如图 4-44 所示，然后单击"下一步"按钮。

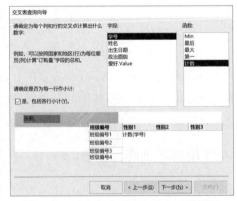

图 4-43 "交叉表查询向导"对话框三　　　图 4-44 "交叉表查询向导"对话框四

(6) 在弹出对话框的"请指定查询的名称"文本框中输入所需的查询名称，这里输入"统计各班级男女生人数交叉表查询"，如图 4-45 所示。然后选择"查看查询"单选按钮，再单击"完成"按钮，查询结果如图 4-46 所示。

图 4-45　"交叉表查询向导"对话框五

班级编号	总计 学号	男	女
18国贸1	58	20	38
18国贸2	56	10	46
18国贸3	58	14	44
18贸经1	51	23	28
18贸经2	52	16	36
18金融1	46	23	23
18金融2	46	11	35
18金融3	48	17	31
18金融4	48	21	27
18金融5	50	16	34
18金融工程1	58	18	40
18金融工程2	57	22	35
18保险1	44	10	34
18保险2	40	14	26
18信用	55	13	42
18法学1	55	16	39
18法学2	55	15	40
18法学3	56	20	36
18社工	53	20	33
18英语1	34	3	31
18英语2	33	3	30
18商英1	31	5	26
18商英2	32	6	26

图 4-46　【例 4.9】查询结果

4.5.2　使用设计视图创建

【例 4.10】在"教学管理系统"数据库中，创建以下交叉表查询：

(1) 查询学生的各门课成绩。

(2) 查询各学院的男女生人数。

操作步骤如下：

打开"教学管理系统"数据库，选择"创建"选项卡的"查询"组，单击"查询设计"按钮，打开"查询设计器"窗口，将查询所需要的表添加到查询设计视图的数据源窗格中。

(1) 查询学生的各门课成绩。将"学生"表的"学号""姓名"字段、"课程"表中的"课程名称"和"成绩"表的"分数"字段添加到查询定义窗格中。选择"查询工具"选项卡的"查询类型"组，单击"交叉表"按钮，查询定义窗格中将出现"总计"和"交叉表"行。首先，在"交叉表"行，对应"学号"和"姓名"字段选择"行标题"，对应"课程名称"字段选择"列标题"，对应"分数"字段选择"值"。然后，在"总计"行，对应"学号""姓名"和"课程名称"字段选择 Group By，对应"分数"字段选择 First，如图 4-47 所示。保存查询并运行，运行结果如图 4-48 所示。

图 4-47　【例 4.10】设置交叉表的行标题、列标题和值一

学号	姓名	大学英语	计算机	马克思	毛泽东	微积分
201801010101	郭莹	90	73		74	62
201801010102	刘莉莉	96	52		53	81
201801010103	张婷	89	68		99	73
201801010104	辛盼盼	95	90		81	73
201801010105	许一润	72	81		87	79
201801010106	李琪	97	80		63	74
201801010107	王琰	69	63		84	67
201801010108	马洁	59	55		87	93
201801010109	牛丹霞	55	56		92	95
201801010110	徐易楠	63	65		82	79
201801010111	李静	100	87		97	77
201801010112	陈佩	50	84		91	77

图 4-48　【例 4.10】查询结果一

(2) 查询各学院的男女生人数。依次添加"学生"表、"班级"表、"专业"表和"学院"表,将"学院"表的"学院编号""学院名称"和"学生"表的"性别""学号"字段添加到查询定义窗格中。选择"查询工具"选项卡的"查询类型"组,单击"交叉表"按钮,在"总计"行,对应"学院编号""学院名称"和"性别"字段选择 Group By,对应"学号"字段选择"计数";在"交叉表"行,对应"学院编号"和"学院名称"字段选择"行标题",对应"性别"字段选择"列标题",对应"学号"字段选择"值",如图 4-49 所示。保存查询并运行,运行结果如图 4-50 所示。

学院编号	学院名称	男	女
01	国际经济与贸易学院	83	192
02	金融学院	165	327
03	法学院	71	148
04	外语学院	17	113
05	艺术学院	157	219
06	统计学院	79	135
07	信息工程学院	129	231
08	工商管理学院	122	312
09	会计学院	254	601
10	财税与公共管理学院	138	285
12	商务传媒学院	75	167

图 4-49　【例 4.10】设置交叉表的行标题、列标题和值二　　　图 4-50　【例 4.10】查询结果二

4.6　操 作 查 询

前面介绍的查询是按照用户的需求,根据一定的条件从已有的数据源中选择满足特定准则的数据形成一个动态集,将已有的数据源再组织或增加新的统计结果,这种查询方式不改变数据源中原有的数据状态。

操作查询是在选择查询的基础上创建的,可以对表中的记录进行追加、修改、删除和更新。操作查询包括生成表查询、更新查询、追加查询和删除查询。

4.6.1　生成表查询

生成表查询可以使查询的运行结果以表的形式存储,生成一个新表,这样就可以利用一个或多个表或已知的查询再创建表,从而使数据库中的表可以创建新表,实现数据资源的多次利用及重组数据集合。

【例 4.11】在"教学管理系统"数据库中，创建以下生成表查询：

(1) 查询学生的学号、姓名、性别、课程名称和分数，并生成"学生成绩生成表"。

(2) 将"学生成绩生成表"中不及格记录生成一个"不及格表"。

操作步骤如下：

打开"教学管理系统"数据库，选择"创建"选项卡的"查询"组，单击"查询设计"按钮，打开"查询设计器"窗口，将查询所需要的表添加到查询设计视图的数据源窗格中。

(1) 查询学生的学号、姓名、性别、课程名称和分数，并生成"学生成绩生成表"。

① 将"学生"表的"学号""姓名""性别"字段、"课程"表的"课程名称"和"成绩"表的"分数"字段添加到查询定义窗格中，然后选择"查询工具"上下文选项卡的"查询类型"组，单击"生成表查询"按钮，则打开"生成表"对话框，如图 4-51 所示。在"表名称"文本框中输入"学生成绩生成表"，单击"确定"按钮，查询设置完成。

图 4-51　"生成表"对话框

在生成表查询中，生成的新表可以存放在当前数据库中，也可以存放在另一个数据库中。如果存放在其他数据库中，需要选择数据库的名称。

② 运行创建的查询，生成"学生成绩生成表"。

(2) 将"学生成绩生成表"中不及格记录生成一个"不及格表"。

① 将"学生成绩生成表"的所有字段添加到查询定义窗格中，对应"分数"字段下的"条件"行输入"<60"，然后选择"查询工具"上下文选项卡的"查询类型"组，单击"生成表查询"按钮，则打开"生成表"对话框，在"表名称"文本框中输入"不及格表"，单击"确定"按钮，查询设置完成。

② 运行创建的查询，生成"不及格表"。

4.6.2　更新查询

在数据库操作中，如果只对表中少量数据进行修改，可以直接在表的"数据表视图"下通过手工进行修改。如果需要成批修改数据，可以使用 Access 提供的更新查询功能来实现。更新查询可以对一个或多个表中符合查询条件的数据进行批量的修改。

【例 4.12】在"教学管理系统"数据库中，将所有"微积分"课程的学分增加 0.5 学分。

操作步骤如下：

(1) 打开"教学管理系统"数据库，选择"创建"选项卡的"查询"组，单击"查询设计"按钮，打开"查询设计器"窗口，将查询所需要的表添加到查询设计视图的数据源窗格中。

(2) 将"课程名称"和"学分"字段添加到查询定义窗格中，然后选择"查询工具"上下文选项卡的"查询类型"组，单击"生成表更新查询"按钮，则在查询定义窗格中出现"更新到"行。在"条件"行对应"课程名称"字段输入""微积分""，然后在"更新到"行对应"学分"字段输入"[学分]+.5"，如图 4-52 所示。保存查询，输入查询名"将微积分的学分增加"，查询设置完成。

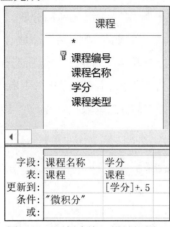

图 4-52　更新查询"设计视图"

4.6.3　追加查询

追加查询从一个或多个表将一组记录追加到一个或多个表的尾部，可以大大提高数据输入的效率。追加记录时只能追加匹配的字段，其他字段将被忽略，被追加的数据表必须是存在的表，否则无法实现追加，系统将显示相应的错误信息。

【例 4.13】首先根据"学生"表，通过生成表查询在"教学管理系统"数据库中建立一个新表，表名为"全校爱好体育围棋学生信息"，表结构包括"学号""姓名"和"性别"字段，表内容为所有"爱好.Value"包含"体育"的学生信息。然后通过追加查询，将"学生"表中所有"爱好.Value"包含"围棋"的学生信息追加到"全校爱好体育围棋学生信息"表中。

操作步骤如下：

(1) 通过生成表查询创建"全校爱好体育围棋学生信息"表，查询设置如图 4-53 所示。

(2) 完成追加查询。

① 打开"教学管理系统"数据库，选择"创建"选项卡的"查询"组，单击"查询设计"按钮，打开"查询设计器"窗口，将查询所需要的表添加到查询设计视图的数据源窗格中。

② 将"学号""姓名""性别"和"爱好.Value"字段添加到查询定义窗格中，然后选择"查询工具"

图 4-53　设置字段和条件

上下文选项卡的"查询类型"组，单击"追加查询"按钮，在弹出的"追加"对话框的"追加到表名称"文本框中输入"全校爱好体育围棋学生信息"，如图 4-54 所示。单击"确定"按钮，则在查询定义窗格中出现"追加到"行。

③ 在"追加到"行选择对应字段，在"条件"行对应"爱好.Value"字段输入"Like '*围棋*'"，如图 4-55 所示，保存查询，运行结果。

图 4-54　"追加"对话框　　　　图 4-55　追加查询"设计视图"

4.6.4　删除查询

删除查询又称为删除记录的查询，可以从一个或多个数据表中删除记录。使用删除查询将删除整条记录，而非只删除记录中的字段值。记录一经删除将不能恢复，因此在删除记录前要做好数据备份。删除查询设计完成后，需要运行查询才能将需要删除的记录删除。

如果要从多个表中删除相关记录，必须满足以下几点：已定义了相关表之间的关系；在相应的编辑关系对话框中已选中"实施参照完整性"复选框和"级联删除相关记录"复选框。

【例 4.14】在"教学管理系统"数据库中，删除"不及格表"表中所有分数大于等于50 分的学生信息。

操作步骤如下：

(1) 打开"教学管理系统"数据库，选择"创建"选项卡的"查询"组，单击"查询设计"按钮，打开"查询设计器"窗口，将查询所需要的表添加到查询设计视图的数据源窗格中。

(2) 选择"查询工具"上下文选项卡的"查询类型"组，单击"追加删除查询"按钮。

(3) 将"分数"字段添加到查询定义窗格中，在对应的"条件"行中输入">=50"，如图 4-56 所示。保存查询，运行结果。

图 4-56　删除查询"设计视图"

4.7 SQL 查询

SQL 查询是使用 SQL 语言创建的一种查询。在 Access 中每个查询都对应着一个 SQL 查询命令。当用户使用查询向导或查询设计器创建查询时，系统会自动生成对应的 SQL 命令，可以在 SQL 视图中查看。除此之外，用户还可以直接通过 SQL 视图窗口输入 SQL 命令来创建查询。

4.7.1 SQL 概述

SQL(Structured Query Language，结构化查询语言)是标准的关系型数据库语言。SQL 语言的功能包括数据定义、数据查询、数据操纵和数据控制 4 个部分。其特点如下：

(1) 高度综合。SQL 语言集数据定义、数据操纵和数据控制于一体，语言风格统一，可以实现数据库的全部操作。

(2) 高度非过程化。SQL 语言在进行数据操作时，只需说明"做什么"，而不必指明"怎么做"，其他工作由系统完成。用户无须了解对象的存取路径，大大减轻了用户负担。

(3) 交互式与嵌入式相结合。用户可以将 SQL 语句当作一条命令直接使用，也可以将 SQL 语句当作一条语句嵌入到高级语言程序中，两种方式语法结构一致，为程序员提供了方便。

(4) 语言简洁，易学易用。SQL 语言结构简洁，只用 9 个动词就可以实现数据库的所有功能，方便用户学习和使用，如表 4-11 所示。

表 4-11 SQL 命令动词

功 能 分 类	命 令 动 词	具 体 功 能
数据查询	SELECT	数据查询
数据定义	CREATE	创建对象
	DROP	删除对象
	ALTER	修改对象
数据操纵	INSERT	插入数据
	UPDATE	更新数据
	DELETE	删除数据
数据控制	GRANT	定义访问权限
	REVOKE	回收访问权限

4.7.2 数据查询语句

数据查询是 SQL 的核心功能，SQL 语言提供了 SELECT 语句用于检索和显示数据库中表的信息，该语句功能强大，使用方式灵活，可用一个语句实现多种方式的查询。

1. SELECT 语句的格式

> SELECT [ALL|DISTINCT] [TOP <数值> [PERCENT]]<目标列表达式 1> [AS <列标题 1>][,<目标列表达式 2> [AS <列标题 2>]…]
>
> 　FROM <表或查询 1> [[AS]<别名 1>][,<表或查询 2> [[AS]<别名 2>]]
>
> [[INNER|LEFT[OUTER]|RIGHT[OUTER] JOIN <表或查询 3> [[AS]<别名 3>]ON <连接条件>]…]
>
> 　[WHERE <条件表达式 1> [AND|OR <条件表达式 2>…]
>
> 　[GROUP BY <分组项> [HAVING <分组筛选条件>]]
>
> 　[ORDER BY <排序项 1> [ASC|DESC][,<排序项 2> [ASC|DESC]…]]

2. 语法描述的约定说明

"[ ]"内的内容为可选项；"<>"内的内容为必选项；"|"表示"或"，即前后的两个值"二选一"。

3. SELECT 语句中各子句的意义

(1) SELECT 子句：指定要查询的数据，一般是字段名或表达式。

① ALL：表示查询结果中包括所有满足查询条件的记录，也包括值重复的记录，默认为 ALL。

② DISTINCT：表示在查询结果中内容完全相同的记录只能出现一次。

③ TOP <数值> [PERCENT]：限制查询结果中包括的记录条数为当前<数值>条或占记录总数的百分比为<数值>。

④ AS <列标题 1>：指定查询结果中列的标题名称。

(2) FROM 子句：指定数据源，即查询所涉及的相关表或已有的查询。如果这里出现 JOIN…ON 子句则表示要为多表查询指定多表之间的连接方式。AS <别名>表示为表指定别名。

① INNER|LEFT[OUTER]|RIGHT[OUTER] JOIN：表示内部|左(外部)|右(外部)连接。其中 OUTER 关键字为可选项，用来强调创建的是一个外部连接查询。

② JOIN 子句：指定多表之间的连接方式。

③ ON 子句：与 JOIN 子句连用，指定多表之间的关联条件。

(3) WHERE 子句：指定查询条件，在多表查询的情况下也可用于指定连接条件。

(4) GROUP BY 子句:对查询结果进行分组,可选项HAVING表示要提取满足HAVING子句指定条件的那些组。

(5) ORDER BY 子句：对查询结果进行排序。ASC 表示升序排列，DESC 表示降序排列。

SQL 数据查询语句与查询设计器中各选项间的对应关系如表 4-12 所示。

表 4-12　SQL 数据查询语句与查询设计器中各选项间的对应关系

SELECT 子 句	查询设计器中的选项
SELECT<目标列>	"字段"栏
FROM<表或查询>	"显示表"对话框
WHERE<筛选条件>	"条件"栏
GROUP BY<分组项>	"总计"栏
ORDER BY<排序项>	"排序"栏

4.7.3　单数据源查询

单数据源查询是指查询结果及查询条件中涉及的字段均来自于一个表或查询。常用的单数据源查询有下面几种情况。

1. 查询表中的若干列

只含有 SELECT、FROM 基本子句,目标字段为全部字段的查询,其格式为:

SELECT <目标列 1>[,<目标列 2>,...] FROM <表或查询>

(1) 查询所有字段。

【例 4.15】查询"学生"表中的所有记录。

SELECT * FROM 学生

该查询等同于以下命令,却大大简化了命令的输入。

SELECT 学号, 姓名, 性别, 出生日期, 政治面貌, 照片, 爱好, 简历, 班级编号 FROM 学生

结果如图 4-57 所示。

学号	姓名	性别	出生日期	政治面貌	照片	爱好	简历	班级编
201801010101	郭莹	女	2001年8月6日	共青团员	Bitmap Image	绘画, 音乐	表达沟通协	18贸经2
201801010102	刘莉莉	女	2001年6月25日	普通居民		旅游, 摄影		18贸1
201801010103	张婷	女	2001年4月26日	中共预备党员		看电影, 上网		18金融5
201801010104	辛盼盼	女	2001年4月22日	共青团员		钓鱼, 阅读		18法学1
201801010105	许一润	男	2000年8月2日	共青团员		书法, 阅读		18保险1
201801010106	李琪	女	2000年11月13日	普通居民		看电影, 体育, 音乐		18国贸1
201801010107	王瑛	女	2000年10月18日	普通居民		体育, 围棋		18国贸1
201801010108	马洁	女	2001年1月15日	普通居民				18国贸1
201801010109	牛丹霞	女	2001年2月7日	普通居民				18国贸1
201801010110	徐易楠	女	2001年1月20日	普通居民		体育, 围棋		18国贸1
201801010111	李静	女	2000年8月5日	普通居民				18国贸1
201801010112	陈佩	女	2001年2月10日	普通居民				18国贸1
201801010113	张琴	女	2000年5月15日	普通居民				18国贸1

图 4-57　【例 4.15】查询结果

(2) 查询指定的字段。

当需要查询输出一张表中的某些字段时,目标列中依次列出各输出字段名称,字段的罗列次序即为字段的输出顺序。

【例 4.16】查询"学生"表中所有学生的"学号""姓名"和"性别"字段。

> SELECT 学号,姓名,性别 FROM 学生

查询结果如图 4-58 所示。

(3) 消除重复记录。

如果需要去掉查询结果中的重复记录，可以在字段名列表前加上 DISTINCT 关键字。

【例 4.17】查询所有选修了课程的学生的学号，去掉重复的学号。

> SELECT DISTINCT 学号 FROM 成绩

(4) 查询计算值。

查询的目标列可以是表中的字段，也可以是一个表达式。

【例 4.18】查找学生的学号、姓名和年龄。

> SELECT　学号,姓名,Year(Date())-Year([出生日期])AS　年龄　FROM　学生

查询结果如图 4-59 所示。

学号	姓名	性别
201801010101	郭莹	女
201801010102	刘莉莉	女
201801010103	张婷	女
201801010104	辛盼盼	女
201801010105	许一润	男
201801010106	李琪	女
201801010107	王琰	女
201801010108	马洁	女
201801010109	牛丹霞	女
201801010110	徐易楠	女

图 4-58　【例 4.16】查询结果

学号	姓名	年龄
201801010101	郭莹	17
201801010102	刘莉莉	19
201801010103	张婷	19
201801010104	辛盼盼	19
201801010105	许一润	19
201801010106	李琪	19
201801010107	王琰	19
201801010108	马洁	19
201801010109	牛丹霞	19
201801010110	徐易楠	19

图 4-59　【例 4.18】查询结果

2. 选择查询

选择查询是从表中选出满足条件的记录，对应于关系代数中的选择运算，其格式为：

> SELECT <目标列 1>[,<目标列 2>,...] FROM <表或查询> WHERE <条件>

查询条件中常用的运算符如表 4-13 所示。

表 4-13　查询条件中常用的运算符

类　型	运　算　符
比较运算	=，<>，<，<=，>，>=
确定范围	BETWEEN...AND...，NOT BETWEEN...AND...
确定集合	IN，NOT IN
字符匹配	LIKE，NOT LIKE
空值比较	IS NULL，IS NOT NULL
逻辑运算	NOT，AND，OR

【例 4.19】查询"学生"表中所有女生的学号、姓名和班级编号。

SELECT 学号, 姓名, 班级编号 FROM 学生 WHERE 性别="女"

【例 4.20】在"成绩"表中查找课程编号为 0002 且分数小于 60 分的学生的学号、课程号和分数。

SELECT 学号,课程编号,分数 FROM 成绩 WHERE 分数<60 AND 课程编号="0002"

【例 4.21】在"成绩"表中查找课程编号为 0002 且分数在 80～90 分之间的学生的学号。

SELECT 学号,课程编号,分数 FROM 成绩
WHERE 课程编号="0002" AND 分数 BETWEEN 80 AND 90

或

SELECT 学号,课程编号,分数 FROM 成绩
WHERE 课程编号="0002" AND 分数>=80 AND 分数<=90

【例 4.22】查找课程编号为 0002 和 0006 的两门课的学生成绩。

SELECT 学号,课程编号,分数 FROM 成绩 WHERE 课程编号 In ("0002","0006")

【例 4.23】在"学生"表中查找姓"马"的学生的学号和姓名。

SELECT 学号,姓名 FROM 学生 WHERE 姓名 Like "马*"

【例 4.24】在"学生"表中查找姓"马"的且全名为三个汉字的学生的学号和姓名。

SELECT 学号,姓名 FROM 学生 WHERE 姓名 Like "马??"

【例 4.25】在"学生"表中查找姓"张""王""李"或"赵"的学生的学号和姓名。

SELECT 学号,姓名 FROM 学生 WHERE 姓名 Like "[张王李赵]*"

【例 4.26】在"学生"表中查找有爱好的学生的学号、姓名和爱好。

SELECT 学号,姓名,爱好 FROM 学生 WHERE 爱好.Value IS NOT NULL

3. 排序查询

在 SELECT 语句中 ORDER BY 子句可以对查询结果按照一个或多个列的升序(ASC)或降序(DESC)排序，默认是升序。该子句的格式为：

ORDER BY <排序项> [ASC|DESC]

说明：<排序项>可以是字段名或表达式，也可以是目标列的序号。

【例 4.27】从"学生"表中查询学生的信息，并将查询结果按出生日期升序排序。

SELECT　*　FROM　学生　ORDER　BY　出生日期

【例 4.28】从"成绩"表中查询每个学生的选课信息，并将结果按成绩从高到低排序。

SELECT　*　FROM　成绩　ORDER　BY　分数　DESC

【例 4.29】从"学生"表中查询出学号后 2 位是 02 的学生的学号、姓名、出生日期，并将结果按出生日期从大到小的顺序排列。

SELECT 学号,姓名,出生日期 FROM 学生
WHERE Right([学号],2)="02"ORDER BY 出生日期 DESC

查询结果如图 4-60 所示。

学号	姓名	出生日期
201805060102	康宇	2001年11月26日
201805030102	陈永燊	2001年11月24日
201807010102	王应谏	2001年11月22日
201812020202	李蕊娟	2001年11月21日
201809030102	张丽君	2001年11月8日
201804010102	邵慧珍	2001年11月4日
201805050202	刘学谦	2001年10月31日
201812010202	高亚琴	2001年10月15日
201810040102	王文正	2001年9月22日
201807020102	车芳菊	2001年9月19日
201807010202	赵蕊	2001年9月16日
201806030102	郑龙杰	2001年9月16日
201802010202	刘莉	2001年9月15日
201804020102	王丹亚	2001年9月15日
201809010202	智亚亚	2001年9月13日

图 4-60　【例 4.29】查询结果

【例 4.30】从"成绩"表中查找课程编号为 0003 的学生学号和分数，并按分数降序排序。

SELECT 学号,分数 FROM　成绩 WHERE　课程编号="0003"　ORDER　BY　分数　DESC

【例 4.31】查询"成绩"表中成绩排在前 5 名的记录。

SELECT TOP 5 * FROM 成绩 ORDER BY 分数 DESC

【例 4.32】查询"成绩"表中成绩排在前 5% 名的记录。

SELECT TOP 5 PERCENT * FROM 成绩 ORDER BY 分数 DESC

4. 统计查询

在指定的某个(或多个)字段上使用聚合函数进行统计计算的查询。

说明：聚合函数忽略空值，如 COUNT(爱好)是统计爱好不为 NULL 的值的个数，AVG(分数)统计不为 NULL 的分数平均值。

【例 4.33】从"教师"表中统计教师人数。

SELECT   COUNT(教师编号) AS   教师总数   FROM   教师

【例 4.34】统计"学生"表中有爱好(爱好不为 NULL)的学生人数。

SELECT COUNT(爱好)FROM 学生

【例 4.35】求选修课程编号为 0002 的学生人数。

SELECT   COUNT(*) FROM   成绩   WHERE   课程编号="0002"

【例 4.36】求选修课程编号为 0002 的学生的平均分,平均分保留 1 位小数。

SELECT ROUND(AVG(分数),1)AS 平均分 FROM   成绩   WHERE   课程编号="0002"

【例 4.37】求学号为 201801010101 的学生的总分、最高分、最低分和平均分。

SELECT SUM(分数)AS 总分,MAX(分数)AS 最高分,MIN(分数)AS 最低分,AVG(分数)AS 平均分 FROM   成绩   WHERE   学号="201801010101"

5. 分组统计查询

可以根据指定的某个(或多个)字段将查询结果进行分组,使指定字段上有相同值的记录分在一组,再通过聚合函数等函数对查询结果进行统计计算。

【例 4.38】从"成绩"表中统计每个学生的所有选修课程的总分、平均分、最高分、最低分和选课门数。

SELECT 学号,SUM(分数)AS 总分,AVG(分数)AS 平均分,MAX(分数)AS 最高分,MIN(分数)AS 最低分,COUNT(课程编号)AS 选课门数   FROM   成绩   GROUP   BY   学号

说明:平均分和总分除以课程门数可能不相等,因为 AVG 忽略分数为 NULL 的行。

【例 4.39】从"成绩"表中统计每个学生的所有选修课程的平均分,并且只列出平均分大于 85 分的学生学号和平均分。

SELECT   学号,AVG(分数)AS 平均分 FROM   成绩
GROUP   BY   学号 HAVING   AVG(分数)>=85

说明:HAVING 短语只能出现在有 GROUP BY 子句的查询中。

【例 4.40】求每门课程的平均分。

SELECT   课程编号,AVG(分数)AS 平均分 FROM   成绩 GROUP   BY 课程编号

【例 4.41】查找选修课程超过 3 门课程的学生学号。

SELECT 学号 FROM   成绩 GROUP   BY   学号 HAVING   COUNT(*)>3

【例 4.42】统计每个班级男女生中各个姓氏超过 5 人的学生人数,查询结果按照班级编号、性别、姓氏升序和学生人数降序排列。

> SELECT　班级编号,性别,MID(姓名,1,1)AS　姓氏,COUNT(学号)AS　人数　FROM　学生
> GROUP BY　班级编号,性别,MID(姓名,1,1)HAVING COUNT(学号)>5 ORDER BY 1,2,3,4 DESC

查询结果如图 4-61 所示。

班级编号	性别	姓氏	人数
18贸经2	女	李	6
18金融1	女	张	7
18金融4	女	赵	6
18金融工程2	女	张	6
18信用	女	王	6
18法学1	女	张	6
18法学2	女	王	7
18法学2	女	张	6
18社工	女	张	8
18英语1	女	张	8
18商英1	女	王	7
18计科1	女	王	6

图 4-61　【例 4.42】查询结果

【例 4.43】查询选课门数在 3 门以上(含 3 门), 每门课程的成绩都不低于 70 分的学生学号及平均成绩。

> SELECT　学号,AVG(分数)AS　平均成绩　FROM　成绩　WHERE　分数>=70
> GROUP BY　学号　HAVING COUNT(*)>=3

说明: 当 WHERE 子句、GROUP BY 子句、HAVING 子句同时出现在一个查询语句中时, 先执行 WHERE 子句, 从表中选取满足条件的记录; 然后执行 GROUP BY 子句对选取的记录进行分组; 再执行 HAVING 短语从分组结果中选取满足条件的组。

6. 对查询结果再做查询

可以在查询结果的基础上再做二次查询, 尤其涉及对聚合函数的查询结果再做聚合操作, 或将聚合函数的查询结果再和其他表做关联查询操作。

【例 4.44】从"成绩"查询最高平均分和最低平均分。

> SELECT MAX(平均分)AS　最高平均分,MAX(平均分)AS　最低平均分　FROM (
> SELECT　学号,AVG(分数)AS　平均分　FROM　成绩　GROUP BY　学号)X

4.7.4　多数据源查询

若查询涉及两个以上的表或查询, 即当要查询的数据来自多个表或查询时, 必须采用多数据源查询方法, 该类查询方法也称为连接查询。连接查询是关系数据库最主要的查询功能。连接查询可以是两个表的连接, 也可以是两个以上的表的连接, 还可以是一个表自身的连接。

使用多数据源查询时必须注意:

(1) 在 FROM 子句中列出参与查询的表。

(2) 如果参与查询的表中存在同名的字段，并且这些字段要参与查询，必须在字段名前加表名。

(3) 必须在 FROM 子句中用 JOIN 或 WHERE 子句将多个表用某些字段或表达式连接起来，否则，将会产生笛卡儿积。

有两种方法可以实现多数据源的连接查询。

1. 用 WHERE 子句写连接条件

格式为：

SELECT <目标列> FROM <表名 1> [[AS] <别名 1>],<表名 2> [[AS] <别名 2>],<表名 3> [[AS] <别名 3>] WHERE <连接条件 1> AND <连接条件 2> AND <筛选条件>

【例 4.45】查询学生表和课程表的笛卡儿积。

SELECT * FROM 学生,课程

【例 4.46】查找学生信息及所选修课程的名称和分数。

SELECT A.*,课程名称,分数 FROM 学生 AS A,课程 AS B,成绩 AS　C
WHERE B.课程编号=C.课程编号 AND A.学号=C.学号

2. 用 JOIN 子句写连接条件

在 Access 中 JOIN 连接主要分为 INNER JOIN 和 OUTER JOIN。

INNER JOIN 是最常用类型的连接。此连接通过匹配表之间共有的字段值，来从两个或多个表中检索行。

OUTER JOIN 用于从多个表中检索记录，同时保留其中一个表中的记录，即使其他表中没有匹配记录。Access 数据库引擎支持 OUTER JOIN 有两种类型：LEFT OUTER JOIN 和 RIGHT OUTER JOIN。想象两个表彼此挨着：一个表在左边，一个表在右边。LEFT OUTER JOIN 选择右表中与关系比较条件匹配的所有行，同时也选择左表中的所有行，即使右表中不存在匹配项。RIGHT OUTER JOIN 恰好与 LEFT OUTER JOIN 相反，右表中的所有行都被保留。

格式为：

SELECT <目标列> FROM <表名 1> [[AS] <别名 1>] INNER|LEFT[OUTER]|RIGHT JOIN [OUTER](<表名 2> [[AS] <别名 2>] ON <表名 1>.<字段名 1>=<表名 2>.<字段名 2> WHERE <筛选条件>

【例 4.47】查询所有学生的学号、姓名、性别、课程名称和分数。

SELECT 学生.学号, 姓名, 性别, 课程名称, 分数 FROM 课程 INNER JOIN (学生 INNER JOIN 成绩 ON 学生.学号 = 成绩.学号)ON 课程.课程编号 = 成绩.课程编号

【例 4.48】查询成绩不及格的女学生的学号、姓名、性别、课程名称和分数。

> SELECT 学生.学号, 姓名, 性别, 课程名称, 分数 FROM 课程 INNER JOIN (学生 INNER JOIN 成绩 ON 学生.学号 = 成绩.学号)ON 课程.课程编号 = 成绩.课程编号 WHERE 性别="女" AND 分数<60

【例4.49】查询每个专业的学生人数，查询结果包含专业编号、专业名称和学生人数。

> SELECT 专业.专业编号, 专业名称,COUNT(学生.学号)AS 学生人数 FROM 专业 LEFT JOIN (班级 LEFT JOIN 学生 ON 班级.班级编号 = 学生.班级编号)ON 专业.专业编号 = 班级.专业编号 GROUP BY 专业.专业编号, 专业.专业名称

【例4.50】根据"教师"表和"教学安排"表，查询有教学安排信息的教师的教师编号、姓名、所授课程的课程编号和授课班级的班级编号。

> SELECT 教师.教师编号,姓名,课程编号,班级编号 FROM 教师 INNER JOIN 授课 ON 教师.;教师编号=授课.教师编号

如果没有教学安排信息的教师也显示其教师编号和姓名信息，则需用左连接，语句如下所示：

> SELECT 教师.教师编号,姓名,课程编号,班级编号 FROM 教师 LEFT JOIN 授课 ON 教师.; 教师编号=授课.教师编号

【例4.51】查询2018010101班分数为100分的学生的学号、姓名、课程号和分数，查询结果包含2018010101班的所有学生。

> SELECT X.学号,姓名,Y.课程编号,Y.分数 FROM (SELECT * FROM 学生 WHERE 班级编号 ="2018010101")X LEFT JOIN (SELECT * FROM 成绩 WHERE 分数=100)Y ON x.学号=y.学号

*4.7.5 嵌套查询

在SQL语言中，当一个查询是另一个查询的条件时,即在一个SELECT语句的WHERE子句中出现另一个SELECT语句时，这种查询称为嵌套查询。通常把内层的查询语句称为子查询，外层查询语句称为父查询。

嵌套查询的运行方式是由里向外，也就是说，每个子查询都先于它的父查询执行，而子查询的结果作为其父查询的条件。

子查询的SELECT语句中不能使用ORDER BY子句，ORDER BY子句只能对最终查询结果排序。

嵌套查询根据内查询是否依赖外查询的条件，分为相关子查询和非相关子查询。内层查询依赖外层查询的条件，外层查询依赖于内层查询的结果的查询称为相关子查询，否则称为非相关子查询。

1. 带关系运算符的嵌套查询

父查询与子查询之间用关系运算符(>、<、=、>=、<=、<>)进行连接，带有关系运算符的子查询只能返回单个值，如果返回多个值必须使用ANY和ALL关键字。

【例 4.52】根据"学生"表，查询年龄大于所有学生平均年龄的学生并显示其学号、姓名和年龄。

```
SELECT  学号,姓名,YEAR(DATE())-YEAR(出生日期) AS  年龄 FROM  学生  WHERE
YEAR(DATE())-YEAR(出生日期)>(
    SELECT  AVG(YEAR(DATE())-YEAR(出生日期)) FROM  学生)
```

2. 带有 IN 的嵌套查询

使用 IN 关键字的查询既可以是相关子查询，也可以是非相关子查询。

【例 4.53】根据"学生"表和"成绩"表查询没有选修课程编号为 0003 的学生的学号和姓名。

```
SELECT 学号,姓名 FROM 学生 WHERE 学号 NOT IN (
SELECT 学号 FROM 成绩 WHERE 课程编号="0003")
```

3. 带有 ANY 或 ALL 的嵌套查询

使用 ANY 或 ALL 谓词时必须同时使用比较运算符，即<比较运算符> [ANY|ALL]，ANY 代表某一个，ALL 代表所有的。使用 ALL 谓词时应该使得子查询不要返回 NULL 值，否则任何值和 NULL 做关系运算均返回 NULL。

【例 4.54】根据"学生"表，查询成绩高于学号为 201801010101 的学生所有成绩(最高分数)的学生的学号。

```
SELECT * FROM 成绩 WHERE 分数>ALL(
SELECT 分数 FROM 成绩 WHERE 学号='201801010101' AND 分数 IS NOT NULL)
```

该查询等价于

```
SELECT * FROM 成绩 WHERE 分数> (
SELECT MAX(分数)FROM 成绩
WHERE 学号='201801010101' AND 分数 IS NOT NULL)
```

【例 4.55】根据"学生"表，查询成绩高于学号为 201801010101 的学生某一成绩(最低分数)的学生的学号。

```
SELECT * FROM 成绩 WHERE 分数>ANY(
SELECT 分数 FROM 成绩 WHERE 学号='201801010101' AND 分数 IS NOT NULL)
```

该查询等价于

```
SELECT * FROM 成绩 WHERE 分数> (
SELECT MIN(分数)FROM 成绩
WHERE 学号='201801010101' AND 分数 IS NOT NULL)
```

4. 带有 EXISTS 的嵌套查询

EXISTS 用于检查子查询是否至少会返回一行数据，该子查询实际上并不返回任何数据，而是返回值 True 或 False。使用 EXISTS 关键字的查询都是相关子查询，非相关子查询没有实际意义。

【例 4.56】根据"学生"表和"成绩"表，查询至少有一门课程不及格的学生的"学号""姓名"和"性别"。

```
SELECT 学号,姓名,性别 FROM 学生 WHERE EXISTS(
SELECT * FROM 成绩 WHERE 学号=学生.学号 AND 分数<60)
```

由 EXISTS 引出的子查询，其目标列表达式通常用"*"号，因为带 EXISTS 的子查询只返回 True 或 False，给出列名无实际意义。EXISTS 所在的查询属于相关子查询，即子查询的条件依赖于外层父查询的某个属性值。本例查询的处理过程是首先取外层查询中(学生表)的第 1 条记录，根据它与内层查询相关的属性值(学号值)处理内层查询，若 WHERE 子句返回值为 True，则取外层查询中的这条记录放入结果表，否则结果中不放入此记录；然后再取(学生)表的下一条记录，重复上面的过程，直到外层(学生)表全部检查完为止。

【例 4.57】根据"学生"表和"成绩"表，查询所有课程的成绩均不及格的学生的"学号""姓名"和"性别"。

```
SELECT 学号,姓名,性别 FROM 学生 WHERE NOT EXISTS(
SELECT * FROM 成绩 WHERE 学号=学生.学号 AND 分数>=60)
```

【例 4.58】根据"学生""课程"和"成绩"表，查询所有学生都选修的课程的"课程编号""课程名"。

```
SELECT 课程编号,课程名称 FROM 课程 WHERE NOT EXISTS(
SELECT * FROM 学生 WHERE NOT EXISTS(
    SELECT * FROM 成绩 WHERE 课程编号=课程.课程编号 AND 学号=学生.学号))
```

*4.7.6 联合查询

联合查询可以将两个或多个独立查询的结果组合在一起。使用 UNION 连接的两个或多个 SQL 语句产生的查询结果要有相同的字段数目，但是这些字段的大小或数据类型不必相同。另外，如果需要使用别名，则仅在第一个 SELECT 语句中使用别名，别名在其他语句中将被忽略。

如果在查询中有重复记录即所选字段值完全一样的记录，则联合查询只显示重复记录中的第一条记录；要想显示所有的重复记录，需要在 UNION 后加上关键字 ALL，即写成 UNION ALL。

【例 4.59】查询所有学生的学号和姓名，以及所有教师的教师编号和姓名。

```
SELECT 学号,姓名 FROM 学生 UNION SELECT 教师编号,姓名 FROM 教师
```

【例 4.60】查询所有包含"玉"或"杰"的学生的学号和姓名(保留重复的学生),按学号升序排列。

> SELECT 学号,姓名 FROM 学生 WHERE 姓名 LIKE '*玉*' UNION ALL SELECT 学号,姓名 FROM 学生 WHERE 姓名 LIKE '*杰*' ORDER BY 学号

【例 4.61】查询所有包含"玉"或"杰"的学生的学号和姓名(去掉重复的学生),按学号升序排列。

> SELECT 学号,姓名 FROM 学生 WHERE 姓名 LIKE '*玉*' UNION SELECT 学号,姓名 FROM 学生 WHERE 姓名 LIKE '*杰*' ORDER BY 学号

4.8　其他 SQL 语句

4.8.1　数据定义语句

数据定义功能是 SQL 的主要功能之一。利用数据定义功能可以完成建立、修改、删除数据表结构及建立、删除索引等操作。

1. 创建数据表

数据表定义包含定义表名、字段名、字段数据类型、字段的属性、主键、外键与参照表、表约束规则等。

在 SQL 语言中使用 CREATE TABLE 语句来创建数据表。使用 CREATE TABLE 定义数据表的格式为:

> CREATE TABLE <表名>(<字段名 1><字段数据类型> [(<大小>)] [NOT NULL] [PRIMARY KEY|UNIQUE][REFERENCES <参照表名>[(<外部关键字>)]][,<字段名 2>[…][,…]][,主键])

说明:

(1) PRIMARY KEY 将该字段创建为主键,被定义为主键的字段其取值唯一; UNIQUE 为该字段定义无重复索引。

(2) NOT NULL 不允许字段取空值。

(3) REFERENCES 子句定义外键并指明参照表及其参照字段。

(4) 当主键由多字段组成时,必须在所有字段都定义完毕后再通过 PRIMARY KEY 子句定义主键。

(5) 所有这些定义的字段或项目用逗号隔开,同一个项目内用空格分隔。

(6) 字段数据类型是用 SQL 标识符表示的,Access 主要数据类型及其 SQL 标识符参见表 4-14 内容。

表 4-14　Access 主要数据类型及其 SQL 标识符

表设计视图中的类型	SQL 标识符	表设计视图中的类型	SQL 标识符
文本	Char 或 Text	日期/时间	Datetime 或 Time 或 Date
数字[字节]	Byte	货币	Currency 或 Money
数字[整型]	Short 或 Smallint	自动编号	Counter 或 Autoincrement
数字[长整型]	Integer Long	是/否	Logical 或 Yesno
数字[单精度]	Single 或 Real	OLE 对象	Oleobject 或 General
数字[双精度]	Float 或 Double	备注	Memo 或 Note 或 Longtext Longchar

【例 4.62】在"教学管理系统"数据库中，使用 SQL 语句定义一个名为 Student 的表，结构为：学号(文本，10 字符)、姓名(文本，6 字符)、性别(文本，2 字符)、出生日期(日期/时间)、简历(备注)、照片(OLE)，学号为主键，姓名不允许为空值。

> CREATE　TABLE　Student(学号 TEXT(10) PRIMARY　KEY　NOT　NULL,姓名 TEXT(6) NOT　NULL,性别　TEXT(2),出生日期　DATE,简历　MEMO,照片　OLEOBJECT)

【例 4.63】在"教学管理系统"数据库中，使用 SQL 语句定义一个名为 Course 的表，结构为：课程编号(文本型，5 字符)、课程名(文本型，15 字符)、学分(字节型)，课程编号为主键。

> CREATE　TABLE　Course(课程编号　TEXT(5)　PRIMARY　KEY　NOT　NULL,课程名 TEXT(15),学分 BYTE)

【例 4.64】在"教学管理系统"数据库中，使用 SQL 语句定义一个名为 Grade 的表，结构为：学号(文本，10 字符)、课程编号(文本型，5 字符)、分数(单精度型)，主键由学号和课程编号两个字段组成，并通过学号字段与 Student 表建立关系，通过课程编号字段与 Course 表建立关系。

> CREATE　TABLE　Grade(学号 TEXT(10) NOT　NULL　REFERENCES　Student(学号),课程编号 TEXT(5)　NOT　NULL　REFERENCES　Course(课程编号),分数　SINGLE,PRIMARY KEY(学号,课程编号))

2. 修改表结构

ALTER TABLE 语句用于修改表的结构，主要包括增加、删除、修改字段的类型和大小等。

(1) 增加字段类型及大小，格式为：

> ALTER TABLE <表名>ADD <字段名><数据类型>(<大小>)

(2) 删除字段类型及大小，格式为：

> ALTER TABLE <表名>DROP <字段名>

(3) 修改字段类型及大小，格式为：

> ALTER TABLE <表名>ALTER <字段名><数据类型>(<大小>)

【例 4.65】使用 SQL 语句修改表，为 Student 表增加一个"电子邮件"字段(文本型，20 字符)。

> ALTER　TABLE　Student　ADD　电子邮件 TEXT(20)

【例 4.66】使用 SQL 语句修改表，修改 Student 表的"电子邮件"字段，将该字段长度改为 25 字符，并将该字段设置成唯一索引。

> ALTER　TABLE　Student　ALTER　电子邮件 TEXT(25) UNIQUE

【例 4.67】使用 SQL 语句修改表，删除 Student 表的"简历"字段。

> ALTER　TABLE　Student　DROP　简历

3. 删除数据表

DROP TABLE 语句用于删除表，格式为：

> DROP TABLE <表名>

4. 建立索引

CREATE INDEX 语句用于建立索引，格式为：

> CREATE [UNIQUE] INDEX <索引名称>ON <表名>(<索引字段 1>[ASC|DESC]
> [,<索引字段 2>[ASC|DESC][,…]])[WITH PRIMARY]

使用可选项 UNIQUE 子句将建立无重复索引。可以定义多字段索引。ASC 表示升序，DESC 表示降序。WITH PRIMARY 子句将索引指定为主键。

5. 删除索引

DROP INDEX 用于删除索引，格式为：

> DROP INDEX <索引名称>ON <表名>

4.8.2　数据更新语句

SQL 中数据更新包括插入数据、修改数据和删除数据三条语句。

1. 插入数据

INSERT INTO 语句用于在数据库表中插入数据。通常有两种形式，一种是插入一条记录，另一种是插入子查询的结果。后者可以一次插入多条记录。

(1) 插入一条记录，格式为：

> INSERT INTO <表名>[(<字段名 1>[,<字段名 2>[,…]])] VALUES (<表达式 1>[,<表达式 2>[,…]])

(2) 插入子查询结果，格式为：

> INSERT INTO <表名>[(<字段名 1>[,<字段名 2>[,…]])] <SELECT 查询语句>

【例 4.68】使用 SQL 语句向 Course 表中插入一条课程记录。

> INSERT　INTO　Course　VALUES("CJ006","大学语文",3)

2. 修改数据

UPDATE 语句用于修改记录的字段值。

修改数据的语法格式为：

> UPDATE <表名>SET <字段名 1>=<表达式 1>[,<字段名 2>=<表达式 2>[,…]][WHERE <条件>]

【例 4.69】使用 SQL 语句将 Course 表中课程编号为 CJ006 的学分字段值改为 4。

> UPDATE　Course　SET　学分=4　WHERE　课程编号="CJ006"

3. 删除数据

DELETE 语句用于将记录从表中删除，删除的记录数据将不可恢复。

删除数据的语法格式为：

> DELETE　FROM <表名> [WHERE <条件>]

【例 4.70】使用 SQL 语句删除 Course 表中课程编号为 CJ006 的课程记录。

> DELETE　FROM　Course　WHERE 课程编号=" CJ006"

【例 4.71】使用 SQL 语句删除 Course 表中没有任何学生选修的课程记录。

> DELETE　FROM　Course　WHERE 课程编号 NOT IN(SELECT 课程编号 FROM Grade)

或

> DELETE　FROM　Course　WHERE NOT EXISTS(SELECT * FROM Grade WHERE Grade.课程编号=Course.课程编号)

4.9 习　　题

4.9.1　简答题

1. 什么是查询？查询有哪些类型？

2. 什么是选择查询？什么是操作查询？

3. 选择查询和操作查询有何区别？

4. 查询有哪些视图方式？各有何特点？

5. 简述 SQL 查询语句中各子句的作用。

4.9.2　选择题

1. 以下的 SQL 语句中，(　　　)语句用于创建表。

    A. CREATE TABLE   B. CREATE INDEX

    C. ALTER TABLE   D. DROP

2. 在 Access 中已建立了"学生"表，表中有"学号""姓名""性别"和"入学成绩"等字段。执行 SQL 命令：SELECT 性别，AVG(入学成绩)FROM 学生 GROUP BY 性别，其结果是(　　　)。

    A. 计算并显示所有学生的性别和入学成绩的平均值

    B. 按性别分组计算并显示性别和入学成绩的平均值

    C. 计算并显示所有学生的入学成绩的平均值

    D. 按性别分组计算并显示所有学生的入学成绩的平均值

3. 关于 SQL 查询，以下说法不正确的是(　　　)。

    A. SQL 查询是用户使用 SQL 语句创建的查询

    B. 在查询设计视图中创建查询时，Access 将在后台构造等效的 SQL 语句

    C. SQL 查询可以用结构化的查询语言来查询、更新和管理关系数据库

    D. SQL 查询更改之后，可以以设计视图中所显示的方式显示，也可以从设计网格
       中进行创建

4. 将表 A 的记录添加到表 B 中，要求保持表 B 中原有的记录，可以使用的查询是(　　　)。

    A. 选择查询   B. 生成表查   C. 追加查询   D. 更新查询

5. 若要查询成绩为 85～100 分(包括 85 分，不包括 100 分)的学生的信息，查询条件设置正确的是(　　　)。

    A. >84 Or <100   B. Between 85 With 100

    C. IN(85,100)   D. >=85 And <100

6. 表达式 1+3\2>1 Or 6 Mod 4<3 And Not 1 的运算结果是(　　　)。

    A. −1   B. 0   C. 1   D. 其他

7. 图 4-62 所示是使用查询设计器完成的查询，与该查询等价的 SQL 语句是(　　)。

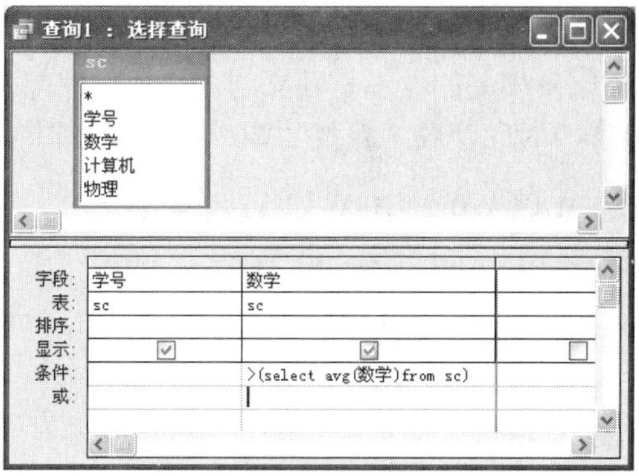

图 4-62　使用查询设计器的查询

A. SELECT　学号，数学 FROM sc WHERE　数学>(SELECT AVG(数学)FROM sc)

B. SELECT　学号　WHERE　数学>(SELECT AVG(数学)FROM sc)

C. SELECT　数学　AVG(数学)FROM sc

D. SELECT　数学>(SELECT AVG(数学)FROM sc)

8. 图 4-63 所示是查询设计视图的"设计网络"部分，从此部分所示的内容中可以判断出要创建的查询是(　　)。

图 4-63　查询设计视图

A. 删除查询　　　　B. 生成表查询　　　　C. 选择查询　　　　D. 更新查询

9. 在 SELECT 语句中，"\"的含义是(　　)。

A. 通配符，代表一个字符　　　　　　　　B. 通配符，代表任意字符

C. 测试字段是否为 NULL　　　　　　　　D. 定义转义字符

10. SQL 集数据查询、数据操纵、数据定义和数据控制功能于一体，动词 INSERT、DELETE、UPDATE 实现(　　)。

A. 数据定义　　　B. 数据查询　　　C. 数据操纵　　　D. 数据控制

11. 下列统计函数中不能忽略空值(NULL)的是(　　)。

A. SUM　　　　　B. AVG　　　　　C. MAX　　　　　D. COUNT

12. 下面有关生成表查询的论述中正确的是(　　)。

A. 生成表查询不是一种操作查询

B. 生成表查询可以利用一个或多个表中的满足一定条件的记录来创建一个新表

C. 生成表查询将查询结果以临时表的形式存储

D. 对复杂的查询结果进行运算是经常应用生成表查询来生成一个临时表，生成表中的数据是与原表相关的，不是独立的，必须每次都生成以后才能使用

13. 假设图书表中有一个时间字段，查找 2006 年出版的图书的条件是(　　)。

A. Between #2006-01-01# And #2006-12-31#

B. Between "2006-01-01" And "2006-12-31"

C. Between "2006.01.01" And "2006.12.31"

D. #2006.01.01# And #2006.12.31#

14. 若要查询课程名称为 Access 的记录，在查询设计视图对应字段的条件中，错误的表达式是(　　)。

A. Access　　　　　　B. "Access"　　　　　　C. "*Access*"　　　　　D. Like"Access"

15. 在下面有关查询基础知识的说法中，不正确的是(　　)。

A. 操作查询可以执行一个操作，如删除记录或是修改数据

B. 选择查询可以用来查看数据

C. 操作查询的主要用途是对少量的数据进行更新

D. Access 提供了 4 种类型的操作查询：删除查询、更改查询、追加查询和生成表查询

4.9.3　填空题

1. 在创建交叉表查询时，用户需要指定_____种字段。

2. _____查询与选择查询相似，都是由用户指定查找记录的条件。

3. 采用_____语句可将学生表中性别是"女"的各科成绩加上 10 分。

4. 操作查询共有删除查询、_____、_____和_____。

5. SQL 查询就是用户使用 SQL 语句来创建的一种查询。SQL 查询主要包括_____、传递查询、_____和子查询等 4 种。

6. 在建交叉表时，必须对行标题和_____进行分组操作。

7. 在创建联合查询时如果不需要返回重复记录，应输入带有_____运算的 SQL SELECT 语句；如果需要返回重复记录，应输入带有_____运算的 SQL SELECT 语句。

8. 数值函数 Abs()返回数值为_____。

9. 用文本值作为查询准则时，文本值要用_____括起来。

10. 当用逻辑运算符 Not 连接的表达式为真时，则整个表达式为_____。

11. 特殊运算符 Is Null 用于指定一个字段为_____。

12. 如果需要返回前 5 条记录，应输入带有_____的 SQL SELECT 语句。

13. 查询的"条件"项上，同一行的条件之间是_____的关系，不同行的条件之间是_____的关系。

4.9.4 操作题

1. 使用简单查询向导，对"学生"表创建一个名为"学生单表简单查询"的查询，只要显示"学号""姓名""性别""出生日期"等字段。

2. 对"学生""课程""成绩"表创建一个名为"学生多表简单查询"的简单查询，只要显示"学号""姓名""课程名称""分数"等字段。

3. 使用重复项查询向导，在"学生"表中，查找出生日期相同的学生，此查询命名为"出生日期相同学生查询"。

4. 使用查找不匹配项查询，在"学生"和"成绩"表中查找没有成绩的学生，此查询命名为"缺考学生查询"。

5. 在"学生"表中，查询出生日期是 2000 年的中共党员。

6. 在"学生"表中，查询姓张的学生。

7. 查询 2000 年出生的男学生，并按出生日期升序、性别降序排序。

8. 在"教师"表中，通过输入的姓氏查找同姓的教师。

9. 创建一个统计每位学生总分和平均分的总计查询。

10. 创建一个查询，计算每名学生所选课程的学分总和，结果按总分降序排列，并显示总学分最多的 10%的学生的学号姓名和总学分。

11. 将姓王芳同学的微积分成绩减 5 分。

12. 将"成绩"表中微积分小于 50 分的记录删除。

13. 将分数在 90 分以上的学生单独列出生成一个"高分学生"新表。

要求：第 5～13 题用 SELECT 语句实现。

第5章 窗 体

窗体又称为表单,是 Access 数据库中的对象,通过窗体可以将整个数据库组织起来形成一个应用系统,方便用户输入、编辑、查询、排序、筛选和显示数据。窗体既是管理数据库的窗口,又是用户和数据库之间的桥梁。

【学习要点】
- 窗体的功能、类型与组成
- 窗体的创建
- 窗体控件的使用
- 窗体属性和控件属性的设置
- 主/子窗体的创建

5.1 窗体概述

窗体主要用于创建用户界面,它本身没有存储数据的功能,但是窗体中包含各种控件,通过这些控件可以打开报表或其他窗体、执行宏或 VBA 编写的代码程序、可以方便地编辑和显示数据。窗体都是建立在表或查询基础上的。

一个数据库系统对数据库的所有操作都是在窗体界面中进行的,Access 利用窗体将整个数据库组织起来,从而构成完整的应用系统。

5.1.1 窗体的功能

窗体主要有以下几个基本功能。

(1) 数据操作:通过窗体可以清晰直观地显示一个表或者多个表中的数据记录,并对数据进行输入或编辑。

(2) 信息显示和打印:通过窗体可以根据需要灵活地显示提示信息,并能进行数据打印。

(3) 控制应用程序流程:通过在窗体上放置各种命令按钮控件,用户可以通过控件做出选择并向数据库发出各种命令,窗体可以与宏一起配合使用,来引导过程动作的流程。

5.1.2 窗体的构成

窗体的设计视图中主要包含 3 类对象:节、窗体和控件。窗体设计视图由 5 个部分构成,每一部分称为一个节。窗体的组成如图 5-1 所示。

图 5-1 "窗体"的组成

1．窗体页眉

用于显示窗体的标题和使用说明，或打开相关窗体或执行其他任务的命令按钮，显示在窗体视图中顶部或打印页的开头。

2．页面页眉

用于在窗体中每页的顶部显示标题、列标题、日期或页码。

3．主体

用于显示窗体的主要部分，主体中通常包含绑定到记录源中字段的控件，但也可能包含未绑定控件，如字段或标签等。

4．页面页脚

用于在窗体中每页的底部显示汇总、日期或页码。

5．窗体页脚

用于显示窗体的使用说明、命令按钮或接受输入的未绑定控件，显示在窗体视图中的底部和打印页的尾部。

5.1.3 窗体的类型

在 Access 中，窗体的类型分为 6 种，分别是纵栏式窗体、表格式窗体、数据表窗体、主/子窗体、图表窗体和数据透视表窗体。

1．纵栏式窗体

在窗体界面中每次只显示表或查询中的一条记录，可以占一个或多个屏幕页，记录中各字段纵向排列。纵栏式窗体通常用于输入数据，每个字段的字段名称都放在字段左边。纵栏式窗体布局如图 5-2 所示。

图 5-2　纵栏式窗体

2. 表格式窗体

在窗体中显示表或查询中的记录。记录中的字段横向排列，记录纵向排列。每个字段的字段名称都放在窗体顶部做窗体页眉，可通过滚动条来查看其他记录。表格式窗体布局如图 5-3 所示。

3. 数据表窗体

从外观上看与数据表或查询显示数据界面相同，主要作用是作为一个窗体的子窗体。数据表窗体布局如图 5-4 所示。

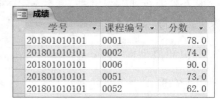

图 5-3　表格式窗体　　　　　　　　　　图 5-4　数据表窗体

4. 主/子窗体

窗体中的窗体称为子窗体，包含子窗体的窗体称为主窗体。通常用于显示多个表或查询的数据；这些表或查询中的数据具有一对多的关系。主窗体显示为纵栏式的窗体，子窗体可以显示为数据表窗体，也可以显示为表格式窗体。子窗体中可以创建二级子窗体。主/子窗体布局如图 5-5 所示。

5. 图表窗体

Access 2010 提供了多种图表，包括折线图、柱形图、饼图、圆环图、面积图、三维条形图等。可以单独使用图表窗体，也可以将它嵌入到其他窗体中作为子窗体。图表窗体布局如图 5-6 所示。

图 5-5　主/子窗体

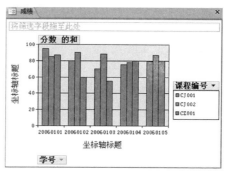

图 5-6　图表窗体

6. 数据透视表窗体

数据透视表窗体是一种交互式表，可动态改变版面布置，以按不同方式计算、分析数据。数据透视表窗体布局如图 5-7 所示。

图 5-7　数据透视表窗体

5.1.4　窗体的视图

窗体有窗体视图、数据表视图、数据透视图视图、数据透视表视图、布局视图和设计视图 6 种视图。最常用的是窗体视图、布局视图和设计视图。不同类型的窗体具有的视图类型有所不同。窗体在不同的视图中完成不同的任务。窗体在不同视图之间可以方便地进行切换。

1. 窗体视图

窗体视图是操作数据库时的视图，是完成对窗体设计后的结果。

2. 数据表视图

数据表视图是显示数据的视图，同样也是完成窗体设计后的结果。窗体的"数据表视图"与表和查询的数据表视图外观基本相似，稍有不同。在这种视图中，可以一次浏览多条记录，也可以使用滚动条或利用"导航"按钮浏览记录，其方法与在表和查询的数据表视图中浏览记录的方法相同。

3. 数据透视图视图

在数据透视图中，把表中的数据信息及数据汇总信息，以图形化的方式直观显示出来。

4. 数据透视表视图

数据透视表视图可以动态地更改窗体的版面布置，重构数据的组织方式，从而方便地以各种不同方法分析数据。

5. 布局视图

在布局视图中可以调整和修改窗体设计。可以根据实际数据调整列宽，还可以在窗体上放置新的字段，并设置窗体及其控件的属性、调整控件的位置和宽度。切换到布局视图后，可以看到窗体的控件四周被虚线围住，表示这些控件可以调整位置和大小。

6. 设计视图

设计视图是 Access 数据库对象(包括表、查询、窗体和宏)都具有的一种视图。在设计视图中不仅可以创建窗体，更重要的是可以编辑修改窗体。

5.2 创 建 窗 体

在"创建"选项卡的"窗体"组中，提供了多种创建窗体的功能按钮。其中包括"窗体""窗体设计"和"空白窗体"3 个主要的按钮，还有"窗体向导""导航"和"其他窗体"3 个辅助按钮，如图 5-8 所示。

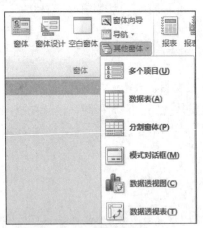

图 5-8　"创建"选项卡的"窗体"组

各个按钮的功能如下。

(1) 窗体：最快速地创建窗体的工具，只需单击便可以创建窗体。使用这个工具创建窗体，来自数据源的所有字段都放置在窗体上。

(2) 窗体设计：利用窗体设计视图设计窗体。

(3) 空白窗体：这也是一种快捷的窗体构建方式，以布局视图的方式设计和修改窗体，尤其是当计划只在窗体上放置很少几个字段时，使用这种方法最为适宜。

(4) 窗体向导：一种辅助用户创建窗体的工具。

(5) 多个项目：使用"窗体"工具创建窗体时，所创建的窗体一次只显示一个记录。而使用多个项目则可创建显示多个记录的窗体。

(6) 数据表：生成数据表形式的窗体。

(7) 分割窗体：可以同时提供数据的两种视图，即窗体视图和数据表视图。分割窗体不同于窗体/子窗体的组合(子窗体将在后面介绍)，它的两个视图连接到同一数据源，并且总是相互保持同步的。如果在窗体的某个视图中选择了一个字段，则在窗体的另一个视图中选择相同的字段。

(8) 数据透视图：生成基于数据源的数据透视图窗体。

(9) 数据透视表：生成基于数据源的数据透视表窗体。

5.2.1 使用按钮创建

1. 使用"窗体"按钮创建窗体

单击"窗体"按钮所创建的窗体，其数据源来自某个表或某个查询段，其布局结构简单规整。

【例 5.1】在"教学管理系统"数据库中，以"班级"为数据源，用"窗体"按钮创建窗体。

操作步骤如下：

(1) 打开"教学管理系统"数据库，在"导航"窗格选定"班级"表。

(2) 在"创建"选项卡的"窗体"组中，单击"窗体"按钮，窗体创建完成后如图 5-9 所示。

图 5-9 使用"窗体"按钮创建的窗体

2. 使用"多个项目"创建窗体

使用"多个项目"创建窗体即在窗体上显示多个记录的一种窗体布局形式。

【例 5.2】在"教学管理系统"数据库中，以"班级"为数据源使用"多个项目"创建窗体。

操作步骤如下：

(1) 打开"教学管理系统"数据库，在"导航"窗格选定"班级"表。

(2) 在"创建"选项卡的"窗体"组中，单击"其他窗体"按钮，选择"多个项目"选项，如图 5-10 所示。窗体创建完成后如图 5-11 所示。

图 5-10   选择 "多个项目"   图 5-11   使用 "多个项目" 创建的窗体

3. 使用 "分割窗体" 创建窗体

"分割窗体" 是用于创建一种具有两种布局形式的窗体。在窗体的上半部是单一记录布局方式，在窗体的下半部是多个记录的数据表布局方式。这种分割窗体为用户浏览记录带来了方便，既可以宏观上浏览多条记录，又可以微观上明细地浏览一条记录。分割窗体特别适合于数据表中记录很多，又需要浏览某一条记录明细的情况。

【例 5.3】在 "教学管理系统" 数据库中，以 "班级" 为数据源使用 "分割窗体" 创建窗体。

操作步骤如下：

(1) 打开 "教学管理系统" 数据库，在 "导航" 窗格选定 "班级" 表。

(2) 在 "创建" 选项卡的 "窗体" 组中，单击 "其他窗体" 按钮，选择 "分割窗体" 选项，窗体创建完成后如图 5-12 所示。

图 5-12   使用 "分割窗体" 创建的窗体

4. 使用 "空白窗体" 按钮创建窗体

【例 5.4】在 "教学管理系统" 数据库中，以 "班级" 为数据源使用 "空白窗体" 创建窗体。

操作步骤如下：

(1) 打开"教学管理系统"数据库，在"创建"选项卡的"窗体"组中，单击"空白窗体"按钮。

(2) 在打开的"字段列表"中，依次双击"班级编号""班级名称"等字段，窗体创建完成后如图 5-13 所示。

图 5-13 使用"空白窗体"创建的窗体

5.2.2 使用向导创建

使用按钮创建窗体虽然方便快捷，但是无论在内容和外观上都受到很大的限制，不能满足用户较高的要求，为此可以使用窗体向导来创建内容更为丰富的窗体。

【例 5.5】在"教学管理系统"数据库中，以"学期"表为数据源使用向导创建窗体。

操作步骤如下：

(1) 打开"教学管理系统"数据库，在"导航"窗格选定"学期"表。

(2) 在"创建"选项卡的"窗体"组中，单击"窗体向导"按钮，打开"窗体向导"对话框，如图 5-14 所示。

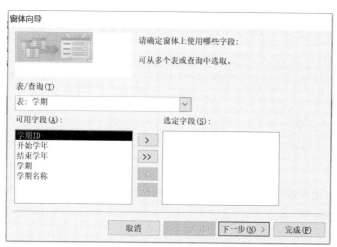

图 5-14 "窗体向导"对话框一

(3) 选定要在窗体中显示的字段，此处单击 >> 按钮选择所有字段，单击"下一步"
按钮，进入如图 5-15 所示对话框。

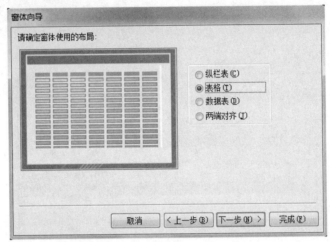

图 5-15　"窗体向导"对话框二

(4) 选择窗体布局为"表格"，单击"完成"按钮，效果如图 5-16 所示。

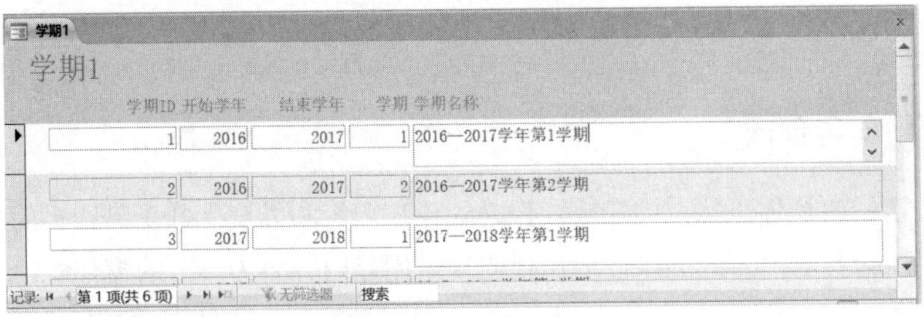

图 5-16　"学期"窗体

5.2.3　使用设计视图创建

很多情况下，使用向导或者其他方法创建的窗体只能满足一般的需要，不能满足创建
复杂窗体的需要。如果要设计灵活复杂的窗体，需要使用设计视图创建窗体，或者使用向
导及其他方法创建窗体，完成后在窗体设计视图中进行修改。

在导航窗格中，在"创建"选项卡的"窗体"组中，单击"窗体设计"按钮，打开窗
体的设计视图。默认情况下，设计视图只有主体节。如果需要添加其他节，在窗体中右击，
在弹出的快捷菜单中，选择"页面页眉/页脚"和"窗体页眉/页脚"命令，如图 5-17 所示。

【例 5.6】在"教学管理系统"数据库中，以"课程"表为数据源，使用设计视图创建
"课程"窗体。

操作步骤如下：

(1) 打开"创建"选项卡，单击"窗体"选项组中的"窗体设计"按钮，进入窗体设
计视图，如图 5-18 所示。

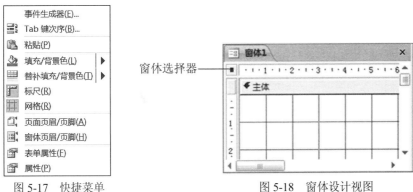

图 5-17 快捷菜单   图 5-18 窗体设计视图

在设计视图中,上下文命令选项卡包括"设计"选项卡和"排列"选项卡,如图 5-19 与图 5-20 所示。

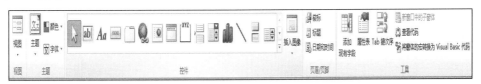

图 5-19 "设计"选项卡

图 5-20 "排列"选项卡

(2) 指定窗体数据源。创建的窗体如果是用于显示或向数据表中输入数据,必须为窗体设定数据源;创建的窗体若是用于切换面板的,则不必设定数据源。

窗体数据源的设定主要有两种方法。

① 通过"字段列表"指定窗体数据源。操作方法如下:

● 在"设计"选项卡中单击"工具"组中的"添加现有字段"按钮,打开"字段列表",单击显示所有表,如图 5-21 所示。

● 通过指定字段列表中的字段,确定数据源。在本例中,双击"课程"中的"课程编号",就将"课程"表指定为了窗体的数据源。而后将"课程"表的其他字段也依次双击,将它们选至窗体中。

② 通过"属性表"窗口指定窗体数据源。打开属性表的方法有三种。

● 双击设计视图左上方的"窗体选择器"。

● 单击设计视图中的"窗体选择器",然后切换到"设计"选项卡,单击"工具"组中的"属性表"按钮。

● 右击窗体设计视图中非工作区域,选择快捷菜单中的"属性"命令。

在打开的属性表中,将记录源选择为"课程",如图 5-22 所示。

图 5-21　"字段列表"窗格

图 5-22　"属性表"窗格

说明:

通过"字段列表"指定数据源时,Access 会根据字段的数据类型自动生成相应的控件,并在控件和字段之间建立关联。

(3) 调整控件布局。在窗体的设计过程中,会经常添加或删除控件,或调整控件布局。添加至窗体的控件分为单一控件和组合控件两种。组合控件是由两种控件组合而成的控件,如图 5-23 所示。

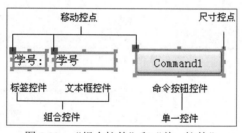

图 5-23　"组合控件"和"单一控件"

① 选定控件。当"设计"选项卡"控件"组中的"选择"按钮处在选中状态下,在设计视图中单击某控件,该控件的每个角以及每条边的中点处均会出现一个控制点,表示该控件已被选定。

- 选定多个控件:若要选择多个不相邻的控件,按住【Shift】键的同时,逐个单击要选择的控件。若要选择多个相邻的控件,可按住鼠标左键不放,在窗体上拖动一个矩形选择框,将这些相邻控件包围起来,松开鼠标左键,包含在该矩形范围内的控件都被选定;或者将鼠标指针移到水平标尺或垂直标尺上,当指针变为向下或向右的黑色实心箭头时,按下鼠标左键拖动,拖动经过范围内的所有控件都将被选定。

- 选定全部控件:按下【Ctrl+A】键,或者使用选择多个相邻控件的方法将窗体中全部控件包围起来。

- 取消控件选定:单击已选定控件的外部任一区域即可取消控件选定。

② 移动控件。选定单一控件或组合控件，将鼠标指针移到控件边框上非控制点处，指针变形状时，按下左键移动鼠标，将控件拖动到新的位置上。

- 分别移动组合控件中的控件：选定组合控件，将鼠标指针指向组合控件中的控件或附加标签控件左上角的移动控点上，指针变形状时，按下鼠标左键拖动，可分别将组合控件中的控件拖至新位置。

- 同时移动多个控件：选定多个控件，将鼠标指针移到任一选定控件上非控制点处，指针变形状时，按下鼠标左键拖动，将多个控件同时拖至新位置。

③ 调整控件和对齐控件。调整控件和对齐控件都是在"排列"选项卡的"调整大小和排序"组中进行的，如图 5-24 所示。

- 调整控件：选定一个控件后，将鼠标指针指向控件的一个尺寸控点，当指针变成双向箭头时可以调整控件的大小。如果选定了多个控件，则所有控件的大小、间距都会随着一个控件大小的变化而变化。也可以切换到"排列"选项卡，单击"调整大小和排序"组中的选项按钮，调整控件大小或控件的间距。

- 控件对齐：首先选定要调整的控件，然后切换到"排列"选项卡，单击"调整大小和排序"组中的对齐按钮，出现如图 5-25 所示的 5 种对齐方式。

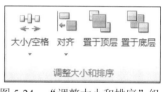

图 5-24　"调整大小和排序"组

图 5-25　对齐方式

④ 删除控件。选择要删除的控件，按下【Delete】键；或者右击要删除的控件，在快捷菜单中选择"删除"命令。

(4) 设置对象属性。通过 Access 的"属性表"窗口，可以对窗体、节和控件的属性进行设置。选定窗体对象或某个控件对象，切换到"设计"选项卡，单击"工具"组中的"属性表"按钮，即可打开当前选中窗体对象或某个控件对象的"属性表"窗口，根据需要切换到"格式""数据""事件""其他"或"全部"选项卡，进行窗体或控件的属性设置。

在本例中，仅对窗体对象的"标题"属性进行设置，打开窗体"属性表"窗口，切换至"格式"选项卡，在"标题"文本框中输入"课程"，如图 5-26 所示。

(5) 查看窗体效果。在"设计"选项卡中单击"视图"按钮，选择"窗体视图"选项，进入窗体视图中查看设计效果，如图 5-27 所示。

图 5-26　窗体属性表

图 5-27　"课程"窗体

(6) 保存窗体。单击快速访问工具栏中的"保存"按钮，在打开的"另存为"对话框中输入窗体名称，单击"确定"按钮。这里保存的窗体命名为"课程"。

5.2.4　使用数据透视表创建窗体

【例 5.7】在"教学管理系统"数据库中，以"教师"表为数据源，使用数据透视表创建窗体，统计不同职称的男女教师人数。

操作步骤如下：

(1) 打开"教学管理系统"数据库，在"导航"窗格中选定"教师"表。

(2) 在"创建"选项卡的"窗体"组中，单击"其他窗体"按钮，选择"数据透视表"选项，如果"数据透视表字段列表"没有出现，则单击"显示/隐藏"组中的"字段列表"按钮，效果如图 5-28 所示。

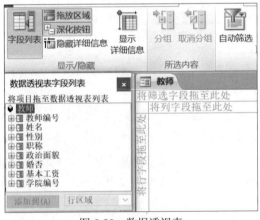

图 5-28　数据透视表

(3) 将数据透视表字段列表中的"性别"字段拖动至"将行字段拖动至此处"。

(4) 将数据透视表字段列表中的"职称"字段拖动至"将列字段拖动至此处"。

(5) 选中"教师编号"，在数据透视表字段列表的右下方的下拉框中选择"数据区域"，然后按"添加到"按钮，结果如图 5-29 所示。

图 5-29　数据透视表窗体

5.2.5　使用数据透视图创建窗体

数据透视图是一种交互式的图，利用它可以把数据库中的数据以图形方式显示，从而可以直观地获得数据信息。

单击"数据透视图"按钮，创建数据透视图窗体，第一步只是窗体的半成品，接着还需要用户通过选择填充有关信息，进行第二步创建工作，整个窗体才创建完成。

【例 5.8】在"教学管理系统"数据库中，以"教师"表为数据源，使用数据透视图创建窗体，根据职称统计教师人数。

操作步骤如下：

(1) 打开"教学管理系统"数据库，在"导航"窗格中选定"教师"表。

(2) 在"创建"选项卡的"窗体"组中，单击"其他窗体"按钮，选择"数据透视图"选项，效果如图 5-30 所示。

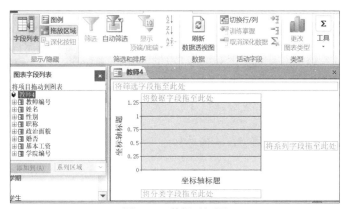

图 5-30　数据透视图

(3) 将图表字段列表中的"职称"字段拖动至坐标横轴，"教师编号"字段拖动至坐标纵轴，如图 5-31 所示。

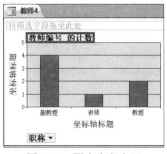

图 5-31　图表字段布局

5.2.6　主/子窗体

在 Access 中，有时需要在一个窗体中显示另一个窗体中的数据。窗体中的窗体称为子窗体，包含子窗体的窗体称为主窗体。使用主/子窗体的作用是：以主窗体的某个字段为依据，在子窗体中显示与此字段相关的记录，而在主窗体中切换记录时，子窗体的内容也会随着切换。因此，两个表之间存在"一对多"的关系时，则可以使用主/子窗体显示两表中的数据。主窗体使用"一"方的表作为数据源，子窗体使用"多"方的表作为数据源。

创建主/子窗体的方法有两种：

(1) 利用"窗体向导"或"快速创建窗体"同时创建主/子窗体。

(2) 将数据库中存在的窗体作为子窗体添加到另一个已建窗体中。

提示：

子窗体中还可以包含子窗体，但是一个主窗体最多只能包含两级子窗体。

1. 利用"快速创建窗体"同时创建主/子窗体

如果一个表中嵌入了子数据表，那么以这个主表作为数据源使用"快速创建窗体"的方法可以迅速创建主/子窗体。

操作步骤如下：

(1) 打开数据库，单击导航窗格中已嵌入子数据表的主表。

(2) 切换到"创建"选项卡，单击"窗体"组中的"窗体"按钮，立即生成主/子窗体，并在布局视图中打开窗体。主窗体中显示主表中的记录，子窗体中显示子表中的记录。

2. 利用"窗体向导"同时创建主/子窗体

【例 5.9】 在"教学管理系统"数据库中创建一个主/子窗体，命名为"班级–学生信息"，主窗体显示"班级"表的全部信息，子窗体显示"学生"表中的"学号""姓名""性别""政治面貌"字段。

操作步骤如下：

(1) 打开"教学管理系统"数据库，在"创建"选项卡的"窗体"组中单击"窗体向导"按钮，进入"窗体向导"对话框一，将"班级"表中所有字段和"学生"表中的"学号""姓名""性别""政治面貌"等字段添加到"选定字段"列表框中，如图 5-32 所示。

图 5-32　"窗体向导"对话框一

(2) 单击"下一步"按钮，若两表之间尚未建立关系，则会出现提示对话框，要求建立两表之间的关系，确认后可打开关系视图同时退出窗体向导；如果两表之间已经正确设置了关系，进入"窗体向导"对话框二，如图 5-33 所示。

(3) 单击"下一步"按钮，进入"窗体向导"对话框三，如图 5-34 所示。

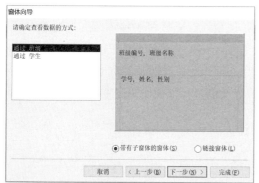

图 5-33　"窗体向导"对话框二　　　　　　　图 5-34　"窗体向导"对话框三

(4) 单击"下一步"按钮，进入"窗体向导"对话框四，如图 5-35 所示。

图 5-35　"窗体向导"对话框四

(5) 单击"完成"按钮，完成创建主/子窗体，并在窗体视图中打开。窗体效果如图 5-36 所示。

图 5-36　窗体显示界面

(6) 切换到布局视图或设计视图，调整控件布局，保存窗体。

3. 将子窗体插入到主窗体创建主/子窗体

对于数据库中存在的窗体，如果其数源表之间已建立了"一对多"的关系，就可以将具有"多"端的窗体作为子窗体添加到具有"一"端的主窗体中。将子窗体插入到主窗体中有两种办法：使用"子窗体/子报表"控件或者使用鼠标直接将子窗体拖到主窗体中。

(1) 利用"子窗体/子报表"控件将数据库中的窗体作为子窗体添加到另一个窗体中。

【例 5.10】在"教学管理"数据库中，以"教师"表为数据源创建"教师信息"窗体作为主窗体，以"教学安排"表为数据源创建"授课信息"窗体作为子窗体，创建"教师_授课信息"主/子窗体。

操作步骤如下：

① 在"教学管理系统"数据库中，以"授课"表为数据源，创建数据表式窗体，命名为"授课信息"，调整控件布局，如图 5-37 所示。

教学安排ID	学期ID	班级编号	课程编号	教师编号	总学时
2	2018—2019学	18国贸1	马克思主义原理	王老师	34
3	2018—2019学	18国贸2	马克思主义原理	王老师	34
4	2018—2019学	18国贸3	马克思主义原理	王老师	34
5	2018—2019学	18贸经1	毛泽东思想和中	李老师	34
6	2018—2019学	18贸经2	毛泽东思想和中	李老师	34

图 5-37　"授课信息"窗体

② 以"教师"表为数据源，使用"窗体向导"创建纵栏表式窗体，命名为"教师信息"，并在设计视图中打开窗体，调整控件布局，如图 5-38 所示。

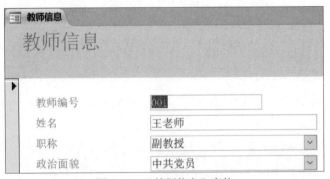

图 5-38　"教师信息"窗体

③ 在设计视图下，"控件"选项组中的"使用控件向导"按钮处在选中状态，单击"子窗体/子报表"控件按钮，再单击窗体中要放置子窗体的位置，进入"子窗体向导"对话框一，选择用于子窗体或子报表的数据来源。这里选择"使用现有的窗体"列表中的"授课信息"，如图 5-39 所示。

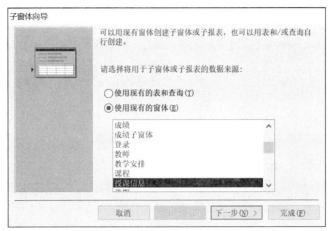

图 5-39 "子窗体向导"对话框一

④ 单击"下一步"按钮,进入"子窗体向导"对话框二,如图 5-40 所示。

图 5-40 "子窗体向导"对话框二

⑤ 单击"下一步"按钮,进入"子窗体向导"对话框三,如图 5-41 所示。

图 5-41 "子窗体向导"对话框三

⑥ 单击"完成"按钮,切换到布局视图,调整主/子窗体控件布局,保存窗体,另存

为 "教师_授课信息"，如图 5-42 所示。

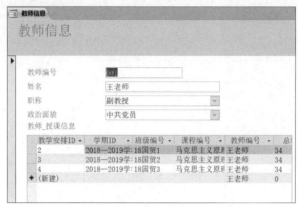

图 5-42　"教师_授课信息"主/子窗体

(2) 使用鼠标将数据库中的子窗体直接拖动至已打开的主窗体中，创建主/子窗体。操作步骤如下：

① 在设计视图中打开作为主窗体的窗体。

② 从数据库导航窗格中将作为子窗体的窗体直接拖动到主窗体中。

说明：

在子窗体中创建的计算型文本框，不能在主窗体中显示计算结果。要在主窗体中显示计算结果，需要在主窗体中添加文本框，使该文本框与子窗体中计算型文本框相连接。

5.3　窗 体 控 件

如果要创建满足个性化需求的控件，需要在设计视图中自行添加使用窗体控件。控件是构成窗体的基本元素，在窗体中对数据的操作都是通过控件实现。其功能包括显示数据、执行操作和装饰窗体。

5.3.1　控件概述

控件分为绑定型、未绑定型和计算型 3 种类型。

(1) 绑定型控件：其数据源是表或查询中字段的控件称为绑定型控件。使用绑定型控件可以显示数据库中字段的值。值可以是文本、日期、数字、是/否值、图片或图形。

(2) 未绑定型控件：不具有数据源(如字段或表达式)的控件称为未绑定型控件。可以使用未绑定型控件显示信息、图片、线条或矩形。

(3) 计算型控件：其数据源是表达式(而非字段)的控件称为计算型控件。通过定义表达式来指定要用作控件的数据源的值。表达式可以是运算符、控件名称、字段名称、返回单个值的函数以及常数值的组合。

在"控件"组中可以添加控件并设置其属性，如图 5-43 所示。

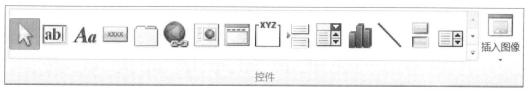

图 5-43　"控件"组

"控件"组中的控件介绍如表 5-1 所示。

表 5-1　控件按钮

控 件	名 称	功 能
	选择	用于选择墨迹笔划、形状和文本的区域，具体用来选择控件、节和窗体。单击该按钮释放以前选定的控件或区域
ab	文本框	用于输入、输出和显示数据源的数据，显示计算结果和接受用户输入数据
Aa	标签	用于显示说明文本，如窗体的标题或其他控件的附加标签
xxxx	按钮	用于完成各种操作，如查找记录、打印记录或应用窗体筛选
	选项卡	用于创建一个多页的带选项卡的窗体，可以在选项卡上添加其他对象
	超链接	在窗体中插入超链接控件
	Web 浏览器	在窗体中插入浏览器控件
	导航	在窗体中插入导航条
XYZ	选项组	与复选框、选择按钮或切换按钮搭配使用，可以显示一组可选值
	分页符	使窗体或报表上在分页符所在的位置开始新页
	组合框	结合列表框和文本框的特性，既可以在文本框中输入值，也可以从列表框中选择值
	插入图表	在窗体中插入图表对象
	直线	创建直线，用以突出显示数据或者分隔显示不同的控件
	切换按钮	在单击时可以在开/关两种状态之间切换，使用它在一组值中选择其中一个
	列表框	显示可滚动的数值列表，可以从列表中选择值输入到新记录中
	矩形框	创建矩形框，将一组相关的控件组织在一起
✓	复选框	绑定到是/否字段；可以从一组值中选出多个
	未绑定对象框	在窗体中插入未绑定对象，例如 Excel 电子表格、Word 文档
	附件	在窗体中插入附件控件

(续表)

控 件	名 称	功 能
⊙	选项按钮	绑定到是/否字段；其行为和切换按钮相似
	子窗体/ 子报表	用于在主窗体和主报表中添加子窗体或子报表，以显示来自多个一对多表中的数据
	绑定对象框	用于在窗体或报表上显示 OLE 对象
	图像	用于在窗体中显示静态的图形
	控件向导	用于打开和关闭控件向导，控件向导帮助用户设计复杂的控件
	ActiveX 控件	打开一个 ActiveX 控件列表，插入 Windows 系统提供的更多控件

用控件按钮添加控件有以下两种情况。

(1) 添加一个控件：单击"控件"选项组中某个控件按钮，然后在窗体的合适位置上单击，即可添加某控件。

(2) 重复添加某控件：采用锁定控件的方法，在"控件"选项组中双击要锁定的控件按钮。如果要解锁，可再次单击"控件"选项组中被锁定的控件按钮或按【Esc】键即可。

5.3.2 "属性表"对话框

1. 窗体的属性设置

可以通过"设计"选项卡的"工具"组中的"属性表"按钮，打开"属性表"窗格，对窗体属性进行设置，如图 5-44 所示。

图 5-44 窗体的"属性表"窗格

　　窗体的属性分为 4 类：格式、数据、事件与其他。

　　(1) 格式属性的项目很多，决定窗体的外观设置。窗体的常用格式属性如表 5-2 所示。

表 5-2　窗体的常用格式属性

属 性 名 称	属 性 值	作　　用
标题	字符串	设置窗体标题所显示的文本
默认视图	连续窗体、单一窗体、数据表、数据透视表、数据透视图、分割窗体	决定窗体的显示形式
滚动条	两者均无、水平、垂直、水平和垂直	决定窗体显示时是否具有滚动条，或滚动条的形式
记录选定器	是/否	决定窗体显示时是否具有记录选定器
浏览按钮	是/否	决定窗体运行时是否具有记录浏览按钮
分割线	是/否	决定窗体显示时是否显示窗体各个节间的分割线
自动居中	是/否	决定窗体显示时是否在 Windows 窗口中简单居中
控制框	是/否	决定窗体显示时是否显示控制框

　　(2) 数据属性用于控制数据来源。窗体的常用数据属性如表 5-3 所示。

表 5-3　窗体的常用数据属性

属 性 名 称	属 性 值	作　　用
记录源	表或查询名	指明窗体的数据源
筛选	字符串表达式	表示从数据源筛选数据的规则
排序依据	字符串表达式	指定记录的排序规则
允许编辑	是/否	决定窗体运行时是否允许对数据进行编辑
允许添加	是/否	决定窗体运行时是否允许对数据进行添加
允许删除	是/否	决定窗体运行时是否允许对数据进行删除

　　(3) 事件属性可以为一个对象发生的事件指定命令，完成指定任务。通过"事件"选项卡可以设置窗体的宏操作或 VBA 程序。窗体的事件属性如图 5-45 所示。

　　(4) 其他属性包含控件的名称等属性，如图 5-46 所示。

图 5-45　窗体的"事件"属性　　　　　图 5-46　窗体的"其他"属性

2. 控件的属性设置

控件只有经过属性设置以后，才能发挥正常的作用。通常，设置控件可以有两种方法：一种是在创建控件时弹出的"控件向导"中设置；另一种是在控件的"属性表"窗格中设置。属性表设置方法与窗体的属性表设置方法一样。控件的常用属性如表 5-4 所示。

表 5-4　控件的常用属性

类　型	属 性 名 称	属 性 标 识	功　　能
格式属性	标题	Caption	
	格式	Format	用于自定义数字、日期、时间和文本的显示方式
	可见性	Visible	是/否
	边框样式	Borderstyle	
	左边距	Left	
	背景样式	Backstyle	常规/透明
	特殊效果	Specialeffect	平面、凸起、凹陷、蚀刻、阴影、凿痕
	字体名称	Fontname	
	字号	Fontsize	
	字体粗细	Fontweight	
	倾斜字体	Fontitalic	是/否
	背景色	Backcolor	用于设定标签显示时的底色
	前景色	Forecolor	用于设定显示内容的颜色
数据属性	控件来源	Controlsource	告诉系统如何检索或保存在窗体中要显示的数据。如果控件来源中包含一个字段名，则在控件中显示的是数据表中该字段的值，对窗体中的数据所进行的任何修改都将被写入字段中；如果该属性值设置为空，除非编写了一个程序，否则控件中显示的数据不会写入数据表中；如果该属性含有一个计算表达式，那么该控件显示计算结果
	输入掩码	Inputmask	设定控件的输入格式(文本型或日期型)

（续表）

类 型	属 性 名 称	属 性 标 识	功 能
数据属性	默认值	Defaultvalue	设定一个计算型控件或非结合型控件的初始值，可使用表达式生成器向导来确定默认值
	有效性规则	Validationrule	
	有效性文本	validationtext	
	是否锁定	Locked	指定是否可以在"窗体"视图中编辑数据
	可用	Enabled	决定是否能够单击该控件，若为否，则显示为灰色
其他属性	名称	Name	用于标识控件名，控件名称必须唯一
	状态栏文字	Statusbartext	
	允许自动校正	Allowautocorrect	用于更正控件中的拼写错误
	自动 tab 键	Autotab	用以指定当输入文本框控件的输入掩码所允许的最后一个字符时，是否发生自动 tab 键切换。自动 tab 键切换会按窗体的 tab 键顺序将焦点移到下一个控件上
	Tab 键索引	Tabindex	设定该控件是否自动设定 tab 键的顺序
	控件提示文本	controltiptext	设定当鼠标停留在控件上是否显示提示文本，以及显示的提示文本信息内容

5.3.3 常用控件的使用

1. 标签控件

标签控件用于在窗体、报表中显示一些描述性的文本，如标题或说明等。标签控件可以分为两种：一种是可以附加到其他类型控件上，和其他控件一起创建组合型控件的标签控件；另一种是利用标签工具创建的独立标签。在组合型控件中，标签的文字内容可以随意更改，但是用于显示字段值的文本框中的内容是不能随意更改的，否则将不能与数据源表中的字段相对应，不能显示正确的数据。

(1) 添加独立标签的操作步骤如下：

① 打开已有窗体或新建一个窗体。

② 在"设计"选项卡下，单击"控件"组中的控件按钮。

③ 在窗体上单击要放置标签的位置，输入内容即可。

(2) 添加附加标签的操作步骤如下：

① 打开已有窗体或新建一个窗体。

② 单击"控件"组中的"标签"按钮。

③ 在窗体上单击要放置标签的位置，将会添加一个包含有附加标签的组合控件。

2. 文本框控件

文本框控件不仅用于显示数据，也可以输入或者编辑信息。文本框既可以是绑定型，又可以是未绑定型的，还可以是计算型的。

(1) 绑定型文本框控件主要用于显示表或查询中的信息，输入或修改表中的数据。绑定型文本框可以通过"字段列表"创建，或通过设置"属性表"窗口中的属性创建。在窗体中添加绑定型文本框的操作步骤如下：

① 打开已有窗体或新建一个窗体。

② 单击"设计"选项卡的"工具"组中的"添加现有字段"按钮。

③ 设计视图中显示出当前数据库所有数据表和查询目录，将相关字段拖动到窗体。

④ 单击"视图"组的"视图"按钮，在下拉列表中选择"窗体视图"选项，通过绑定文本框查看或编辑数据。

(2) 在窗体中添加未绑定型文本框的操作步骤如下：

① 单击"设计"选项卡的"控件"组中的"文本框"按钮。

② 创建一个文本框控件，并激活"控件向导"。

③ 进入输入法向导界面设置输入法模式后，确定文本框名称并保存。

(3) 创建计算型文本框控件操作步骤同创建未绑定型文本框控件，但是要在属性的"数据"选项卡中进行设置。

【例 5.11】在"教学管理系统"数据库中，以"学生"表为数据源，使用标签控件及绑定型文本框控件创建"学生信息查询"窗体，要求显示学生的姓名与学号。

操作步骤如下：

(1) 打开"教学管理系统"数据库，在"窗体"组中单击"窗体设计"按钮，出现窗体设计界面。

(2) 在"控件"组中单击"标签"按钮。

(3) 在窗体上单击放置标签的位置，输入内容，如图 5-47 所示。

(4) 单击"设计"选项卡的"工具"组中的"添加现有字段"按钮，在"字段列表"中选择"学生"表作为数据源，如图 5-48 所示。

图 5-47　窗体控件标签

图 5-48 添加字段

(5) 将相关字段拖动至窗体上，Access 将会为选择的每个字段创建文本框，文本框绑定在窗体来源表的字段上，如图 5-49 所示。

图 5-49　文本框与字段的绑定

(6) 切换至"窗体视图"，就可以通过绑定文本框查看或编辑数据。

3. 复选框与选项按钮控件

复选框、选项按钮作为控件，用于显示表或查询中的"是/否"类型的值，选中复选框、选项按钮时，设置为"是"，反之设置为"否"。

4. 选项组控件

选项组控件是一个包含复选框或单选按钮或切换按钮的控件，由一个组框架和一组复选框、选项按钮或切换按钮组成。

【例 5.12】在已建立的"学生信息查询"窗体中，添加选项组输入或修改学生的"政治面貌"字段。

操作步骤如下：

(1) 打开"学生信息查询"窗体，在"控件"组中单击"选项组"控件，在窗体中添加一个选项组按钮，系统自动打开"选项组向导"对话框，输入相关信息，如图 5-50 所示。

图 5-50　"选项组向导"对话框一

(2) 在弹出的对话框中,将"中共党员"选定为默认选项,如图 5-51 所示。

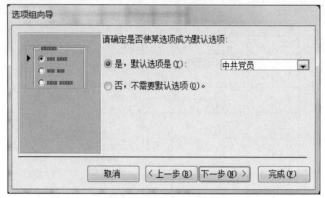

图 5-51 "选项组向导"对话框二

(3) 为默认选项赋值。本例中将"政治面貌"字段设为逻辑型,如图 5-52 所示。

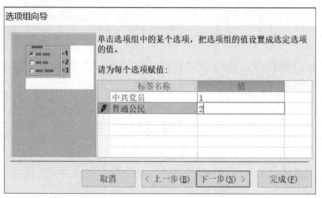

图 5-52 "选项组向导"对话框三

(4) 确定选项值的保存方式,此处选择"在此字段中保存该值",字段选为"政治面貌",如图 5-53 所示。

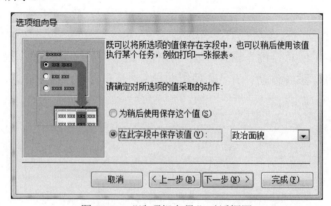

图 5-53 "选项组向导"对话框四

(5) 设置选项组中使用的控件类型,如图 5-54 所示,可以选择"复选框""选项按钮"和"切换按钮"3 种类型,此处选择"选项按钮"。

图 5-54　"选项组向导"对话框五

(6) 为选项组指定标题并保存，切换到窗体视图，显示如图 5-55 示。

图 5-55　"学生信息查询"窗体

5. 选项卡控件

当窗体中的内容较多时，可以使用选项卡进行分类显示。

【例 5.13】使用选项卡控件建立"班级信息"，使用"选项卡"分别显示两页信息：一页班级信息，一页学生信息。

操作步骤如下：

(1) 新建一个窗体，单击"控件"组中的"选项卡"按钮，在窗体中放置选项卡，在"字段列表"中会显示可以添加的表及其字段，如图 5-56 示。

(2) 将班级信息的字段拖动至选项卡控件的"页 1"界面中，如图 5-57 示。

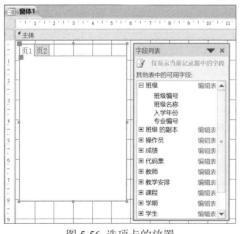

图 5-56　选项卡的放置

图 5-57　选项卡中添加字段

(3) 单击"页 1",再单击"工具"组中的"属性表"按钮,在"全部"选项卡中的"名称"属性文本框中输入"班级信息",显示结果如图 5-58 示。

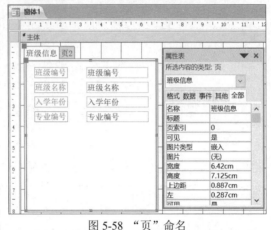

图 5-58 "页"命名

(4) 重复第(2) 、(3) 步,将字段列表中"学生"表的字段拖至"页 2",制作学生信息选项卡。

6. 组合框与列表框控件

在窗体中输入的数据,通常来自数据库的某一个表或查询之中。为保证输入数据的准确性,提高输入效率,可以使用组合框与列表框控件。

列表框控件像下拉菜单一样在屏幕上显示一列数据。列表框控件一般以选项的形式出现,如果选项较多时,在列表框的右侧会出现滚动条。

【例 5.14】在"学生信息查询"窗体中,使用"组合框"控件显示学生性别。

操作步骤如下:

(1) 打开"学生信息查询"窗体,单击"控件"组中的"组合框"控件,在窗体内添加一个组合框,系统自动打开"组合框向导"对话框,如图 5-59 示。

(2) 在出现的三种选择获取数值方式中选择一种方式,本例选择"自行键入所需的值",单击"下一步"按钮,弹出图 5-60 所示对话框,输入如图所示数据。

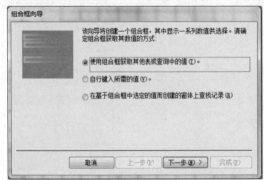
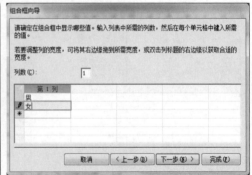

图 5-59 "组合框向导"对话框一   图 5-60 "组合框向导"对话框二

(3) 确定数值的保存方式,本例中选择"将该数值保存在这个字段中",在下拉列表中选定"性别"字段,如图 5-61 所示。

(4) 为组合框指定标签,切换至窗体视图,显示如图 5-62 所示。

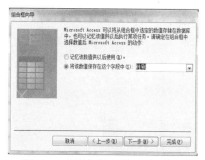

图 5-61 "组合框向导"对话框三

图 5-62 "学生信息查询"窗体

7. 命令按钮控件

命令按钮主要用来控制程序的流程或执行某个操作。Access 2010 提供了 6 种类型的命令按钮:记录导航、记录操作、窗体操作、报表操作、应用程序和杂项。在窗体设计过程中,既可以使用控件向导创建命令按钮,也可以直接创建命令按钮。

(1) 使用控件向导创建命令按钮。

在设计视图中打开窗体,切换到"设计"选项卡,确定"控件"组中的"使用控件向导"按钮处在选中状态,单击"按钮"控件按钮,在窗体中要添加命令按钮的位置单击,添加默认大小的命令按钮,然后在"命令按钮向导"对话框中设置该命令按钮的属性,使其具有相应的功能。

【例 5.15】根据【例 5.6】创建的"课程"窗体,使用控件向导添加记录浏览按钮,另存为"课程 2"窗体。

操作步骤如下:

① 在"设计"视图中打开"课程"窗体。

② 切换到"设计"选项卡,确定"控件"组中的"使用控件向导"按钮处在选中状态,单击"按钮"控件按钮。

③ 在窗体页脚中单击要放置命令按钮的位置,将添加一个默认大小的命令按钮,同时进入"命令按钮向导"对话框一,选择按下按钮时执行的操作。这里选择"类别"为"记录导航","操作"为"转至第一项记录",如图 5-63 所示。

④ 单击"下一步"按钮,进入"命令按钮向导"对话框二,如图 5-64 所示。

图 5-63 "命令按钮向导"对话框一

图 5-64 "命令按钮向导"对话框二

⑤ 单击"下一步"按钮，进入"命令按钮向导"对话框三，如图 5-65 所示，输入按钮名称 cmd1，单击"完成"按钮。

⑥ 重复步骤②、③、④、⑤，在窗体页脚中添加其他按钮："转至前一项记录""转至下一项记录"和"转至最后一项记录"，按钮名称依次为 cmd2、cmd3、cmd4，创建后的窗体如图 5-66 所示。

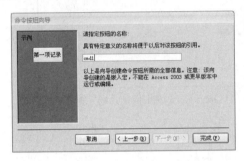

图 5-65 "命令按钮向导"对话框三

图 5-66 "课程 2"窗体

(2) 直接创建命令按钮。

在"设计"视图中打开窗体，切换到"设计"选项卡，确定"控件"组中的"使用控件向导"按钮处在未选中状态，单击"按钮"控件按钮，在窗体中要添加命令按钮的位置单击，添加默认大小的命令按钮，然后设置该命令按钮的属性，并编写事件代码，使其具有相应的功能。由于使用这种方法创建命令按钮会牵扯到宏的创建及 VBA 编程设计，具体内容将会在后续章节中介绍。

5.3.4 事件与事件过程

事件是指在窗体和控件上进行能够识别的动作而执行的操作，事件过程是指在某事件发生时执行的代码。这一部分的详细内容，将会在后续章节介绍。

1. 窗体的事件

窗体的事件可以分为 8 种类型，分别是鼠标事件、窗口事件、焦点事件、键盘事件、数据事件、打印事件、筛选事件、错误与时间事件。前 5 种类型如表 5-5 所示。

表 5-5　窗体的事件

事件类型	事件名称	说　　明
鼠标事件	Click	在窗体上，单击一次所触发的事件
	DbClick	在窗体上，双击所触发的事件
	MouseDown	在窗体上，按下鼠标所触发的事件
	MouseUp	在窗体上，放开鼠标所触发的事件
	MouseMove	在窗体上，移动鼠标所触发的事件
窗口事件	Open	打开窗体，但数据尚未加载所触发的事件
	Load	打开窗体，且数据已加载所触发的事件

事件类型	事件名称	说　明
窗口事件	Close	关闭窗体所触发的事件
	Unload	关闭窗体，且数据被卸载所触发的事件
	Resize	窗体大小发生改变所触发的事件
	Activate	窗体成为活动中的窗口所触发的事件
	Timer	窗体所设置的计时器间隔达到时所触发的事件
焦点事件	Deactivate	焦点移到其他的窗口所触发的事件
	GotFocus	控件获得焦点所触发的事件
	LostFocus	控件失去焦点所触发的事件
	Current	当焦点移到某一记录，使其成为当前记录，或者当对窗体进行刷新或重新查询时所触发的事件
键盘事件	KeyDown	对象获得焦点时，用户按下键盘上任意一个键时所触发的事件
	KeyPress	对象获得焦点时，用户按下并释放一个会产生 ASCII 码键时所触发的事件
	KeyUp	对象获得焦点时，放开键盘上的任何键所触发的事件
数据事件	BeforeUpdate	当记录或控件被更新时所触发的事件
	AfterUpdate	当记录或控件被更新后所触发的事件

2. 命令按钮的事件

单击命令按钮时，会触发命令按钮的事件，执行其事件过程，达到某个特定操作的目的。命令按钮常用事件如表 5-6 所示。

表 5-6　命令按钮常用事件

事 件 类 型	事 件 名 称	说　明
常用事件	Click	单击命令按钮时所触发的事件
	MouseDown	鼠标在命令按钮上按下时所触发的事件
	MouseUp	鼠标在命令按钮上释放时所触发的事件
	MouseMove	鼠标在命令按钮上移动时所触发的事件

3. 文本框的事件

当文本框内接收到内容或光标离开文本框时，会执行相应事件过程，触发对应的事件。文本框常用事件如表 5-7 所示。

表 5-7　文本框常用事件

事 件 类 型	事 件 名 称	说　明
常用事件	Change	当用户输入新内容，或程序对文本框的显示内容重新赋值时所触发的事件
	LostFocus	当用户按下【Tab】键时光标离开文本框，或用鼠标选择其他对象时触发的事件

5.4　美　化　窗　体

前面介绍的窗体设计过程，比较关注的是窗体的实用性。在实际应用中，窗体的美观性也十分重要。窗体美观性的设置包括窗体的背景颜色、图片、控件的背景色、字体等。

5.4.1　使用主题

在 Access 2010 中不仅可以对单个窗体进行单项设置，还可以使用"主题"对整个系统的所有窗体进行设置。"主题"是整体上设置数据库系统，使所有窗体具有统一色调的快速方法。

在"窗体设计工具/设计"选项卡的"主题"组中包含 3 个按钮：主题、颜色和字体。Access 一共提供了 44 套主题供用户选择。

【例 5.16】对"教学管理系统"数据库应用主题。

操作步骤如下：

(1) 打开"教学管理系统"数据库，以"设计"视图打开"课程"窗体。

(2) 在"窗体设计工具/设计"选项卡的"主题"组中，单击"主题"按钮，打开"主题"列表，在列表中双击所要的主题，如图 5-67 所示。

可以看到窗体的页眉的背景发生了变化。如果打开其他窗体，会发现所有窗体的外观都发生了改变，而且所有窗体外观的颜色是一致的。

图 5-67　主题列表

5.4.2　设置窗体的布局和格式

完成窗体的设计后，窗体的默认格式有时不能满足需要，这就需要在窗体设计视图中，通过设置窗体的格式属性值来美化窗体。

窗体的格式属性主要包括默认视图滚动条、记录选择器、导航按钮、分隔线、自动居中以及控制框等。

【例 5.17】对"教师"窗体进行格式设置。

操作步骤如下：

(1) 打开"教师"窗体的设计视图，单击工具组中的"属性表"按钮，打开属性表窗口，单击属性表中的"格式"选项卡，　按照图 5-68 所示进行设置。

图 5-68　窗体的布局和格式一

(2) 在"控件"组中，单击 \(直线)按钮，按住【Shift】键不放，在窗体页眉节上画一条水平直线，然后双击该直线，在属性表的特殊效果属性中，单击下拉箭头，在打开的下拉列表中，选择"凸起"，如图 5-69 所示。

图 5-69　窗体的布局和格式二

5.4.3　页眉和页脚的美化

窗体的页眉和页脚上可以添加标题、徽标和日期时间。在窗体的布局视图和设计视图中，都有"页眉页脚"组，如图 5-70 所示。

【例 5.18】美化"课程"窗体的页眉和页脚。

操作步骤如下：

(1) 打开"课程"窗体的布局视图或者设计视图，单击"页眉页脚"组的"标题"按钮，输入标题为"课程窗体"，调整标题空间的大小使其美观，如图 5-71 所示。

图 5-70 "页眉页脚"组

图 5-71 给窗体添加标题

(2) 单击"页眉页脚"组的"徽标"按钮，在弹出的"插入图片"对话框中选择作为徽标的图片，单击"确定"按钮。调整标题空间的大小使其美观，结果如图 5-72 所示。

图 5-72 给窗体添加徽标

(3) 单击"页眉页脚"组的"日期和时间"按钮，在弹出的窗口中，选择日期和时间的格式，单击"确定"按钮，如图 5-73 所示。

图 5-73 选择日期和时间格式

日期和时间控件默认放在页眉，使用拖动的方法可以把这两个控件移动到页脚，如图 5-74 所示。

图 5-74 给窗体添加日期和时间

经过美化后该窗体如图 5-75 所示。

图 5-75 美化后的窗体

5.5 创建用户界面窗体

5.5.1 创建导航窗体

如果经常使用相同的一些窗体和报表，那么可以创建一个导航窗体将它们整合在一起，通常这些窗体和报表在某些方面是相关的，例如都与学生有关，这样就可以轻松在常用表单和报表之间切换。

【例 5.18】创建导航窗体。

操作步骤如下：

(1) 打开"教学管理系统"数据库，在"创建"选项卡上的"窗体"组中，选择"导航"。

(2) 选择所需导航窗体样式。导航窗体的样式如图 5-76 所示。

【例 5.19】将窗体或报表添加到导航窗体。

操作步骤如下：

(1) 如果尚未显示导航窗格，按【F11】显示导航窗格。

(2) 在导航窗格中右击导航窗体，然后单击"布局视图"或设计视图，打开导航窗体。

(3) 从导航窗格中将窗体或报表拖到"[新增]"按钮中。如图 5-77 所示,将"学生"窗体和"成绩录入"窗体拖到"[新增]"按钮中。

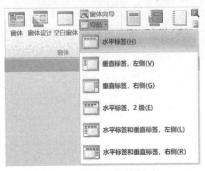

图 5-76　导航窗体的样式

图 5-77　将窗体或报表拖到"[新增]"按钮中

【例 5.19】在导航窗体顶部编辑标签。

当创建新的导航窗体时,默认情况下,Access 将标签"导航窗体"添加到窗体页眉。若要编辑此标签,操作步骤如下:

(1) 在导航窗格中右键单击窗体,然后单击"布局视图",在布局视图中打开该窗体。

(2) 单击窗体页眉中的标签一次以选择窗体页眉,然后再次将光标放在标签上。

(3) 编辑标签以满足用户的需要,然后按【Enter】键。例如,将标签内容改为"学生成绩处理"。

【例 5.20】编辑窗体标题。

窗体标题是窗体上方"文档"选项卡中显示的文本。如果将数据库设置为以重叠窗口显示对象,则是在窗口标题栏中显示的文本。

操作步骤如下:

(1) 在导航窗格中右键单击窗体,然后单击"布局视图",在布局视图中打开该窗体。

(2) 右击窗体顶部旁边的窗体页眉,然后单击"窗体属性"。

(3) 在"属性表"任务窗格中的"全部"选项卡上,编辑"标题"属性以满足需要。例如,将窗体标题改为"学生成绩处理导航"。

导航窗体效果如图 5-78 所示。

图 5-78　导航窗体效果图

5.5.2 设置启动窗体

程序开始运行时的第一个窗体，就是启动窗体。

【例 5.21】为"教学管理系统"数据库创建一个启动窗体，如图 5-79 所示。

图 5-79 启动窗体

该启动窗体由 1 个图像控件、2 个标签控件、1 个组合框控件、1 个文本框控件、2 个按钮控件组成。2 个标签控件的标题分别是"用户名："和"密码："；2 个按钮控件的标题分别是"确定"和"取消"；1 个组合框控件的属性设置如图 5-80 所示；1 个文本框控件的属性设置如图 5-81 所示。

图 5-80 组合框的属性设置

图 5-81 文本框的属性设置

5.6 习   题

5.6.1 简答题

1. 简述窗体的功能及类型。
2. 窗体有哪几种视图？简述其作用。
3. 简述控件的作用。
4. 创建窗体有哪几种方法？各有什么特点？
5. 如何设置控件的属性？

5.6.2 选择题

1. 用于创建窗体或修改窗体的窗口是窗体的(　　　)。
   A. 设计视图　　　　B. 窗体视图　　　　C. 数据表视图　　　　D. 数据透视表视图

2. 要为一个表创建一个窗体，并尽可能多地在窗体中浏览记录，那么适宜创建的窗体是( )。

　　A. 纵栏式窗体　　　B. 表格式窗体　　　C. 主/子窗体　　　D. 数据透视表窗体

3. 下列选项不属于 Access 控件类型的是( )。

　　A. 绑定型　　　　　B. 未绑定型　　　　C. 计算型　　　　　D. 查询型

4. Access 数据库中，用于输入或编辑字段数据的交互控件是( )。

　　A. 文本框　　　　　B. 标签　　　　　　C. 复选框　　　　　D. 列表框

5. 通过窗体对数据库中的数据进行操作的是( )。

　　A. 添加　　　　　　B. 查询　　　　　　C. 删除　　　　　　D. 以上三项都是

5.6.3　填空题

1. 窗体是一个_____，可用于为数据库创建用户界面。窗体既是数据库的窗口，又是用户和数据库之间的桥梁。

2. 控件的类型有_____、_____、_____3 种。

3. 控件的功能包括_____、_____和_____。

4. 添加至窗体的控件分为_____和_____两种。

5. 创建主/子窗体的方法有_____和_____两种。

5.6.4　操作题

1. 创建一个多表窗体，显示所有学生各门课程的成绩。

2. 创建一个窗体，用于显示和编辑学生成绩。

第6章 报 表

报表是 Access 数据库数据输出的一种对象,是以格式化的形式向用户显示和打印的一种有效方法,建立报表是为了以纸张的形式保存或输出数据。

【学习要点】
- 报表的作用及类型
- 报表的创建
- 报表的高级设计
- 报表的预览和打印

6.1 报 表 概 述

报表和窗体都可以显示数据,只是窗体把数据显示在窗口,而报表是把数据打印在纸张上;窗体中的数据既可以查看也可以修改,而报表只能查看数据,不能修改和输入数据。

6.1.1 报表的功能

报表主要有以下基本功能:显示和打印数据;对数据进行分组、排序、汇总和计算;可以含有子报表和图表数据,增强数据的可读性;可按分组生成数据清单,输出标签报表等。

在 Access 2010 和 Access 2007 中创建报表的过程非常相似。但是,Access 2010 中提供了一些与报表相关的新功能。

1. 共享图像库

Access 2010 可以对数据库附加图像,然后在多个对象中使用该图像。如果更新单个图像,在整个数据库中使用该图像的所有位置都会对其进行更新。

2. Office 主题

Access 2010 可以使用标准 Microsoft Office 主题一次性地对所有 Access 窗体和报表应用由专业人士设计的字体和颜色集。

3. 更强大的条件格式

Access 2010 包括用于在报表上突出显示数据的更强大工具,最多可为每个控件或控件组添加 50 个条件格式规则,在客户端报表中,可添加数据栏以比较各记录中的数据。

4. 更灵活的布局

在 Access 2010 中，报表的默认设计方法是使用布局放置控件。这些网格可帮助用户轻松对齐控件并调整它们的大小，对于要在浏览器中呈现的所有报表都是必需的。尽管布局本身并不是 Access 2010 的新内容，但使用布局来移动、对齐控件及调整控件大小的方式发生了一些更改。

6.1.2　报表的构成

在 Access 2010 中，报表是按节来设计的，并且只有在设计视图中才能查看报表的各个节。一个完整的报表有 7 部分组成，分别是报表页眉、页面页眉、分组页眉、主体、分组页脚、页面页脚和报表页脚。报表的结构组成如图 6-1 所示。

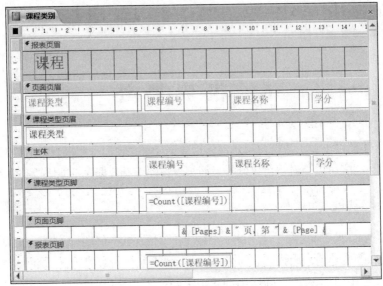

图 6-1　报表的组成

1. 报表页眉

报表页眉位于报表的顶部区域，显示报表首页要打印的信息。本节仅在报表开头打印一次。使用报表页眉可以放置通常可能出现在封面上的信息，如徽标、标题或日期。如果将使用 SUM 聚合函数的计算控件放在报表页眉中，则计算后的总和是针对整个报表的。报表页眉显示在页面页眉之前。

2. 页面页眉

页面页眉显示报表每页顶部要打印的信息。本节显示在每一页的顶部。例如，使用页面页眉可以在每一页上重复报表标题。

3. 分组页眉

分组页眉显示报表分组时分组顶部打印的信息。本节显示在每个新记录组的开头。使用分组页眉可以显示分组名称。例如，在按产品分组的报表中，可以使用分组页眉显示产品名称。如果将使用 SUM 聚合函数的计算控件放在分组页眉中，则总和是针对当前组的。

4. 主体

主体显示报表的主要内容。本节对于记录源中的每一行只显示一次。该节是构成报表主要部分的控件所在的位置。

5. 分组页脚

分组页脚显示报表分组时分组底部打印的信息。本节显示在每一组的结尾。使用分组页脚可以显示分组的汇总信息。

6. 页面页脚

页面页脚显示报表每页底部打印的信息。本节显示在每一页的结尾。使用页面页脚可以显示页码或每一页的特定信息。

7. 报表页脚

报表页脚位于报表的底部区域，显示报表最后一页要打印的信息。本节仅在报表结尾打印一次。使用报表页脚可以显示针对整个报表的报表汇总或其他汇总信息。在设计视图中，报表页脚显示在页面页脚的下方。在打印或预览报表时，在最后一页上，报表页脚位于页面页脚的上方，紧靠最后一个组页脚或明细行之后。

6.1.3　报表的类型

Access 2010 提供了 3 种主要类型的报表，分别是表格式报表、纵栏式报表和标签报表。

1. 表格式报表

表格式报表是以行和列显示数据的报表。表格式报表的字段名称不在主体节内显示，而是放在页面页眉节中。报表输出时，各字段名称只出现在报表每页的上方，如图 6-2 所示。

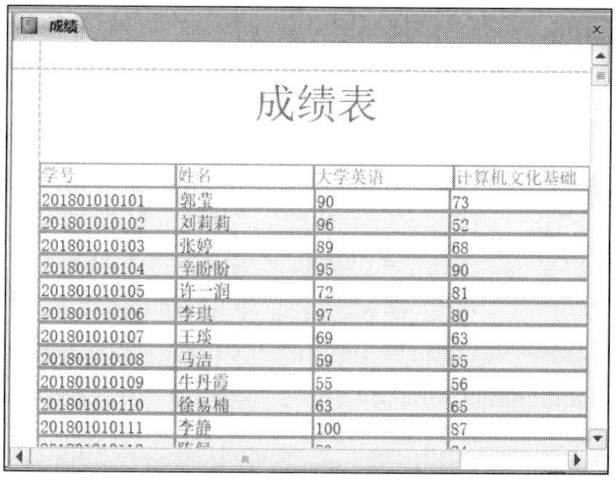

成绩表

学号	姓名	大学英语	计算机文化基础
201801010101	郭莹	90	73
201801010102	刘莉莉	96	52
201801010103	张婷	89	68
201801010104	辛盼盼	95	90
201801010105	许一润	72	81
201801010106	李琪	97	80
201801010107	王琰	69	63
201801010108	马洁	59	55
201801010109	牛丹霞	55	56
201801010110	徐易楠	63	65
201801010111	李静	100	87

图 6-2　表格式报表

2. 纵栏式报表

纵栏式报表又称为窗体式报表，它通常用垂直的方式在每页上显示一个或多个记录。纵栏式报表像数据输入窗体一样可以显示许多数据，如图 6-3 所示。

图 6-3 纵栏式报表

3. 标签报表

标签报表是一种特殊类型的报表，能将数据以标签形式输出，主要用于制作物品标签、客户标签等，方便邮寄和使用，如图 6-4 所示。

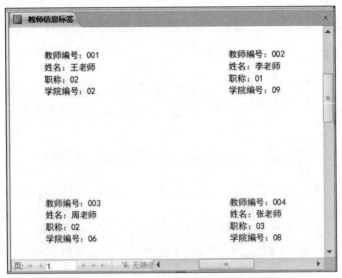

图 6-4 标签报表

6.1.4 报表的视图

Access 2010 提供的报表的视图有 4 种：报表视图、打印预览、布局视图和设计视图。

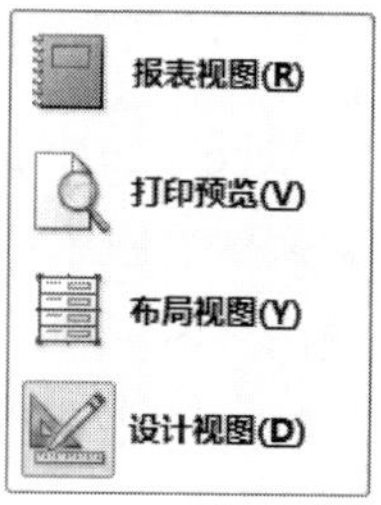

通过在"开始"选项卡中单击"视图"组的"视图"按钮，在下拉
列表中选择相应的选项，就可在 4 种视图之间进行切换，如图 6-5
所示，也可以通过快捷菜单或者单击 Access 2010 状态栏右侧的快
速切换视图按钮 ▦ ◳ ◳ ◪ ▨ 实现视图切换。

这 4 种视图的具体功能如下。

1. 报表视图

报表视图是报表的显示视图，用于浏览报表的设计结果。在
报表视图中，可以对报表应用高级筛选，通过设置条件来筛选出所
需要的数据。

图 6-5　视图选项列表

2. 打印预览

用于预览报表的打印输出效果。在打印预览视图中，鼠标通常以放大镜方式显示，这
样可以很方便地通过单击鼠标来改变报表显示的大小。

3. 布局视图

布局视图可用于对 Access 2010 中的报表进行设计方面的更改。下面介绍的设计视图
也可以执行相同的设计任务，不过对于特定任务，有一项便利功能在设计视图中未提供，
但在布局视图中可以实现，这就是在进行设计方面的更改时可以查看数据。此选项使用户
能够更方便、更准确地调整控件大小。

4. 设计视图

使用设计视图，可以单独设计报表的每个区域的格式。设计视图显示了报表结构的更
详细视图，例如用户可以看到报表的页眉、主体和页脚部分；在设计视图中工作时，执行
某些任务更加简单，例如向报表添加许多类型的控件(如标签、图像、线条和矩形)；在文
本框中编辑文本框控件来源，而不使用属性表，等等。

6.2　创　建　报　表

Access 2010 在"创建"选项卡的"报表"组中提供了创建报表的按钮，如图 6-6 所示，
可以使用报表、报表设计、空报表、报表向导和标签方法来设计报表。

图 6-6　"报表"组

6.2.1　使用"报表"按钮创建

Access 2010 提供了一种快速创建报表的方法。先选中一个作为数据源的表或查询，然后切换到"创建"选项卡，再单击"报表"组中的"报表"按钮，即可生成一个报表，而不说明任何信息，并以布局视图直接打开该报表。

【例 6.1】在"教学管理"数据库中，以"课程"表为数据源，使用快速创建报表的方法创建"课程"报表。

操作步骤如下：

(1) 在"教学管理"数据库导航窗格中，选定"课程"表作为数据源。

(2) 切换到"创建"选项卡，单击"报表"组中的"报表"按钮。

(3) 系统将自动创建报表，并在"布局视图"中显示，如图 6-7 所示。

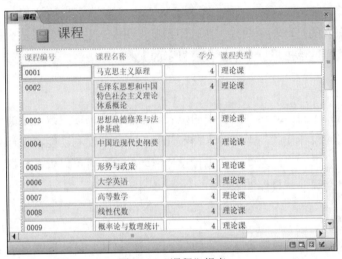

图 6-7　"课程"报表

(4) 单击快速访问工具栏上的"保存"按钮，弹出"另存为"对话框，输入报表名称"课程"，单击"确定"按钮保存报表，切换到打印预览视图中查看。

6.2.2　使用报表向导创建

与使用"报表"按钮直接生成报表不同，使用报表向导是以交互式的方法创建报表，显示一个多步骤向导，允许用户指定字段、分组/排序级别和布局选项。该向导将基于用户所做的选择创建报表。

【例 6.2】在"教学管理"数据库中，以"学生"表、"课程"表和"成绩"表为数据源，使用报表向导创建"学生选课成绩表"报表，显示"学号""姓名""课程名称"和"分数"字段的信息。

操作步骤如下：

(1) 打开"教学管理"数据库，切换到"创建"选项卡，单击"报表"组中的"报表向导"按钮。

(2) 进入"报表向导"对话框一，选择报表要显示的字段。首先从"表/查询"下拉列表中选择一个数据源表或查询，然后从"可用字段"列表中选择要显示的字段添加到"选定字段"列表中。这里依次选择"学生"表中的"学号"和"姓名"字段、"课程"表中的"课程名称"字段、"成绩"表中的"分数"字段，如图 6-8 所示。

(3) 单击"下一步"按钮，进入"报表向导"对话框二，确定查看数据的方式，这里保留默认设置，即"通过学生"，如图 6-9 所示。

 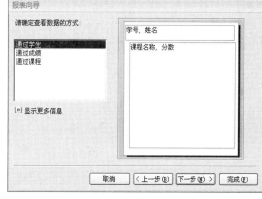

图 6-8　"报表向导"对话框一　　　　图 6-9　"报表向导"对话框二

(4) 单击"下一步"按钮，进入"报表向导"对话框三，指定分组级别。选择左边列表框中的字段，单击 ＞ 按钮即可，这里保留默认设置，如图 6-10 所示。

(5) 单击"下一步"按钮，进入"报表向导"对话框四，指定记录的排序次序和汇总信息。这里选择"课程名称"字段"升序"排列，如图 6-11 所示。

 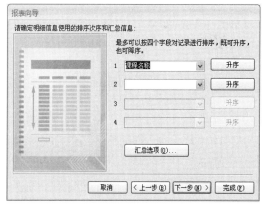

图 6-10　"报表向导"对话框三　　　　图 6-11　"报表向导"对话框四

如果报表需要分组显示计算的汇总值，可单击"汇总选项"按钮，在弹出的"汇总选项"对话框中选择需要计算的汇总值。这里选择"汇总"和"平均"，如图 6-12 所示。单击"确定"按钮，返回"报表向导"对话框四。

(6) 单击"下一步"按钮，进入"报表向导"对话框五，确定报表的布局方式。这里保留默认设置，即布局选择"递阶"，方向选择"纵向"，如图 6-13 所示。

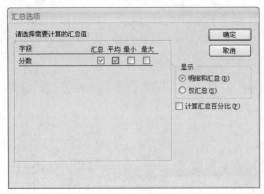

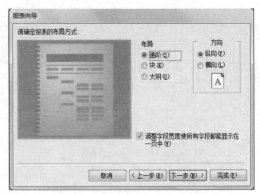

图 6-12　"汇总选项"对话框　　　　　　　　图 6-13　"报表向导"对话框五

(7) 单击"下一步"按钮，进入"报表向导"对话框六，设置报表的标题名称。这里输入"学生选课成绩表"，如图 6-14 所示。

(8) 单击"完成"按钮，在打印预览视图中打开报表，如图 6-15 所示。

图 6-14　"报表向导"对话框六　　　　　　　图 6-15　"学生选课成绩表"报表

6.2.3　使用报表设计视图创建

虽然使用报表按钮和报表向导的方式可以方便、迅速地完成新报表的创建任务，但却缺乏主动性和灵活性，它的许多参数都是系统自动设置的，这样的报表有时候在某种程度上很难完全满足用户的要求。使用报表设计视图可以更灵活地创建报表，不仅可以按用户的需求设计所需要的报表，而且可以对上面两种方式创建的报表进行修改，使其更大程度地满足用户的需求。

使用报表设计视图创建报表的一般操作步骤如下：

(1) 打开报表设计视图。

(2) 为报表添加数据源。

(3) 向报表中添加控件。

(4) 调整控件布局。

(5) 设置报表和控件的属性。

(6) 保存报表，预览效果。

【例6.3】在"教学管理"数据库中，使用设计视图创建"学生信息表"报表。

操作步骤如下：

(1) 打开"教学管理"数据库，切换到"创建"选项卡，单击"报表"组中的"报表设计"按钮，打开报表设计视图，如图 6-16 所示。在当前视图中默认显示 3 个节：页面页眉、主体和页面页脚。

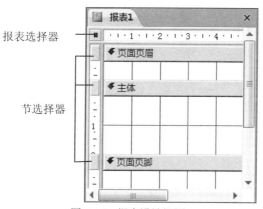

图 6-16　报表设计视图

(2) 单击"报表设计工具"按钮，切换到"设计"选项卡，单击"工具"组中的"属性表"按钮，打开报表"属性表"窗格。切换到属性表"数据"选项卡，单击"记录源"属性右侧按钮，在下拉列表中选择已有的表或查询作为报表的数据源，也可以单击 按钮，在打开的"查询生成器"窗口中创建新的查询作为报表的数据源。这里创建新的查询"学生信息表"，如图 6-17 所示。

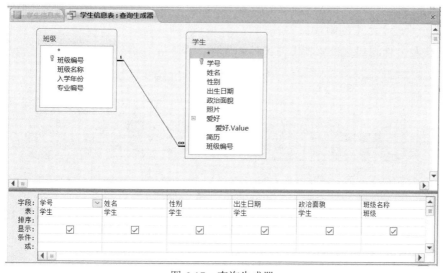

图 6-17　查询生成器

(3) 右击设计视图中的网格区域，在弹出的快捷菜单中选择"报表页眉/页脚"命令，添加报表页眉/页脚节，如图 6-18 所示。

图 6-18　快捷菜单

(4) 切换到"设计"选项卡，单击"控件"组中的"标签"按钮，在"报表页眉"节中单击，添加一个"标签"控件，标题属性输入"学生信息表"，字体名称为"宋体"，字号为 20，字体粗细为"加粗"。

(5) 双击"控件"组中的"标签"按钮，锁定"标签"控件，向"页面页眉"节中依次添加 6 个标签控件，其标题属性分别输入"学号""姓名""性别""出生日期""政治面貌""班级名称"，字体名称为"宋体"，字号为 11，字体粗细为"加粗"。

(6) 单击"工具"组中的"添加现有字段"按钮，打开"字段列表"窗格。将"学号""姓名""性别""出生日期""政治面貌""班级名称"6 个字段拖放到"主体"节中，并删除每个字段文本框的附加标签。

(7) 调整控件布局，设置报表及控件的属性，如图 6-19 所示。

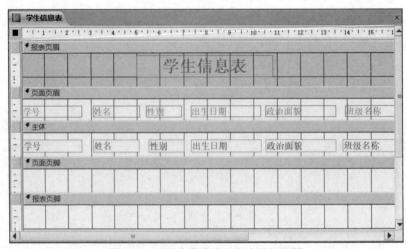

图 6-19　"学生信息表"报表设计视图

(8) 切换至报表打印预览视图查看设计效果，如图 6-20 所示，保存"学生信息表"报表。

学生信息表

学号	姓名	性别	出生日期	政治面貌	班级名称
201809020251	王竣右	男	1999年7月17日	普通居民	18财管2
201809020252	刘彦钊	男	1999年10月17日	普通居民	18财管2
201809030255	吴丹	女	1999年9月7日	普通居民	18审计2
201810020160	马振兴	男	1999年12月17日	普通居民	18财政1
201801010141	马红军	男	1999年9月24日	普通居民	18国贸1
201803010219	刘锡铭	男	1999年2月9日	普通居民	18法学2

图 6-20　　"学生信息表"报表打印预览

6.2.4　创建标签报表

标签报表具有很强的实用性。例如，图书管理标签，可以粘贴在图书扉页上作为图书编号；物品管理标签，可以粘贴在产品或设备上进行分类。Access 2010 在报表向导中有一种向导是专门为标签报表而设计的。

【例 6.4】在"教学管理"数据库中，以"教师"表为数据源，利用标签向导创建"教师信息标签"报表，标签内容包括"教师编号""教师姓名""参加工作时间""职称"和"学院"字段信息。

操作步骤如下：

(1) 在"教学管理"数据库导航窗格中，选定"教师"表作为数据源。

(2) 切换到"创建"选项卡，单击"报表"组中的"标签"按钮。

(3) 进入"标签向导"对话框一，指定标签尺寸。可以先选择厂商，再从型号列表中选择；也可以单击"自定义"按钮自行设置标签尺寸。这里采用默认设置，即选择 Avery 厂商，型号为 C2166，这种型号的标签尺寸为 52mm×70mm，如图 6-21 所示。

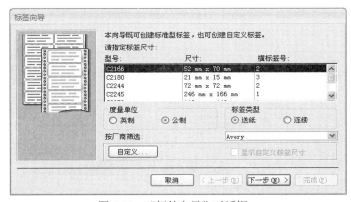

图 6-21　　"标签向导"对话框一

(4) 单击"下一步"按钮，进入"标签向导"对话框二，选择标签文本的字体和颜色。这里设置字体为"黑体"，字号为 10，字体粗细为"正常"，文本颜色为"黑色"，如图 6-22 所示。

图 6-22　"标签向导"对话框二

　　(5) 单击"下一步"按钮，进入"标签向导"对话框三，确定标签的显示内容。在"可用字段"列表中选择要显示的字段，单击 ＞ 按钮或双击选中的字段，将字段添加到"原型标签"列表中，按【Enter】键换行继续添加。这里的"教师编号："必须由用户自己输入，"{教师编号}"是通过"可用字段"列表选择添加的，使用同样方法添加其他字段，如图 6-23 所示。

图 6-23　"标签向导"对话框三

　　(6) 单击"下一步"按钮，进入"标签向导"对话框四，确定排序依据字段。这里选择"教师编号"作为报表输出时的排序依据，如图 6-24 所示。

图 6-24　"标签向导"对话框四

(7) 单击"下一步"按钮，进入"标签向导"对话框五，指定报表名称。这里输入"教师信息标签"，如图 6-25 所示。单击"完成"按钮，在"打印预览"视图中打开报表，如图 6-26 所示。

图 6-25 "标签向导"对话框五

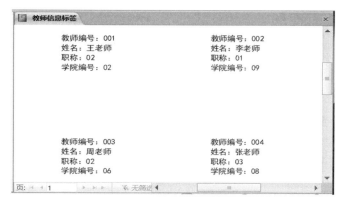

图 6-26 "教师信息标签"报表

6.2.5 创建空报表

单击"报表"组中的"空报表"按钮，将在布局视图中打开一个空报表，并显示出"字段列表"任务窗格，如图 6-27 所示。当字段从字段列表拖到报表中时，Access 2010 将创建一个嵌入式查询，并将其存储在报表的记录源属性中。利用"报表布局工具"栏下各选项卡中的工具调整报表的布局，设置报表属性，即可通过空白报表创建一张满足要求的报表。

图 6-27 空报表设计视图

6.3　报表的高级设计

在实际工作中，需要对设计好的报表进行格式外观的进一步设计，以达到美观实用的目的，另外由于对数据的特定要求，比如排序、分组和统计计算等，要对报表进行高级设计，本小节将介绍这些内容。

6.3.1　报表的编辑

在报表设计视图中可以对已经创建的报表进行编辑和修改，可以设置报表的格式，在报表中添加背景图片、日期和时间以及页码等，使报表显得更为美观。

1. 设置应用主题、颜色和字体

现在可以在 Access 2010 数据库中应用 Office 2010 主题，为所有 Office 文档创建一致的风格。

图 6-28　"主题"组

具体操作步骤如下：

(1) 在导航窗格中右击某一报表，然后在弹出的快捷菜单中选择"布局视图"命令，以便在布局视图中打开该报表。

(2) 在"设计"选项卡的"主题"组中，如图 6-28 所示，使用"主题"库将颜色和字体同时设置为预先设计的方案，或单击"颜色"和"字体"按钮分别设置颜色和字体。

说明：

如果选择了某一 Office 主题、字体或颜色，它将应用到数据库中的所有报表(而不只是正在处理的报表)。

2. 添加图像

可以在报表的任何位置，如页眉、页脚和主体节添加图像。

具体操作步骤如下：

(1) 在导航窗格中，右击要向其添加图像的报表，然后在弹出的快捷菜单中选择"布局视图"命令。

(2) 在"设计"选项卡的"控件"组中，单击"插入图像"按钮。

(3) 使用现有图像。如果需要的图像已位于图像库中，则单击它即可将其添加到报表中。如果需要的图像不在图像库中，则需要上载新图像，在图像库底部，单击"浏览"按钮，在弹出的"插入图片"对话框中，导航到要使用的图像，然后单击"打开"按钮。

3. 添加背景图像

可以通过指定图片作为报表的背景图案来美化报表。

具体操作步骤如下：

(1) 在导航窗格中，右击要在其中添加背景图像的报表，然后在弹出的快捷菜单中选择"布局视图"命令。

(2) 在"格式"选项卡的"背景"组中，单击"背景图像"按钮。

(3) 使用现有图像。如果需要的图像已位于图像库中，则单击它即可将其添加到报表中。上载新图像，在图像库底部，单击"浏览"按钮，在弹出的"插入图片"对话框中，导航到要使用的图像，然后单击"打开"按钮。

说明：

无法在 Web 兼容的报表中添加背景图像。

4．插入页码、徽标、标题及日期和时间

在 Access 2010 报表中，有专门的控制来完成添加页码、徽标、标题及日期和时间操作，如图 6-29 所示。

下面以插入页码为例：

(1) 在导航窗格中，右击要向其添加页码的报表，然后在弹出的快捷菜单中选择"布局视图"命令。

(2) 单击要为其添加页码的报表。

(3) 在"设计"选项卡的"页眉/页脚"组中，单击"页码"按钮，弹出"页码"对话框，如图 6-30 所示。

图 6-29　"页眉/页脚"组

图 6-30　"页码"对话框

(4) 选择格式、位置、对齐方式及首页显示页码与否，单击"确定"按钮即可。

插入徽标、标题及日期和时间的方法同上，不再赘述。

另外还可以在报表上直接添加文本框控件，然后在"控件来源"属性中输入表达式来显示页码。常用页码表达式如表 6-1 所示，其中[Page]和[Pages]是内置变量，[Page]代表当前页号，[Pages]代表总页数，"显示文本"中的 N 表示当前页，M 表示总页数。

表 6-1　页码常用格式

表 达 式	显 示 文 本
= "第"& [Page] &"页"	第 N 页
= [Page]&" / "& [Pages]	N/M
= "第"& [Page] &"页，共"& [Pages] &"页"	第 N 页，共 M 页

同样，也可以在报表上直接添加文本框控件，然后设置"控件来源"属性分别为=Date( )和=Time( )来显示系统日期和系统时间。

6.3.2　排序、分组和汇总

1．记录的排序

在实际应用中，经常要求报表显示的记录按照某个指定的顺序排列，例如按照学生年龄从小到大排列等。使用报表向导或设计视图都可以设置记录排序。通过报表向导最多可以设置 4 个排序字段，并且排序只能是字段，不能是表达式。在设计视图中，最多可以设置 10 个字段或字段表达式进行排序。

在报表中添加排序的最快方法是在布局视图中打开需要排序的报表，然后右击要对其应用排序的字段，选择快捷菜单中的升序降序命令。

在布局视图或设计视图中打开报表时，还可以使用"分组、排序和汇总"窗格来添加排序。方法是单击"分组、排序和汇总"窗格中的"添加排序"按钮，选择在其上执行排序的字段；在排序行上单击"更多"按钮以设置更多选项。

说明：

如果"分组、排序和汇总"窗格尚未打开，则在"设计"选项卡的"分组和汇总"组中单击"分组和排序"按钮。

【例 6.5】将【例 6.1】生成的"课程"报表按照"学分"的大小进行排序，另存为"课程学分表"报表。

操作步骤如下：

(1) 在布局视图中打开"课程"报表。

(2) 切换到"设计"选项卡，单击"分组和汇总"组中的"分组和排序"按钮，如图 6-31 所示。布局视图窗口下方将显示"分组、排序和汇总"窗格，其中包含"添加组"和"添加排序"两个按钮，如图 6-32 所示。

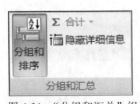

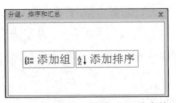

图 6-31　"分组和汇总"组　　　　　　图 6-32　分组、排序和汇总窗格

(3) 单击"添加排序"按钮，打开排序依据字段列表，或单击"排序依据"右侧的按钮▼，打开字段列表，如图 6-33 所示。选择字段列表中的字段名称；或者单击字段列表下方的"表达式"，打开"表达式生成器"，输入表达式，单击"确定"按钮。这里在字段列表中选择"学分"字段为排序依据，排序方式为"升序"。

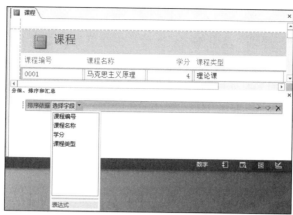

图 6-33　"排序依据"字段列表

(4) 在布局视图中立即显示排序后的结果，如图 6-34 所示。保存报表，另存为"课程学分表"。

图 6-34　"课程学分表"报表

2．分组

在实际工作中，经常需要对数据进行分组、汇总。分组是将报表中具有共同特征的相关记录排列在一起，并且可以为同组记录进行汇总统计。使用 Access 2010 提供的分组功能，可以对报表中的记录进行分组。对报表的记录进行分组时，可以按照一个字段进行，也可以对多个字段分别进行。

分组有两种操作方法：

(1) 在报表布局视图中打开需要分组的报表，右击要对其应用分组、汇总的字段，然后选择快捷菜单中的分组形式和汇总命令。这是添加分组的最快方法。

(2) 在布局视图或设计视图中打开需要分组的报表，在"分组、排序和汇总"窗格中单击"添加组"按钮，选择要在其上执行分组、汇总的字段。在分组行上单击"更多"按钮以设置更多选项和添加汇总。

【例 6.6】以"课程类别"为分组字段，使用快捷菜单将【例 6.1】生成的"课程"报表进行分组，另存为"课程类别分组_1"报表。

操作步骤如下：

(1) 右击"教学管理"数据库导航窗格中的"课程"报表对象，选择快捷菜单中的"布局视图"命令，即在布局视图中打开"课程"报表。

(2) 右击"课程类型"字段，从弹出的快捷菜单中选择"分组形式 课程类型"命令，如图 6-35 所示。

(3) 保存报表，另存为"课程类别分组_1"报表，如图 6-36 所示。

图 6-35　快捷菜单

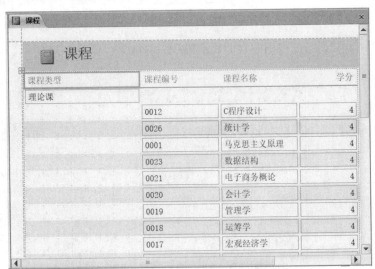

图 6-36　"课程类别分组_1"报表

【例 6.7】以"课程类型"为分组字段，使用"分组、排序和汇总"窗格，将例【6.1】生成的"课程"报表进行分组，另存为"课程类别分组_2"报表。

操作步骤如下：

(1) 在布局视图中打开"课程"报表。

(2) 切换到"设计"选项卡，单击"分组和汇总"组中的"分组和排序"按钮，打开"分组、排序和汇总"窗格。

(3) 单击"添加组"按钮，"分组、排序和汇总"窗格中将显示分组形式字段列表；或者单击"分组形式"右侧的下拉按钮 ▾，打开字段列表，选择字段列表中的字段名称；或者单击字段列表下方的"表达式"，打开"表达式生成器"，输入表达式，单击"确定"按钮。这里选择字段列表中的"课程类型"字段，Access 2010 将在报表中添加分组级别，布局视图中立即显示分组后的形式，如图 6-37 所示。

(4) 更改分组选项。"分组、排序和汇总"窗格中每个排序级别和分组级别都拥有大量选项，设置这些选项可以获得所需的结果。单击"分组、排序和汇总"窗格中要更改的分组级别所在行上"更多"右侧的下拉按钮 ▶，展开分组选项，如图 6-38 所示。当单击"更少”右侧的下拉按钮 ◀ 时，隐藏该分组选项。

图 6-37 课程类别分组布局视图

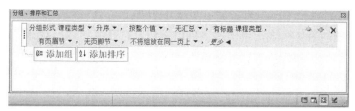

图 6-38 分组选项

分组选项中主要包含以下选项设置。

① "排序顺序"：可以通过单击排序顺序下拉列表，选择"升序"或"降序"来更改排序顺序。

② "分组间隔"：确定记录如何分组在一起。可用选项由分组字段的数据类型决定。例如，可根据文本字段的第一个字符进行分组，从而将以 A 开头的所有文本字段分为一组，将以 B 开头的所有文本字段分为另一组，依此类推。对于日期字段，可以按照日、周、月、季度进行分组，也可输入自定义间隔。

③ "汇总"：若要添加汇总，单击此选项。可以添加多个字段的汇总，并且可以对同一字段执行多种类型的汇总，如图 6-39 所示。汇总列表选项说明如下：

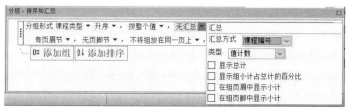

图 6-39 汇总选项

● "汇总方式"：选择要进行汇总的字段。

- "类型"：选择要执行的计算类型。
- "显示总计"：在报表的结尾(即报表页脚中)添加总计。
- "显示组小计占总计的百分比"：组页脚中添加用于计算每个组的小计占总计百分比的控件。
- "在组页眉中显示小计"：将汇总数据显示在组页眉中。
- "在组页脚中显示小计"：将汇总数据显示在组页脚中。

说明：

设置完一个字段的汇总选项后，可从"汇总方式"下拉列表中选择另一个字段进行汇总设置。单击"汇总"列表外部任何位置，关闭该列表。

本例中，选择汇总方式：课程编号；类型：值计数；选中"显示总计"和"在组页脚中显示小计"复选框。

④ "标题"：通过此选项，可以更改汇总字段的标题。此选项可用于列标题，还可用于标记页眉与页脚中的汇总字段。若要添加或修改标题，单击"有标题"右侧的蓝色文本"单击添加"，打开"缩放"对话框，如图 6-40 所示。在该对话框中输入新的标题，如果还要设置新标题的字体格式，单击"字体"按钮，打开"字体"对话框，设置字体的名称、字形、大小、效果和颜色等属性，单击"确定"按钮，返回"缩放"对话框，再单击"确定"按钮。

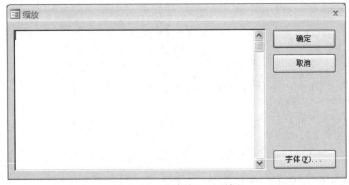

图 6-40 "缩放"对话框

⑤ "有/无页眉节"：此设置用于添加或移除每个组前面的页眉节。在添加页眉节时，Access 2010 将把分组字段移到页眉中。当移除包含非分组字段控件的页眉节时，Access 2010 会询问是否确定要删除该控件。

⑥ "有/无页脚节"：使用此设置添加或移除每个组后面的页脚节。在移除包含控件的页脚节时，Access 2010 会询问是否确定要删除该控件。

⑦ "不将组放在同一页上"：此设置用于确定在打印报表时页面上组的布局方式。要尽可能将组放在一起，从而减少查看整个组时翻页的次数。不过，由于大多数页面在底部都会留有一些空白，因此这往往会增加打印报表所需的纸张数。该项设置的可用选项如图 6-41 所示。

图 6-41　"不将组放在同一页上"选项

- "不将组放在同一页上"：如果不在意组被分页符截断，则可以使用此选项。例如，一个包含 30 项的组，可能有 10 项位于上一页的底部，而剩下的 20 项位于下一页的顶部。
- "将整个组放在同一页上"：有助于将组中的分页符数量减至最少。如果页面中的剩余空间容纳不下某个组，则 Access 2010 将使这些空间保留为空白，从下一页开始打印该组。较大的组仍需要跨多个页面。
- "将页眉和第一条记录放在同一页上"：对于包含组页眉的组，此选项将确保组页眉不会单独打印在页面的底部。如果 Access 2010 确定在该页眉之后没有足够的空间打印至少一行数据，则该组将从下一页开始。

在本例中，对上述选项不做更改。

(5) 若要更改分组或排序级别的优先级，先选中"分组、排序和汇总"窗格中该分组或排序级别所在的行，然后单击该行右侧向上箭头 🔺 或向下箭头 🔻。这里不需要更改分组级别的优先级。

(6) 如果要添加新的分组级别，单击"添加组"按钮，重复执行步骤(3)、步骤(4) 和步骤(5) 的操作。如果已经定义了多个排序或分组级别，则可能需要向下移动"分组、排序和汇总"窗格，才能看到"添加组"和"添加排序"按钮。一个报表最多可定义 10 个分组和排序级别。

若要删除分组或排序级别，在"分组、排序和汇总"窗格中，单击要删除的分组或排序级别所在的行，然后按【Delete】键或单击该行右侧的"删除"按钮 ✕。删除分组级别时，如果组页眉或组页脚中有分组字段，则 Access 2010 将把该字段移到报表的主体节中，组页眉或组页脚中的其他控件将被删除。

(7) 保存报表，另存为"课程类别分组_2"，如图 6-42 所示。

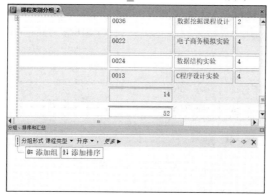

图 6-42　"课程类别分组_2"报表

3．汇总计算

报表中的汇总计算可以通过以下途径来完成。

(1) 通过快捷菜单命令操作。在布局视图中打开已创建的报表，右击要汇总的字段，从弹出的快捷菜单中选择"汇总"列表中的计算类型，如"求和""平均值""记录计数"(即统计所有记录的数目)、"值计数"(只统计此字段中有值记录的数目)、"最大值""最小值""标准偏差"和"方差"等。

(2) 在布局视图中打开已创建的报表，选定要汇总的字段，切换到"设计"选项卡，单击"分组和汇总"组中的"合计"按钮，在下拉列表中选择计算类型。

(3) 报表记录分组之后，在"分组、排序和汇总"窗格中展开更多分组选项，在"汇总"下拉列表中设置汇总方式、汇总类型和汇总值显示位置等。

【例 6.8】在"教学管理"数据库中以"学生成绩"报表为例，用快捷菜单命令汇总学生总平均成绩。

操作步骤如下：

(1) 在布局视图中打开"学生成绩"报表。右击"教学管理"数据库导航窗格中的"学生成绩"报表对象，选择快捷菜单中"布局视图"命令，即在布局视图中打开"学生成绩"报表。

(2) 右击"分数"字段，从弹出的快捷菜单中选择"汇总分数"|"平均值"命令，如图 6-43 所示。

图 6-43　汇总快捷菜单

(3) 保存报表，另存为"学生成绩汇总_1"报表，如图 6-44 所示。

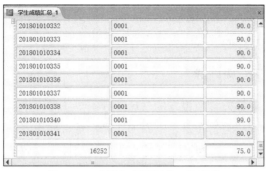

图 6-44　"学生成绩汇总_1"报表

【例 6.9】在"教学管理"数据库中以"学生成绩"报表为例，利用"分组、排序和汇总"窗格汇总学生总平均成绩。

操作步骤如下：

(1) 在布局视图中打开"学生成绩"报表。

(2) 切换到"设计"选项卡，单击"分组和汇总"组中的"分组和排序"按钮，打开"分组、排序和汇总"窗格。

(3) 单击"添加组"按钮，"分组、排序和汇总"窗格中将显示分组形式字段列表，选择字段列表中的"学号"字段，Access 2010 将在报表中添加分组级别，单击分组级别所在行上"更多"右侧的按钮▶，展开分组选项，单击"汇总"选项。"汇总"列表中的选择如下：汇总方式选择为"分数"字段，类型选择为"平均值"，选中"显示总计"和"在组页脚中显示小计"复选框，如图 6-45 所示。

图 6-45　"汇总"列表

(4) 保存报表，另存为"学生成绩汇总_2"报表，如图 6-46 所示。

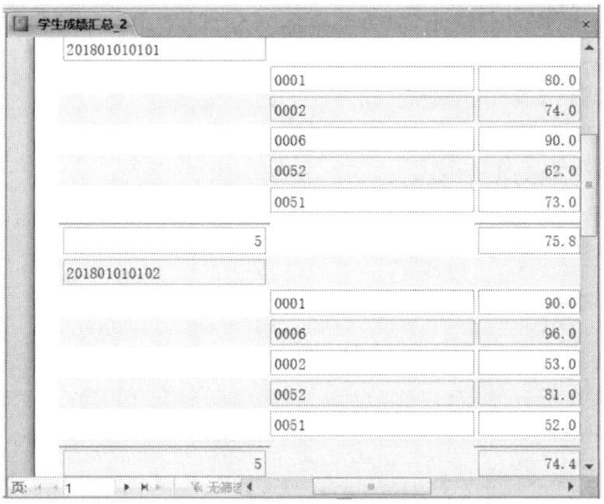

图 6-46　"学生成绩汇总_2"报表

当然，前两种方式也可以先分组再汇总，可以达到和第三种方式同样的效果，也就是既可以对每一个分组进行汇总计算，也可以对整个报表进行同样的汇总计算。

6.3.3　利用计算控件实现计算

除了可以进行汇总计算外，在报表的设计过程中，还可以根据具体需要进行其他各种类型的统计计算。操作方法就是在报表中添加计算控件，并设置其"控件来源"属性。文本框控件是报表中最常用的计算控件，"控件来源"属性中输入计算表达式，当表达式的值发生变化时，会重新计算并输出结果。

在 Access 2010 中利用计算控件进行统计计算并输出结果的操作主要有两种形式：主体节内添加计算控件和组页眉/组页脚节或报表页眉/报表页脚节内添加计算控件。

(1) 在主体节内添加计算控件。在主体节内添加计算控件，对记录的若干字段进行求和或求平均值，只要设置计算控件的"控件来源"，为相应字段的运算表达式即可。

(2) 在组页眉/组页脚节或报表页眉/报表页脚节内添加计算控件。在组页眉/组页脚节内或报表页眉/报表页脚内添加计算控件，对记录的若干字段求和或进行统计计算，一般是指对报表字段列的纵向记录数据进行统计。可以使用 Access 2010 提供的聚集函数完成相应计算操作。

说明：

如果对报表中所有记录进行计算，需将计算控件放置于报表页眉或报表页脚节中；如果对报表中分组记录进行计算，需将计算控件放置在组页眉或组页脚节中。如果要在页面页眉和页面页脚中放置和使用聚集函数，要统计每一页的信息，必须使用代码。

【例 6.10】创建"学生课程成绩表"报表，要求计算每位学生的平均分以及各班各门课程的平均分、最高分和最低分，结果如图 6-47 所示。

班级编号	学号	姓名	大学英语	计算机文化基础	微积分	平均分
	201812030118	李靖	55	68	94	72.333
	201812030119	张子枫	50	91	72	71
	201812030120	赵芳琳	70	90	76	78.667
	201812030121	李婷婷	73	69	58	66.667
	201812030122	左超辉	98	67	52	72.333
	201812030123	李竞	91	86	50	75.667
	201812030124	邓吉军	56	91	93	80
	201812030125	邱婷婷	72	92	62	75.333
	201812030110	贾昊	94	97	97	96
	课程平均分		74.372549	76.07843137255	72.11764705882	
	课程最高分		100	99	100	
	课程最低分		50	53	50	

图 6-47　"学生课程成绩表"报表

操作步骤如下：

(1) 以"学生"表、"课程"表和"成绩"表为数据源，创建如图 6-48 所示的"学生课程成绩查询"交叉表查询。

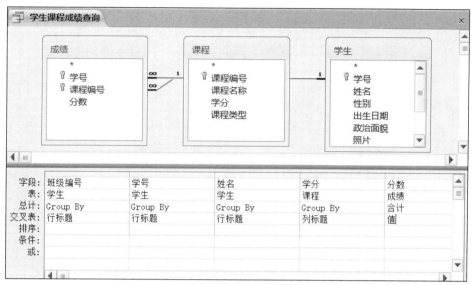

图 6-48　"学生课程成绩查询"交叉表查询

(2) 以"学生课程成绩查询"交叉表查询为数据源，在设计视图中创建"学生课程成绩表"报表，并且分别在报表页眉、页面页脚、报表页脚放置文本框，设置其控件来源属性，输入表达式，如图 6-49 所示。

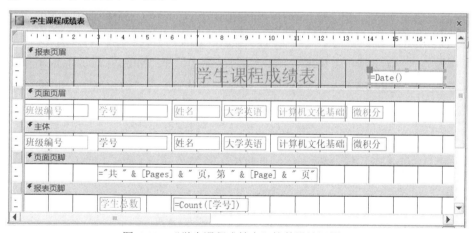

图 6-49　"学生课程成绩表"控件设计视图一

(3) 按"班级编号"进行分组，并且显示班级编号页脚，如图 6-50 所示。

(4) 在页面页眉中添加一个标签控件，标题属性为"平均分"，字体名称为"宋体"，字号为 11，字体粗细为"加粗"。

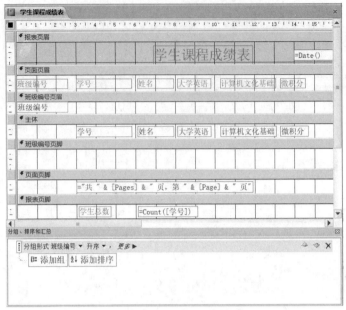

图 6-50　"学生课程成绩表"分组设计视图

(5) 在主体节中添加一个文本框控件，删除其附加标签，在文本框"控件来源"属性中输入表达式为"=([大学英语]+[计算机文化基础] +[微积分])/3"，计算 3 门课程的平均成绩。

(6) 在"班级编号页脚"节适当位置(如左部)中添加 3 个标签控件垂直排列。其标题属性分别为"课程平均分""课程最高分"和"课程最低分"，字体名称为"宋体"，字号为 11，字体粗细为"加粗"。

(7) 在"班级编号页脚"节适当位置(如右部)中添加 9 个文本框控件用来显示每一门课(3 门课)的平均分、最高分和最低分(3 个计算结果)，并删除其附加标签，分别设置其"控件来源"属性为"=Avg([课程名称])""Max([课程名称])"和"Min([课程名称])"，其中"课程名称"为具体数据，如"大学英语""计算机文化基础"和"微积分"，如图 6-51 所示。

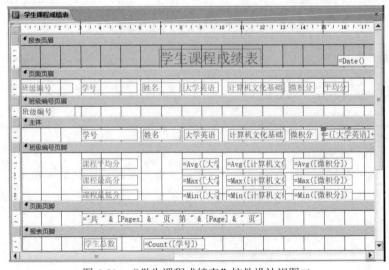

图 6-51　"学生课程成绩表"控件设计视图二

(8) 在布局视图中调整控件布局。

(9) 保存报表，报表名称为"学生课程成绩表"。

6.3.4　子报表

和创建主/子窗体一样，报表对象中也可以嵌入子报表。但是，报表中添加的子报表只能在"打印预览"视图中预览，无法像窗体中的子窗体那样进行编辑。因此，添加的子报表不能和主报表产生互动关系。

1. 子报表概述

子报表是指插入到其他报表中的报表。在合并两个报表时，一个报表作为主报表，另一个就成为子报表。主报表有两种，即绑定型的和非绑定型的。绑定型的主报表基于数据表、查询或 SQL 语句等数据源。非绑定型的主报表不基于这些数据源，可以作为容纳要合并的子报表的容器。主报表可以包含多个子报表。在子报表中，还可以包含子报表。一个主报表最多只能包含两级子报表。

一般而言，各种创建主/子窗体的方法都可以应用于创建主/子报表。因此，创建子报表的方法主要有两种：在已有的报表中创建子报表；或将一个报表添加到另一个报表中创建子报表。创建子报表时，必须先确定主报表和子报表之间已经建立了正确的联系，从而保证子报表与主报表中显示记录的一致性。Access 2010 会自动查找名称和数据类型相同的两个字段建立关系，如果找不到相关联的字段，必须自行加以设置。

2. 在已有报表中创建子报表

【例 6.11】在【例 6.3】中创建的"学生信息表"报表上添加"班级信息"子报表，另存为"学生_班级表"报表。

操作步骤如下：

(1) 在设计视图中打开"学生信息表"报表作为主报表。

(2) 切换到"设计"选项卡，确定"控件"组中的"控件向导"按钮处在选中状态，如图 6-52 所示。单击"控件"组中的"子窗体/子报表"按钮。

(3) 在主报表主体节中要添加子报表的位置上单击，进入"子报表向导"对话框一，指定子报表的数据来源，如图 6-53 所示。对话框中的选项说明如下。

①　"使用现有的表和查询"：创建基于数据库中表和查询的子报表。

②　"使用现有的报表和窗体"：创建基于数据库中报表和窗体的子报表。

这里选择"使用现有的表和查询"单选按钮。

(4) 单击"下一步"按钮，进入"子

图 6-52　"控件"组

报表向导"对话框二,确定子报表中包含的字段。这里从"表/查询"下拉列表中选择"班级"表,将"可用字段"中的所有字段选中放入"选定字段"列表中,如图 6-54 所示。

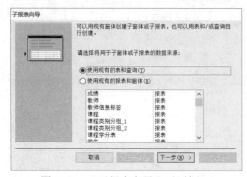

图 6-53　"子报表向导"对话框一　　　　图 6-54　"子报表向导"对话框二

(5) 单击"下一步"按钮,进入"子报表向导"对话框三,选择主报表与子报表的链接字段。这里选择"从列表中选择"单选按钮,在列表框中选择"用班级名称显示班级"选项,如图 6-55 所示。

(6) 单击"下一步"按钮,进入"子报表向导"对话框四,指定子报表的名称,如图 6-56 所示。这里输入"班级_子报表"。

图 6-55　"子报表向导"对话框三　　　　图 6-56　"子报表向导"对话框四

(7) 单击"完成"按钮,调整子报表控件的布局。

(8) 保存报表,另存为"学生_班级表",切换至打印预览视图,如图 6-57 所示。

图 6-57　"学生_班级表"报表

3. 将一个报表添加到另一个报表中创建子报表

可以将 Access 2010 数据库中一个已创建的报表作为子报表,添加到另一个已建报表中。子报表在添加到主报表之前,应当确保报表的数据源之间已经正确地建立了表间关系。

【例 6.12】在"教学管理"数据库中,以"学生"表为数据源创建"学生"报表作为主报表,以"成绩"表为数据源创建"学生成绩"报表作为子报表,创建主/子报表,另存为"学生_成绩信息表"报表。

操作步骤如下:

(1) 在"教学管理"数据库中以"学生"表为数据源,使用报表向导生成纵栏式报表"学生";以"成绩"表为数据源,使用快速创建报表方式生成"学生成绩"报表。

(2) 在设计视图中打开作为主报表的"学生"报表,调整控件布局。

(3) 将子报表"学生成绩"从"学生管理"数据库导航窗格拖至主报表中,调整子报表控件的布局。

(4) 保存报表,另存为"学生_成绩信息表"。切换到打印预览视图,如图 6-58 所示。

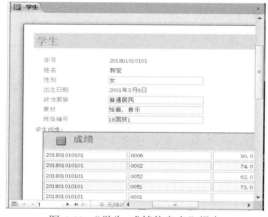

图 6-58 "学生_成绩信息表"报表

6.3.5 导出报表

Access 2010 报表可以导出为多种格式,具体如图 6-59 所示。

图 6-59 "导出"组

【例 6.13】在"教学管理"数据库中，将"学生"报表导出为"学生.xls"。

操作步骤如下：

(1) 在"教学管理"数据库导航窗格中选中"学生"报表。

(2) 切换到"外部数据"选项卡，如图 6-59 所示，单击"导出"组中的 Excel 按钮，系统会弹出如图 6-60 所示的对话框，选择数据导出操作的目标。

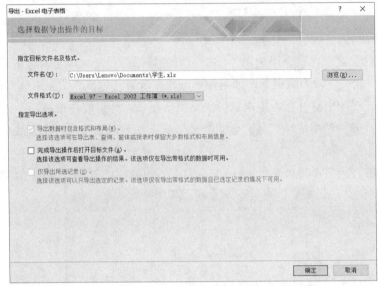

图 6-60　"导出"对话框一

(3) 输入或者单击"浏览"按钮，选择导出文件的路径及文件名。

(4) 选择文件格式，单击"确定"按钮，系统会弹出如图 6-61 所示的对话框，询问是否保存导出步骤。

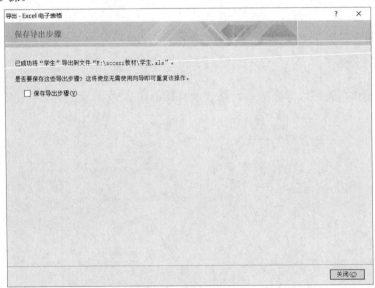

图 6-61　"导出"对话框二

(5) 不选择"保存导出步骤"，单击"关闭"按钮，完成导出操作。

6.4 打印报表

创建报表后，可以在打印之前利用 Access 2010 提供的打印预览视图，提前观察打印效果。如果报表存在问题，可以在打印之前返回设计视图或布局视图及时修改，然后再切换至打印预览视图中检查。最后，如无问题，就可以选择打印，将报表打印出来。

6.4.1 页面设置

在设计视图中，切换到"页面设置"选项卡。由"页面大小""页面布局"2 个组构成"页面设置"选项卡，如图 6-62 所示。

图 6-62 "页面设置"选项卡

(1) "页面大小"组：用于选择纸张大小、页边距、显示边距和仅打印数据。单击"纸张大小"按钮，打开纸张选项下拉列表，如图 6-63 所示。单击"页边距"按钮，打开页边距选项下拉列表，如图 6-64 所示。

图 6-63 纸张大小选项列表

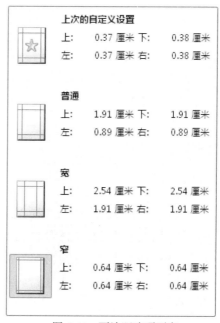

图 6-64 页边距选项列表

若选中"显示边距"复选框，将显示边距。若选中"仅打印数据"复选框，打印时只打印报表中的数据，而不打印页码、标签等信息。

(2) "页面布局"组：提供打印页面布局的各种工具，设置纵向或横向打印，指定列数、列宽等，进行页面设置。

6.4.2　打印预览和打印

在设计视图中，切换到"设计"选项卡，单击"视图"组中的"视图"按钮，在下拉列表中选择"打印预览"，或者单击 Access 2010 状态栏右侧的"快速切换视图"按钮 ，切换至打印预览视图。由"打印""页面大小""页面布局""显示比例""数据"和"关闭预览" 6 个组构成"打印预览"选项卡，如图 6-65 所示。

图 6-65　"打印预览"选项卡

(1) "打印"组：完成页面设置以后，单击"打印"按钮，弹出"打印"对话框，选择打印机，设置打印范围等，单击"确定"按钮，开始打印，如图 6-66 所示。也可以单击"打印"对话框中的"设置"按钮，打开"页面设置"对话框，重新设置页面布局后再打印。

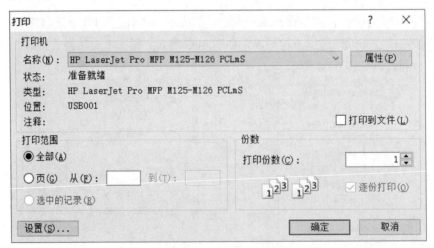

图 6-66　"打印"对话框

(2) "显示比例"组：用来控制"打印预览"视图的显示比例，还可以通过"单页""双页"和"其他页面"选项设置在窗口中同时显示报表页面的数目，最多同时显示 12 页。

(3) "数据"组：该组选项工具是为导入或导出数据库数据而设置的。

(4) "关闭预览"组：只包含"关闭打印预览"按钮，单击该按钮，返回切换至打印预览视图之前的视图界面。

6.5 习 题

6.5.1 简答题

1. 报表与窗体有哪些异同？

2. 报表有哪几部分组成？各部分的作用是什么？

3. 创建报表的方式有哪几种？各有哪些优点？

4. 分组的目的是什么？如何对报表进行排序与分组？

5. 如何在报表中使用计算控件？在报表不同区域中使用计算控件有什么区别？

6. 主/子报表有何用途？

6.5.2 选择题

1. 如果需要制作一个公司员工的名片，应该使用的报表是( )。

    A. 纵栏式报表　　　B. 表格式报表　　　C. 图表式报表　　　　　D. 标签式报表

2. 下列选项不属于报表数据来源的是( )。

    A. 宏和模块　　　　B. 表　　　　　　　C. 查询　　　　　　　D. SQL 语句

3. 对已经设置排序或分组的报表，下列说法正确的是( )。

    A. 能进行删除排序、分组字段或表达式的操作，不能进行添加排序、分组字段或表达式的操作

    B. 能进行添加和删除排序、分组字段或表达式的操作，不能进行修改排序、分组字段或表达式的操作

    C. 能进行修改排序、分组字段或表达式的操作，不能进行删除排序、分组字段或表达式的操作

    D. 进行添加、删除和更改排序、分组字段或表达式的操作

4. 一个报表最多可以对( )个字段或表达式进行分组。

    A. 4　　　　　　　　B. 6　　　　　　　　C. 8　　　　　　　　D. 10

5. 如果要求在页面页脚中显示的页码形式为"第 X 页，共 Y 页"，则页面页脚中的页码的控件来源应该设置为( )。

    A. ="第"&[Pagesl&"页，共"&[Page]& "页"

    B. ="共"&[Pages]&"页，第"-[Page]& "页"

    C. ="第"&[Page]& "页，共"&[Pages]& "页"

    D. ="共"&[Page]& "页，第"&[Pages]& "页"

6. 下面关于报表对数据处理的叙述，正确的是( )。

    A. 报表只能输入数据　　　　　　　B. 报表只能输出数据

    C. 报表可以输入和输出数据　　　　D. 报表不能输入和输出数据

7. 如果要使报表的标题在每一页上都显示，那么应该设置(　　)。

    A. 报表页眉   B. 页面页眉   C. 分组页眉   D. 以上说法都不对

8. Access 的报表操作没有提供(　　)。

    A. "设计"视图   B. "打印预览"视图

    C. "布局"视图   D. "编辑"视图

9. 若要实现报表按某字段分组统计输出，需要设置(　　)。

    A. 报表页脚   B. 该字段组页脚   C. 主体   D. 页面页脚

10. 以下关于报表组成的叙述中，错误的是(　　)。

    A. 打印在每页的底部，用来显示本页汇总说明的是页面页脚

    B. 用来显示整份报表的汇总说明，在所有记录都被处理后，只打印在报表的结束处的是报表页脚

    C. 报表显示数据的主要区域称为主体

    D. 用来显示报表中字段名称或对记录的分组名称的是报表页眉

11. 在报表设计中，用来绑定控件显示字段数据的最常用的计算控件是(　　)。

    A. 标签   B. 文本框   C. 列表框   D. 选项按钮

12. 在报表设计时，如果要统计报表中某个字段的全部数据,计算表达式应放在(　　)。

    A. 主体   B. 页面页眉/页面页脚

    C. 报表页眉/报表页脚   D. 分组页眉/分组页脚

13. 如果要在报表的每一页底部显示页码号，那么应该设置(　　)。

    A. 报表页眉   B. 页面页眉   C. 页面页脚   D. 报表页脚

14. 当在一个报表中列出学生 3 门课 a、b、c 的成绩时，若要对每位学生计算这 3 门课的平均成绩，只需设置新添计算控件的控制源为(　　)。

    A. =a+b+c/3   B. (a+b+c)/3

    C. =(a+b+c)/3   D. 以上表达式均错

15. 报表中的报表页脚用来(　　)。

    A. 显示报表中的字段名称或记录的分组名称

    B. 显示报表中的标题、图形或说明性文字

    C. 显示本页的汇总说明

    D. 显示整个报表的汇总说明

6.5.3　填空题

1. 报表的数据源可以是＿＿＿＿＿＿＿。

2. Access 2010 报表主要的视图方式有 4 种，它们是＿＿＿＿＿＿＿、＿＿＿＿＿＿＿、＿＿＿＿＿＿＿和＿＿＿＿＿＿＿。

3. 在报表设计中，可以通过添加＿＿＿＿＿＿＿控件来控制另起一页输出显示。

4. 为了在报表的每一页底部显示页码，那么应该设置＿＿＿＿＿＿＿节。

6.5.4 操作题

1．使用报表向导创建一个"教学管理"数据库中的"成绩查询"报表，并在成绩查询报表上进行如下操作：使用"自动套用格式"；改变字体和字号；添加背景图片。

2．用报表设计器设计一个授课报表，内容包括班级名称、课程名称、教师姓名、教师职称、年级(学号的前 4 位表示该学生的年级)、学期名称和总学时。分别用班级名称、课程名称和教师名称分组统计学时。要求有页码、有标题，并且在报表的最后添加学校名称。

3．创建基于"教学管理"数据库的"学生成绩单报表"及其"不及格成绩"的子报表。

第7章 宏

在 Access 中进行数据管理时，经常会反复执行某些任务，这样既不能保证所完成工作的一致性又浪费时间，利用宏可以完成这些重复的任务。宏是实现数据库操作自动化、智能化的基本技术手段，使用宏可以制作工具栏、各种功能的命令按钮和自定义菜单，从而实现窗体界面的事件驱动。

【学习要点】
- 宏的概念
- 宏的组成
- 宏的类型
- 常用的宏操作
- 宏的运行

7.1 宏 概 述

宏是 Access 数据库的一个重要对象，是组织 Access 数据处理对象的工具。Access 提供了大量的宏操作，用户可以根据需求将多个宏操作定义在宏中，通过宏可以方便地实现很多需要编程才能实现的功能。

Access 2010 进一步增强了宏的功能，使得创建宏更加方便，使用宏可以完成更为复杂的工作。

7.1.1 宏的概念

宏是一个或多个操作组成的集合。它是一种特殊的代码，通过代码可以执行一系列常规的操作。在 Access 中，每个宏操作都是系统定义好的，用户不能自己创建。

宏具有连接多个窗体和报表、自动查找和筛选记录、自动进行数据校验、设置窗体和报表属性及自定义工作环境的作用。

可以将宏看作一种简化的编程语言，利用这种语言通过生成要执行的操作的列表来创建代码，它不具有编译特性，没有控制转换，也不能对变量直接操作。生成宏时，用户从下拉列表中选择每个操作，然后为每个操作填写必需的参数信息。宏使用户能够向窗体、报表和控件中添加功能，而无须在 VBA 模块中编写代码。

7.1.2　宏的构成

宏是由操作、参数、注释、组、if 条件、子宏等几个部分组成的。

1. 操作

操作是系统预先设计好的特殊代码，每个操作可以完成一种特定的功能，用户使用时按需设置参数即可。

2. 参数

参数是用来给操作提供具体信息的，每个参数都是一个值。不同操作的参数各不相同，有些参数是必须指定的，有些参数是可选的。

3. 注释

注释是对宏的整体或一部分进行说明，一个宏中可以有多条注释。注释虽不是必需的，但添加注释不但方便以后对宏的维护，也方便其他用户理解宏。

4. 组

在 Access 2010 中，宏的结构较为复杂，为了有效地管理宏，引入了组(Group)。可以把宏中的操作，根据它们操作目的的相关性进行分块，每一个块就是一个组。分组后的宏结构十分清晰，阅读更方便。

5. if 条件

有些宏操作执行时必须满足一定的条件。Access 2010 是利用 if 操作来指定条件的，具体的条件表达式中包含算术、逻辑、常数、函数、控件、字段名和属性值。表达式的计算结果为逻辑“真”值时，将执行指定的宏操作，否则不执行。

6. 子宏

子宏是包含在一个宏名下的具有独立名称的基本宏，它可以由多个宏操作组成，也可以单独运行。当需要执行一系列相关的操作时就要创建包含子宏的宏。

使用子宏有助于数据库的操作和管理。

7.1.3　宏的类型

在 Access 2010 中，可以根据宏的构成和宏所处的位置进行分类。

1. 根据宏的构成

可以将宏分为 3 类：基本宏、条件宏和宏组。

(1) 基本宏。基本宏是最简单的宏，它由一条或多条宏操作组成，执行时按照顺序从第一个宏操作逐一往下执行，直到全部执行完毕为止。

(2) 条件宏。条件宏是带条件的宏，只有条件满足时才会执行某些宏操作。使用 if 操作，可以实现条件判断。

(3) 宏组。宏组是由多个子宏组成，每个子宏是由一个或多个宏操作组成。除了宏组要有自己的宏名外，每个子宏也都必须定义自己的宏名，以便分别调用。

2. 根据宏所处的位置

可以将宏分为 3 类：独立宏、嵌入宏和数据宏。

(1) 独立宏。独立宏即数据库中的宏对象，其独立于其他数据库对象，与任何事件无关，一般直接运行，显示在导航窗格的"宏"组下。

(2) 嵌入宏。嵌入宏指附加在窗体、报表或其中的控件上的宏。嵌入宏通常被嵌入到所在的窗体或报表中，成为这些对象的一部分，由有关事件触发而运行，如按钮的 Click 事件。嵌入宏不显示在导航窗格的"宏"组下。

(3) 数据宏。数据宏指在表上创建的宏。当向表中插入、删除和更新数据时，将触发数据宏。数据宏也不显示在导航窗格的"宏"组下。

7.1.4　宏的设计视图

Access 2010 中的宏设计器不同于以前版本的宏设计器，其界面类似于 VBA 事件过程的开发界面，如图 7-1 所示。

在宏设计器中有一个组合框，组合框中显示可添加的宏操作，在宏设计器的右侧显示"操作目录"窗格，如图 7-2 所示。"操作目录"窗格由程序流程、操作和此数据库中(包含部分宏)的对象 3 个部分组成。

　　　　图 7-1　宏设计器　　　　　　　　图 7-2　"操作目录"窗格

7.1.5　常用的宏操作

Access 2010 提供了 86 个宏操作，表 7-1 列出了较常用的宏操作。

表 7-1　Access 2010 中常用的宏操作

宏操作类型	宏操作名称	说　明
窗口管理	CloseWindows	关闭指定的 Access 窗口。如果没有指定窗口，则关闭活动窗口
	MaximizeWindows	最大化活动窗口
	MinimizeWindows	最小化活动窗口
	RestoreWindows	让最大化或最小化的窗口恢复到原来的大小
宏命令	OnError	指定宏出现错误时如何处理
	RunCode	调用 VBA 函数过程
	RunMacro	运行宏。该宏可以包含子宏
	StopAllMacros	停止当前正在运行的所有宏
	StopMacro	停止当前正在运行的宏
筛选/排序/搜索	FindRecord	查找符合该操作参数指定准则的第一个记录
	FindNextRecord	查找符合前一个 FindRecord 操作的下一个记录
	OpenQuery	在数据表视图、设计视图或打印预览视图中打开选择或交叉表查询
	Refresh	刷新视图中的记录
	RefreshRecord	刷新当前记录
	SetOrderBy	对表中的记录或来自窗体、报表的基本表或查询中的记录应用排序
数据导入/导出	ExportWithFormatting	将指定的数据库对象输出为电子表格(.xls)、格式文本(.rtf)、文本(.txt)、网页(.htm)或快照(.snp)格式
	SaveAsOutlookContact	将当前记录另存为 Outlook 联系人
数据库对象	OpenForm	在窗体视图、设计视图中打开窗体
	OpenReport	在设计视图、打印预览视图中打开报表或立即打印报表
	OpenTable	在数据表视图、设计视图或打印预览视图中打开表
	GoToControl	将焦点移到打开的数据表或窗体中指定的字段或控件上
	GoToPage	将焦点移到当前窗体指定页的第一个控件上
	GoToRecord	使指定的记录成为当前表、窗体或查询结果中的当前记录
	RepaintObject	完成指定的数据库对象的任何未完成的屏幕更新，包括控件未完成的计算
	SetProperty	设置控件属性
	SetValue	为窗体、窗体数据表或报表上的控件、字段或属性设置值
系统命令	Beep	通过计算机发出嘟嘟声，来表示错误情况和重要的屏幕变化
	CloseDatabase	关闭当前数据库
	QuitAccess	退出 Access，可从几种选项中指定一个用户界面命令

(续表)

宏操作类型	宏操作名称	说　　　明
用户界面命令	AddMenu	创建菜单栏或快捷菜单
	MessageBox	显示含义警告或说明信息的信息框

7.2　创　建　宏

宏的创建是在设计视图窗口中进行，创建过程中的主要工作是选择宏操作及相应参数的设置。

7.2.1　基本宏

基本宏运行时是按宏操作的顺序逐条执行的。

【例 7.1】建立一个名为"打开表"的基本宏，用来打开名为"学生"的表。

操作步骤如下：

(1) 在"创建"选项卡的"宏与代码"组中，单击"宏"按钮，打开宏设计视图。

(2) 单击"添加新操作"下拉列表框右侧下拉按钮，选择 OpenTable 选项。

(3) 单击"表名称"下拉列表框右侧下拉按钮，选择"学生"表，如图 7-3 所示。

(4) 单击快速工具栏上的"保存"按钮，在"宏名称"文本框中输入"打开表"，单击"确定"按钮。

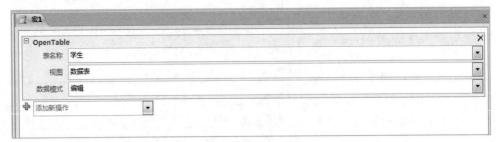

图 7-3　【例 7.1】操作及参数设置

【例 7.2】创建一个名为"修改窗体标题"的基本宏，用来打开"学生"窗体，并将窗体标题修改为"学生基本信息"。

操作步骤如下：

(1) 在"创建"选项卡的"宏与代码"组中，单击"宏"按钮，打开宏设计视图。

(2) 单击"添加新操作"下拉列表框右侧下拉按钮，选择 OpenForm 选项。

(3) 单击"窗体名称"下拉列表框右侧下拉按钮，选择"学生"窗体。

(4) 单击"添加新操作"下拉列表框右侧下拉按钮，选择 SetValue 选项，在"项目"参数的文本框中输入"Forms!学生.caption"，在"表达式"参数的文本框中输入"学生基本信息"，如图 7-4 所示。

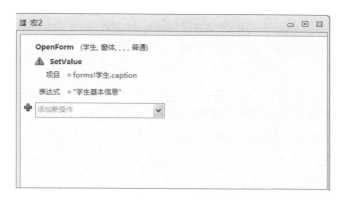

图 7-4　【例 7.2】操作及参数设置

(5) 单击快速工具栏上的"保存"按钮，在"宏名称"文本框中输入"修改窗体标题"，单击"确定"按钮。

说明：

当宏操作在"添加新操作"组合框中找不到时，可单击"设计"选项卡中"显示/隐藏"组中的"显示所有操作"按钮。

【例 7.3】创建一个名为"不及格学生信息"的基本宏，用来打开"学生成绩信息"窗体，在窗体上只显示课程不及格的学生记录。

操作步骤如下：

(1) 在"创建"选项卡的"宏与代码"组中，单击"宏"按钮，打开宏设计视图。

(2) 单击"添加新操作"下拉列表框右侧下拉按钮，选择 OpenForm 选项。

(3) 单击"窗体名称"下拉列表框右侧下拉按钮，选择"学生成绩信息"窗体，在"当条件="文本框中输入"成绩<60"，如图 7-5 所示。

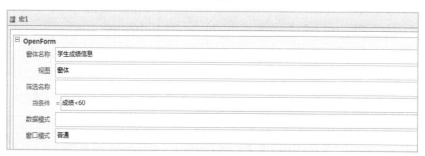

图 7-5　【例 7.3】操作及参数设置

(4) 单击快速工具栏上的"保存"按钮，在"宏名称"文本框中输入"不及格学生信息"，单击"确定"按钮。

7.2.2　条件宏

条件宏需要给某些宏操作设置条件，条件是一个计算结果为逻辑值的表达式，且条件是通过 if 操作来设置的。宏将根据条件结果的真假进行不同的操作。

【例 7.4】创建一个名为"浏览表"的条件宏。首先弹出一个对话框，询问用户"是否浏览学生表？"，如果选择"是"，则打开"学生"表。

操作步骤如下：

(1) 在"创建"选项卡的"宏与代码"组中，单击"宏"按钮，打开宏设计视图。

(2) 单击"添加新操作"下拉列表框右侧下拉按钮，选择 If 选项。

(3) 在"条件表达式"文本框中输入表达式"MsgBox("是否浏览学生表？",4+32)=6"，也可单击"条件表达式"文本框右侧的"生成器"按钮，在打开的"表达式生成器"对话框中输入表达式，如图 7-6 所示。

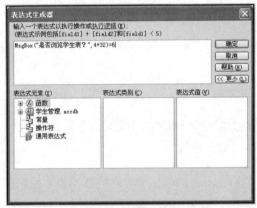

图 7-6 　【例 7.4】表达式生成器

(4) 单击"添加新操作"下拉列表框右侧下拉按钮，选择 OpenTable 选项。

(5) 单击"表名称"下拉列表框右侧下拉按钮，选择"学生"表，如图 7-7 所示。

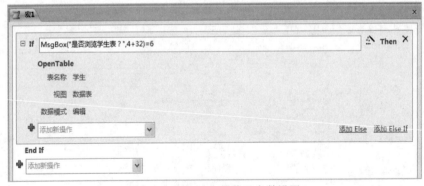

图 7-7 　【例 7.4】操作及参数设置

(6) 单击快速工具栏上的"保存"按钮，在"宏名称"文本框中输入"浏览表"，单击"确定"按钮。

说明：

如果希望条件为"真"时执行多项宏操作，就要将这些宏操作添加在 If 逻辑块的内部。

例题中使用的 MsgBox()函数的作用是生成对话框，其参数及含义参见第 8 章。

【例 7.5】创建一个名为"更改学分"的条件宏。打开"课程"窗体，如果当前记录的"课程类别"为"理论课"，并且"学分"大于 2 时，将其"学分"修改为 2，修改完后显示消息说明框，并关闭"课程"窗体。

操作步骤如下：

(1) 在"创建"选项卡的"宏与代码"组中，单击"宏"按钮，打开宏设计视图。

(2) 单击"添加新操作"下拉列表框右侧下拉按钮，选择 OpenForm 选项。

(3) 单击"窗体名称"下拉列表框右侧下拉按钮，选择"课程"窗体。

(4) 单击"添加新操作"下拉列表框右侧下拉按钮，选择 If 选项，在 OpenForm 的下方出现 If…End If 逻辑块，在 If 右侧的文本框中输入"Forms！[课程]![课程类型]="理论课" and Forms！[课程]![学分]>2"(也可以用"表达式生成器"完成)。

(5) 单击 If…End If 逻辑块中的"添加新操作"下拉列表框，选择 SetValue 选项，在"项目"参数的文本框中输入"Forms！[课程]![学分]"，在"表达式"参数的文本框中输入 2(也可以用"表达式生成器"完成)。

(6) 单击 If…End If 逻辑块中的"添加新操作"下拉列表框，选择 MessageBox 选项，在"消息"参数的文本框中输入"学分已修改"。

(7) 单击 If…End If 逻辑块中的"添加新操作"下拉列表框，选择 CloseWindow 选项，"对象类型"参数选择"窗体"，"对象名称"参数选择"课程"，如图 7-8 所示。

图 7-8　【例 7.5】操作及参数设置

(8) 单击快速工具栏上的"保存"按钮，在"宏名称"文本框中输入"更改学分"，单击"确定"按钮。

说明：

注意 MessageBox 操作和 MsgBox 函数在使用上的区别。

7.2.3 宏组

创建宏组的方法与创建简单宏、条件宏相似。

【例7.6】创建一个名为"数据库操作"的宏组，该宏组由"打开表""打开查询""打开窗体"和"关闭数据库"4个子宏组成。子宏的功能如下。

(1) 打开表：打开"学生"表。

(2) 打开查询：打开"成绩查询"查询。

(3) 打开窗体：打开"成绩输入"窗体。

(4) 关闭数据库：关闭当前数据库。

操作步骤如下：

(1) 在"创建"选项卡的"宏与代码"组中，单击"宏"按钮，打开宏设计视图。

(2) 在"操作目录"窗格中，将程序流程中的"子宏"(即 Submarco)拖到"添加新操作"下拉列表框中，在"子宏"文本框中输入"打开表"，在子宏区域中的"添加新操作"下拉列表框中选择 OpenTable 选项，选择表名称为"学生"。

(3) 重复第(2)步，依次设置其他子宏，设置结果如图7-9所示。

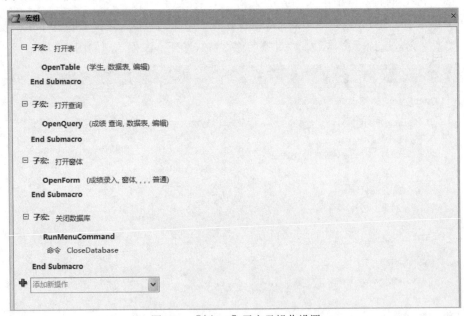

图7-9　【例7.6】子宏及操作设置

(4) 单击快速工具栏上的"保存"按钮，在"宏名称"文本框中输入"数据库操作"，单击"确定"按钮。

说明：

直接运行宏组时，只运行其中的第一个子宏。若要运行其他子宏，需使用"宏组名.子宏名"的格式在其他对象中引用，一般通过控件事件来引用。

【例7.7】创建一个名为"数据操作"的窗体，其中包含"打开学生表""打开成绩查询""打开成绩输入窗体"和"关闭"4 个命令按钮，单击命令按钮时，引用"数据库操作"宏组中相应功能的子宏。

操作步骤如下：

(1) 在"创建"选项卡的"窗体"组中，单击"窗体设计"按钮，打开窗体设计视图。

(2) 添加 4 个命令按钮，并将标题分别指定为"打开学生表""打开成绩查询""打开成绩输入窗体"和"关闭"。

(3) 选定"打开学生表"，单击"属性"窗格的"事件"选项卡中"单击"事件的下拉按钮，在打开的下拉列表框中选择"数据库操作.打开表"，如图 7-10 所示。

图 7-10　【例 7.7】子宏的引用

(4) 重复第(3)步，完成其他命令按钮的设置。

(5) 单击快速工具栏上的"保存"按钮，在"窗体名称"文本框中输入"数据操作"，单击"确定"按钮。

7.2.4　自动运行宏 AutoExec

AutoExec 是一个特殊的宏，它在打开 Access 数据库时会自动运行。

【例7.8】创建一个自动运行宏，用来打开"学生管理"数据库的登录窗体。

操作步骤如下：

(1) 创建一个登录窗体，其中包括一个组合文本框和一个命令按钮，文本框用来输入密码，命令按钮用来验证密码，该窗体的界面如图 7-11 所示。

(2) 在"创建"选项卡的"宏与代码"组中，单击"宏"按钮，打开宏设计视图。

(3) 单击"添加新操作"下拉列表框右侧下拉按钮，选择 OpenForm 选项。

(4) 单击"窗体名称"下拉列表框右侧下拉按钮，选择"登录"窗体，如图 7-12 所示。

图 7-11　【例 7.8】登录窗体

图 7-12　【例 7.8】自动运行宏操作

(5) 单击快速工具栏上的"保存"按钮，在"宏名称"文本框中输入 AutoExec，单击"确定"按钮。

7.3　宏 的 编 辑

对已经创建好的宏可以进行编辑和修改，包括添加宏操作、删除宏操作、移动宏操作、复制宏操作和添加注释等。

7.3.1　添加宏操作

在宏中添加新操作的方法有 3 种：

(1) 直接在下拉列表框中输入操作命令。

(2) 单击下拉列表框的下拉按钮，在打开的下拉列表框中选择。

(3) 从"操作目录"窗格中，把所需操作拖动到下拉列表框。

7.3.2　删除宏操作

删除宏操作的方法有 3 种：

(1) 选定要删除的宏操作，单击该操作命令右侧的"删除"按钮 ✕。

(2) 选定要删除的宏操作，按【Delete】键。

(3) 右击要删除的宏操作，选择弹出快捷菜单中的"删除"命令。

7.3.3　移动宏操作

宏操作的顺序可以调整，操作方法有 3 种：

(1) 选定要移动的宏操作为当前操作后，单击该操作命令右侧的"上移"按钮 ⬆ 或"下移"按钮 ⬇。

(2) 直接拖动要移动的宏操作到所需位置。

(3) 选中宏操作，按【Ctrl+↑】键或【Ctrl+↓】组合键。

7.3.4　复制宏操作

复制宏操作的方法同复制文件，具体有两大类：

(1) 按住【Ctrl】键，将需复制的宏操作拖动到目标位置。

(2) 选定要复制的宏操作，再使用剪贴板的"复制"命令和"粘贴"命令。

说明：

第二种方法也可在不同的宏之间实现复制。

7.3.5　添加注释

设计宏时，添加注释可以提高宏的可读性，且便于以后的使用和修改。为宏操作添加注释的方法有两种：

(1) 选定要添加注释的宏操作，在"操作目录"窗格中双击"程序流程"中的 Comment

操作，然后在文本框中输入注释内容。

(2) 将"操作目录"窗格中的 Comment 操作拖动到需要添加注释的宏操作前面，然后在文本框中输入注释内容。

7.4 宏的调试与运行

宏在运行之前，最好先进行调试，以保证宏运行的结果与用户的要求一致。

7.4.1 调试宏

调试宏的目的是观察宏的流程和每一个操作的结果，以排除导致错误或产生非预期结果的操作。独立宏可以直接在宏设计器中利用"单步"进行调试，而嵌入宏则要在嵌入的窗体或报表中利用"单步"进行调试。

1. 独立宏的调试

操作步骤如下：

(1) 打开简单宏的设计视图。

(2) 在"设计"选项卡的"工具"组中，单击"单步" 按钮，然后单击"运行" 按钮，再单击"是"按钮。

(3) 在打开的"单步执行宏"对话框中，如图 7-13 所示，单击"单步执行"按钮，执行当前操作。若执行正确，单击"继续"按钮，继续执行下一个操作；若有错误，单击"停止所有宏"按钮，返回宏设计视图进行修改。

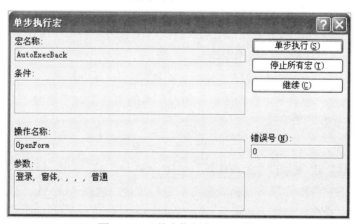

图 7-13 "单步执行宏"对话框

2. 嵌入宏的调试

操作步骤如下：

(1) 打开嵌入宏所在的窗体。

(2) 在"导航窗格"中选择"宏"对象，右击要调试的宏名，选择弹出快捷菜单中的"设计视图"命令。

(3) 在"设计"选项卡的"工具"组中，单击"单步" [单步] 按钮。

(4) 在"对象"窗格中选中打开的窗体，单击宏嵌入的控件，弹出"单步执行宏"对话框。后续操作同独立宏。

7.4.2　运行宏

宏的运行方式大致分为 3 种：直接运行宏、宏调用宏及事件调用宏。

1. 直接运行宏

直接运行宏一般是用来对宏进行测试或调试。

(1) 在宏设计器窗口中运行宏。单击"设计"选项卡的"工具"组中的"运行"按钮，就可执行当前正在编辑的宏。若是宏组，则只能执行宏组中的第一个子宏。

(2) 在数据库窗口中运行宏。在数据库窗口的导航窗格中，双击"宏"对象列表中的宏名，或选中一个宏再单击"设计"选项卡中的"工具"组中的"运行"按钮，就可执行选中的宏。同样，宏组只能执行第一个子宏。

(3) 在 Access 主窗口中运行宏。单击"数据库工具"选项卡中的"宏"组中的"运行宏"按钮，在打开的"运行宏"对话框中选择要执行的宏名，单击"确定"按钮。同样，宏组只能执行第一个子宏。

2. 宏调用宏

可以在其他宏中运行一个已经设计好的宏，用宏操作 RunMacro 即可实现，它有 3 个参数：宏名称、重复次数和重复表达式。宏名称用来指定被调用的宏；重复次数用来指定运行宏的次数；重复表达式是条件表达式，每次调用宏后都要计算该表达式的值，只有当其值为 True 时，才继续再次运行调用宏。

宏可以嵌套调用，也可以直接或间接地调用自身形成递归结构。

【例 7.9】创建一个名为"数据库对象的操作"的宏，在该宏中引用【例 7.6】创建的宏组中的第三个子宏。

操作步骤如下：

(1) 在"创建"选项卡的"宏与代码"组中，单击"宏"按钮，打开宏设计视图。

(2) 单击"添加新操作"下拉列表框右侧下拉按钮，选择 RunMacro 选项。

(3) 在"宏名称"下拉列表框中选择"数据库操作.打开窗体"选项。

(4) 单击快速工具栏上的"保存"按钮，在"宏名称"下拉列表框中输入"数据库对象操作"，单击"确定"按钮，如图 7-14 所示。

图 7-14　【例 7.9】宏操作及参数设置

说明：

若将【例 7.9】中 RunMacro 操作的参数"宏名称"指定为"数据库操作"，则在运行该宏时，默认运行"数据库操作"宏组中的第一个子宏。

3. 事件调用宏

Access 提供了大量的对象，几乎每个对象都有属性、方法和事件 3 大特性。其中，事件是对象可以感知的外部动作，例如单击按钮、打开窗体等。对象的事件一旦被触发，就会立即执行对应的事件过程，完成各种各样的操作和任务，事件过程可以是VBA 代码，也可以是宏。

把宏指定为事件的过程称为绑定宏，绑定宏的方法有 3 种：在"事件"选项卡中绑定；在控件的快捷菜单中绑定；把宏对象拖放到窗体上。

【例 7.10】创建一名为"判断闰年"的窗体，在窗体上包含两个文本框和一个命令按钮：txt1、txt2 和 cmd1，在 txt1 中输入年份，当单击 cmd1 时，在 txt2 中输出该年份是否为闰年，运行界面如图 7-15 所示。创建一个名为"判断闰年"的条件宏，将该宏绑定到 cmd1 命令按钮上。

操作步骤如下：

(1) 在"创建"选项卡的"宏与代码"组中，单击"宏"按钮，打开宏设计视图。

图 7-15　【例 7.10】的窗体运行界面

(2) 单击"添加新操作"下拉列表框右侧下拉按钮，选择 If 选项。

(3) 在条件表达式文本框中输入表达式：[txt1].[Value] Mod 400=0 Or [txt1].[Value] Mod 4=0 And [txt1].[Value] Mod 100<>0。

(4) 单击 If…End If 逻辑块中的"添加新操作"组合框，选择 SetValue，在"项目"参数的文本框中输入[txt2].[Value]，在"表达式"参数的文本框中输入：[txt1].[Value] &"是闰年"。

(5) 单击 If…End If 逻辑块中的"添加 Else"组合框，在 Else 逻辑块中的"添加新操作"下拉列表框中，选择 SetValue 选项，在"项目"参数文本框中输入[txt2].[Value]，在"表达式"参数的文本框中输入[txt1].[Value] &"不是闰年"，如图 7-16 所示。

图 7-16　【例 7.10】的条件宏

(6) 单击快速工具栏上的"保存"按钮，在"宏名称"文本框中输入"判断闰年"，单击"确定"按钮。

(7) 创建好所需的窗体，在"属性值"窗口中将命令按钮 cmd1 的"单击"事件选择为"判断闰年"，保存窗体。

7.5 习　　题

7.5.1　简答题

1. 什么是宏？宏的作用是什么？

2. 如何设置条件宏和宏组？

3. 调用宏的方法有哪些？

4. 自动运行宏有何用途？

7.5.2　选择题

1. 用于显示消息框的宏操作是(　　　)。

　　A. Beep　　　　　　　　B. InputBox　　　　　　　C. MessageBox　　　　D. DisBox

2. 下列关于条件宏的说法中，错误的一项是(　　　)。

　　A. 条件为真时，将执行此行中的宏操作

　　B. 宏在遇到条件内有省略号时，终止操作

　　C. 如果条件为假，将跳过该行操作

　　D. 上述都不对

3. VBA 的自动运行宏，应当命名为(　　　)。

　　A. AutoExec　　　　　B. Autoexe　　　　　　　C. Auto　　　　　　　D. AutoExec.bat

4. 关于宏操作，以下叙述错误的是(　　　)。

　　A. 宏的条件表达式不能引用窗体或报表的控件值

　　B．所有宏操作都可以转化为相应的模块代码

　　C．使用宏可以启动其他应用程序

　　D．可以利用宏组来管理相关的一系列宏

　5．下列关于运行宏的方法中，错误的是(　　)。

　　A．运行宏时，对每个宏只能连续运行

　　B．打开数据库时，可以自动运行名为 AutoExec 的宏

　　C．可以通过窗体、报表上的控件来运行宏

　　D．可以在一个宏中运行另一个宏

　6．宏组中子宏的调用格式为(　　)。

　　A．宏组名.子宏名　　B．子宏名　　　　C．子宏名.宏组名　　D．以上都不对

　7．在宏的表达式中要引用报表 test 上的控件 txt 的 name 属性的值，正确的引用格式为(　　)。

　　A. Form!txt!name　　　　　　　　　B. test!txtname

　　C. Reports!test!txt.name　　　　　　D. Reports!txt.name

7.5.3　填空题

　1．写出具有以下功能的宏操作：退出 Access 程序_____、打开窗体_____、打开查询_____、关闭窗体_____、条件宏的条件_____、设置控件属性值_____。

　2．宏是由一个或多个_____组成。

　3．为宏设置条件是为了_____。

　4．直接运行宏组时，只运行_____。

7.5.4　操作题

　1．在"教学管理系统"数据库中创建一个宏，其功能是将学生表的数据导出到 Excel 文件中。

　2．在"教学管理系统"数据库中创建一个宏组，宏组中包含 5 个子宏，它们的功能分别是对"教师"窗体实现以下操作：移向上一条记录、移向下一条记录、移向首记录、移向末记录和关闭窗体。

　3．在"教师"窗体中调用上题创建的宏组中的子宏。

第8章　模块与VBA编程

模块是由 VBA(Visual Basic for Application)语言编写的程序集合。因为模块是基于语言创建的，所以它具有比 Access 2010 数据库中其他对象更加强大的功能。

【学习要点】

- 模块的概念和应用
- 面向对象程序设计的基本概念
- VBA 程序设计基础
- VBA 过程声明、调用与参数传递
- VBA 程序调试和错误处理

8.1　模　块　概　述

模块可以在模块对象中出现，也可以作为事件处理代码出现在窗体和报表对象中，模块构成了一个完整的 Access 2010 的集成开发环境。

8.1.1　模块的概念

模块是 Access 2010 数据库中的一个重要对象，由 VBA 语言编写的程序集合，是把声明、语句和过程作为一个单元进行保存的集合体。通过模块的组织和VBA 代码设计，可以大大提高 Access 2010 数据库应用的处理能力，解决复杂问题。

在 Access 2010 中打开模块时将启动 Visual Basic Editor 界面。在此界面中，模块显示如图 8-1 所示，它主要包括以下 5 部分。

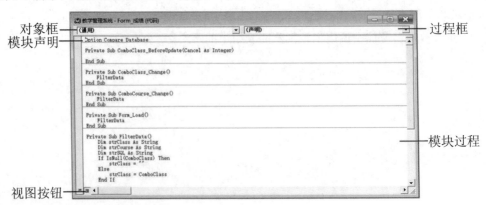

图 8-1　模块界面

(1) 对象框：当前模块所隶属的对象。

(2) 过程框：当模块由多个过程组成时，在编辑状态下，当前光标所处的过程名称将显示在该框中。

(3) 模块声明：用于声明各种模块。

(4) 模块过程：显示模块的代码。

(5) 视图按钮：在过程视图和全模块视图中进行切换。

利用模块，可以建立自定义函数，完成更复杂的计算，执行标准宏所不能执行的功能等。

8.1.2　模块的类型

Access 2010 有两种类型的模块：类模块和标准模块。

1. 类模块

类模块是面向对象编程的基础，可以在类模块中编写代码建立新对象。这些新对象可以包含自定义的属性和方法。实际上，窗体和报表也是这样一种类模块，在其上可安放控件，可显示窗体或报表窗口。Access 2010 中的类模块可以独立存在，也可以与窗体和报表同时出现。

窗体模块和报表模块各自与某一特定窗体或报表相关联。窗体模块和报表模块通常都含有事件过程。事件过程是指自动执行的过程，以响应用户或程序代码启动的事件或系统触发的事件。可以使用事件过程来控制窗体或报表的行为，以及它们对用户操作的响应。

为窗体或报表创建第一个事件过程时，Access 2010 将自动创建与之关联的窗体或报表模块。如果要查看窗体或报表的模块，可以单击窗体或报表设计视图中工具栏上的"代码"命令。

窗体模块或报表模块中的过程可以调用已经添加到标准模块中的过程。窗体模块或报表模块的作用范围局限在其所属的窗体和报表内部，具有局部特性。

2. 标准模块

标准模块一般用于存放公共过程(子程序和函数)，不与其他任何 Access 2010 对象相关联。在 Access 2010 系统中，通过模块对象创建的代码过程就是标准模块。

标准模块一般用于存放供其他 Access 2010 数据库对象使用的公共过程。在系统中可以通过创建新的模块对象而进入其代码设计环境。

标准模块通常安排一些公共变量或过程，供类模块里的过程调用。在各个标准模块内部也可以定义私有变量和私有过程，仅供本模块内部使用。

标准模块中的公共变量和公共过程具有全局特性，其作用范围在整个应用程序里，生命周期是伴随着应用程序的运行而开始、关闭和结束。

在 Access 2010 模块中的工程资源窗口中可以看到模块的类型，如图 8-2 所示。模块中包括的就是标准模块；类模块中包含的就是用户自己创建的类和对象。在一般的应用程序开发过程中，把所有的共享操作和公共变量放在标准模块中，然后在窗体模块中通过处理事件的过程来实现应用程序的功能，大多数情况下并不需要用户自己来创建类。

图 8-2　模块类型

8.1.3　模块的构成

通常每个模块由声明和过程两部分组成。

1. 声明部分

声明部分可以定义常量变量、自定义类型和外部过程。在模块中，声明部分与过程部分是分割开来的，声明部分中设定的常量和变量是全局性的，可以被模块中的所有过程调用，每个模块只有一个声明部分。

2. 过程部分

每个过程是一个可执行的代码片段，每个模块可有多个过程，过程是划分 VBA 代码的最小单元。另外还有一种特殊的过程，称为事件过程(Event Procedure)，这是一种自动执行的过程，用来对用户或程序代码启动的事件或系统触发的事件做出响应。相对于事件过程，非事件过程又被称为通用过程(General Procedure)。

窗体模块和报表模块包括声明部分、事件过程和通用过程；而标准模块只包括声明部分和通用过程。

8.1.4　VBA 编程与宏

宏和 VBA 都可以实现操作的自动化。宏只能使用 Access 提供的现有命令，所以只能完成简单的细节工作，但它可以迅速地将已经创建的数据库对象联系在一起。而对于复杂的问题，宏是难以解决的，需要使用 VBA 编程来实现。

8.1.5　将宏转换为模块

宏相对于 VBA 来说执行效率低，故可将宏转换成 VBA 模块以提高执行效率。转换方式有以下两种。

1. 直接转换为模块

操作步骤如下：

(1) 在"导航窗格"中选定要转换的宏。

(2) 单击"文件"|"对象另存为"按钮，打开"另存为"对话框。

(3) 为模块指定名称，并选择保存类型为"模块"，如图 8-3 所示。

(4) 单击"确定"按钮。

2. 利用宏工具转换

操作步骤如下：

(1) 打开要转换的宏的设计视图。

(2) 在"宏工具"选项卡中"工具"组中，单击"将宏转换为 Visual Basic 代码"按钮，打开"转换宏"对话框，如图 8-4 所示。

图 8-3　"另存为"对话框　　　　　　　　图 8-4　"转换宏"对话框

(3) 在"转换宏"对话框中，选择所需选项，单击"转换"按钮。

转换完成后，Access 打开 Visual Basic 编辑器并显示转换的 VBA 代码。

8.2　创 建 模 块

Visual Basic 是微软公司推出的可视化 Basic 语言，用它来编程非常简单。因为它简单，而且功能强大，所以微软公司将它的一部分代码结合到 Office 中，形成今天所说的 VBA。

8.2.1　VBA 概述

VBA(Visual Basic for Application)是 Microsoft 公司 Office 系列软件中内置的用来开发应用系统的编程语言，它与 Visual Studio 中的 Visual Basic 开发工具很相似。但是两者又有本质的区别，VBA 主要是面向 Office 办公软件进行的系统开发工具；而 VB 是一种可视化的 Basic 语言，是一种功能强大的面向对象的开发工具。VBA 是 VB 的子集，所以可以像编写 VB 语言那样来编写 VBA 程序,以实现某个功能。当 VBA 程序编译通过以后,将这段程序保存在 Access 2010 中的一个模块里,并通过类似在窗体中激发宏的操作那样来启动这个模块,从而实现相应的功能。

8.2.2　VBA 编程环境

在 Office 中提供的 VBA 开发界面称为 VBE(Visual Basic Editor),可以在 VBE 窗口中编写和调试模块程序。

VBE 窗口分为菜单栏、工具栏和一些功能窗口,其主界面如图 8-5 所示。

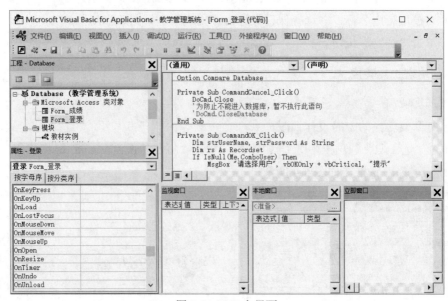

图 8-5　VBE 主界面

(1) 菜单栏。

VBE 的菜单包括 10 个一级菜单,各个菜单的功能说明如表 8-1 所示。

表 8-1　VBE 菜单及功能说明表

菜　　单	说　　明
文件	实现文件的保存、导入、导出、打印等基本操作
编辑	进行文本的剪切、复制、粘贴、查找等编辑命令
视图	用于控制 VBE 的视图显示方式
插入	能够实现过程、模块、类模块或文件的插入
调试	调试程序的基本命令,包括编译、逐条运行、监视、设置断点等命令
运行	运行程序的基本命令,包括运行、中断运行等
工具	用来管理 VB 类库的引用、宏以及 VBE 编辑器设置的选项
外接程序	管理外接程序
窗口	设置各个窗口的显示方式
帮助	用来获取 Microsoft Visual Basic 的链接帮助以及网络帮助资源

(2) 工具栏。

一般情况下，在 VBE 窗口中显示的是标准工具栏，用户可以通过"视图"菜单中的"工具栏"命令显示"编辑""调试"和"用户窗体"工具栏，甚至自定义工具栏的按钮。标准工具栏上包括创建模块时常用的命令按钮，这些按钮及其功能如表 8-2 所示。

表 8-2　VBA 编辑器标准工具栏常用按钮及其功能

按　　钮	按 钮 名 称	功　　　能
	视图 Microsoft Office Access	显示 Access 2010 窗口
	插入模块	单击该按钮右侧箭头，弹出下拉列表，可插入"模块""类模块"和"过程"
	撤消	取消上一次键盘或鼠标的操作
	重复	取消上一次的撤消操作
	运行子过程 / 用户窗体	开始执行代码，遇到断点后继续执行代码
	中断	中断正在运行的代码
	重新设置	结束正在运行的代码
	设置模式	在设计模式和用户窗体模式之间切换
	工程资源管理器	打开工程资源管理器窗口
	属性窗口	打开属性窗口
	对象浏览器	打开对象浏览器窗口

(3) 功能窗口。

VBE 的窗口中提供的功能窗口有工程资源器窗口、属性窗口、代码窗口、立即窗口、本地窗口和监视窗口等。用户可以通过"视图"菜单控制这些窗口的显示。

① 工程资源器窗口。工程资源器窗口列出了在应用程序中用到的模块。使用该窗口，可以在数据库内各个对象之间快速地浏览，各对象以树的形式分级显示在窗口中，包括Access 2010 类对象、模块和类模块。右击模块对象，在弹出的快捷菜单中选择"查看代码"选项，或者直接双击该对象，打开模块"代码"要查看对象的窗体和报表；可以右击对象名，然后在弹出的快捷菜单中选择"查看对象"命令。

② 属性窗口。属性窗口列出了选定对象的属性。用户可以在"按字母序"选项卡或者"按分类序"选项卡中查看或编辑对象属性。当选取多个控件时，属性窗口会列出所选控件的共同属性。

③ 代码窗口。在代码窗口中可以输入和编辑 VBA 代码，可以打开多个代码窗口来查看各个模块的代码，还可以方便地在各个代码窗口之间进行复制和粘贴操作。代码窗口使用不同的颜色代码对关键字和普通代码加以区分，以便于用户进行书写和检查。在代码窗口的顶部是两个下拉列表框，左边是对象下拉列表框，右边是过程下拉列表框。对象下拉列表框中列出了所有可用的对象名称，选择某一个对象后，在过程下拉列表框中将列出该对象所有的事件过程。

④ 立即窗口、本地窗口和监视窗口。这三个窗口是 VBE 提供专用的调试工具，帮助快速定位程序中的问题，以便消除代码中的错误。

● 立即窗口在调试程序过程中非常有用，用户如果要测试某个语法或者查看某个变量的值，就需要用到立即窗口。在立即窗口中，输入一行语句后按【Enter】键，可以实时查看代码运行的效果。

● 本地窗口可自动显示出所有在当前过程中的变量声明及变量值。若本地窗口可见，则每当从执行方式切换到中断模式时，它就会自动地重建显示。

● 如果要在程序中监视某些表达式的变化，可以在监视窗口中右击，然后在弹出的快捷菜单中选择"添加监视"命令，则弹出如图 8-6 所示的"添加监视"对话框。在"对话框"中输入要监视的表达式，则可以在监视窗口中查看添加的表达式的变化情况。

图 8-6   "添加监视"对话框

8.2.3   创建模块

在 Access 中，类模块和标准模块的编辑和调试环境均为 VBE，但是启动 VBE 的方式不同。

1. 创建类模块

类模块是包含在窗体、报表等数据库基本对象之中的事件处理过程，仅在所属对象处于活动状态时有效。进入 VBE 编辑类模块有以下两种方法。

方法一：打开窗体或报表对象的设计视图，单击"数据库工具"选项卡，然后在"宏"组中单击 Visual Basic 按钮，或按【Alt+F11】键，进入 VBE。

方法二：

(1) 打开窗体或报表对象的设计视图，定位到窗体、报表或控件上，单击右键选择"属性"命令，出现"属性表"对话框。

(2) 在"事件"选项卡中选中某个事件，单击其右侧的下拉箭头，在列表中选择"[事件过程]"，单击"生成器"按钮，进入 VBE。

2. 创建标准模块

进入 VBE 编辑标准模块有以下三种方法。

方法一：

(1) 在数据库视图中单击"创建"选项卡的"宏与代码"组中的"模块"按钮，进入 VBE。

(2) 选择"插入"选项卡的"过程"命令，在"添加过程"对话框中输入过程名，如图 8-7 所示。

(3) 在代码窗口中定义过程，如图 8-8 所示。

图 8-7　"添加过程"对话框　　　　　　图 8-8　添加过程的代码窗口

方法二：

(1) 在数据库视图中单击"创建"选项卡的"宏与模块"组中的"模块"按钮，进入 VBE。

(2) 直接在代码窗口定义过程。

方法三：

(1) 对于已存在的标准模块。在数据库视图中选择"模块"对象，然后在模块列表中双击选择的模块的模块，或在快捷菜单中选择"设计视图"按钮，进入 VBE。

(2) 在代码窗口定义过程。

8.3　面向对象程序设计语言

VBA 程序设计是一种面向对象的程序设计。面向对象的程序设计是一种系统化的程序设计方法，它采用抽象化、模块化的分层结构，具有多态性、继承性和封装性等特点。

8.3.1　基本概念

1. 对象

VBA 是一种面向对象的语言，要进行 VBA 的开发，必须理解对象、属性、方法和事件这几个概念。对象是面向对象程序设计的核心，对象的概念来源于生活。对象可以是任何事物，比如一辆车、一个人、一件事情等。现实生活中的对象有两个共同的特点：一是它们都有自己的状态，例如一辆车有自己的颜色、速度、品牌等；二是它们都具有自己的行为，比如一辆车可以启动、加速或刹车。在面向对象的程序设计中，对象的概念是对现实世界中对象的模型化，它是代码和数据的组合，同样具有自己的状态和行为。对象的状态用数据来表示，称为对象的属性；而对象的行为用对象中的代码来实现，称为对象的方法。

VBA 应用程序对象就是用户所创建的窗体中出现的控件，所有的窗体、控件和报表等都是对象。而窗体的大小、控件的位置等都是对象的属性。这些对象可以执行的内置操作就是该对象的方法，通过这些方法可以控制对象的行为。

对象有如下一些基本特点。

(1) 继承性：指一个对象可以继承其父类的属性及操作。

(2) 多态性：指不同对象对同样的作用于其上的操作会有不同的反应。

(3) 封装性：指对象将数据和操作封装在其中。用户只能看到对象的外部特性，只需知道数据的取值范围和可以对该数据施加的操作，而不必知道数据的具体结构以及实现操作的算法。

2. 对象的属性

每个对象都有属性，对象的属性定义了对象的特征，诸如大小、颜色、字体或某一方面的行为。使用 VBA 代码可以设置或者读取对象的属性数值。修改对象的属性值可以改变对象的特性。设置对象属性值的语法格式如下：

```
对象名.属性=属性值
```

例如，设置窗体的 Caption 属性来改变窗体的标题：

```
myForm.Caption="欢迎窗体"
```

还可以通过属性的返回值来检索对象的信息，如下面的代码可以获取在当前活动窗体中的标题：

```
name=Screen.ActiveForm.Caption
```

3. 对象的方法

在 VBA 中，对象除具有属性之外，还有方法。对象的方法是指在对象上可以执行的操作。例如，在 Access 2010 数据库中经常使用的操作有选取、复制、移动或者删除等。这些操作都可以通过对象的方法来实现。

引用方法的语法如下：

```
对象.方法(参数 1,参数 2)
```

其中，参数是应用程序向该方法传递的具体数据，有些方法并不需要参数。

例如，刷新当前窗体：

```
myForm.Refresh
```

4．对象的事件

在 VBA 中，对象的事件是指识别和响应的某些行为和动作。在大多数情况下，事件是通过用户的操作产生的。例如，选取某数据表、单击鼠标等。如果为事件编写了程序代码，当该事件发生的时候，Access 2010 会执行对应的程序代码。该程序代码称为事件过程，事件过程的一般格式如下：

```
Private Sub 对象名_事件名([参数表])
…(程序代码)
End Sub
```

其中，参数表中的参数名随事件过程的不同而不同，有时也可以省略。程序代码就是根据需要解决的问题由用户编写的程序。

事件提供了一种异步的方法来通知其他对象或代码将要发生的事。

总之，对象代表应用程序中的元素，比如表单元、图表窗体或是一份报告。在VBA 代码中，在调用对象的任一方法或改变它的某一属性值之前，必须去识别对象。

8.3.2　面向对象的语法与关键字 Me

1．面向对象的语法

前面介绍了对象属性、事件和方法等概念，在编程过程中引用对象的属性或方法时应该在属性名或方法名前面加上对象名，然后再加上点操作符(.)分隔。例如：

```
Me.Label1. Caption="欢迎"
MyForm . Refresh
```

一个对象需要通过多重对象来实现，需要使用加重运算符(!)来逐级确定对象。例如：

```
Myform!Cmd_1. Caption="确定"
```

2．关键字 Me

Me 是 VBA 编程中使用频率很高的关键字，Me 是"包含这段代码的对象"的简称，可以代表当前对象。在类模块中，Me 代表当前窗体或当前报表。

例如：

(1) Me. Label1. Caption="欢迎!"，定义窗体中标签 Label1 的 Caption 属性。

(2) Me. Caption="学生信息表"，定义窗体本身的 Caption 属性。

8.3.3　Access 对象模型

Access 对象模型提供了 VBA 程序对 Access 应用程序的对象访问方法。它是 Access

VBA 开发的面向对象程序接口，该接口封装了构成 Access 应用程序的所有元素的功能和属性。在 VBE 窗口中，选择"视图"选项卡的"对象浏览器"命令，可打开"对象浏览器"。下面介绍几个常用的 Access 对象。

1. Application 对象

Application 对象引用当前的 Access 应用程序，使用该对象可以将方法或属性设置为应用于整个应用程序。在 VBA 中使用 Application 对象时，首先确定 VBA 对 Access 对象库的应用，然后创建 Application 类的新实例，并定义一个该对象的变量。代码如下：

```
Dim app As New Access.Application
```

创建 Application 类的新实例后，可以用该对象提供的属性和方法创建并使用其他 Access 对象。

2. Forms 对象

Form 对象引用一个特定的 Access 窗体，Form 对象是 Forms 集合的成员，该集合是当前打开的窗体的集合。用 Forms! [成员窗体名]或 Forms("成员窗体名")指定窗体对象。例如，使用 Forms! [密码验证] Caption="登录"语句可以设置"密码验证"窗体的"标题"属性为"登录"。

3. DoCmd 对象

DoCmd 对象是 Access 提供的一个重要对象，它的主要功能是通过调用 Access 的内置方法，在 VBA 中实现某些特定的操作，如打开窗体、打开报表、显示记录等。在 VBA 中使用时，只要输入 DoCmd.命令.即显示可选用的方法。

使用 DoCmd 调用方法的格式如下：

```
DoCmd.方法名参数表
```

DoCmd 对象的方法一般需要参数，主要由调用的方法来决定。例如，用 DoCmd 对象 OpenForm 方法打开"学生基本信息"窗体，使用的语句为: DoCmd.OpenForm "学生基本信息"。DoCmd 对象的常用方法如表 8-3 所示。

表 8-3　DoCmd 对象的常用方法

方　法	功　能	示　例
OpenForm	打开窗体	DoCmd. OpenForm"学生基本信息"
OpenReport	打开报表	DoCmd. OpenReport"学生成绩报表"
OpenTable	打开表	DoCmd, OpenTable"学生"
Close	关闭对象	DoCmd. Close actable, "学生"
RunMacro	运行宏	DoCmd. RunMacro "Macrol"

8.4　VBA 编程基础

VBA 是一种程序设计语言，它和 C/C++、Pascal、Java 或者 COBOL 一样，都是为程序员很好地进行应用程序开发而设计的编程语言。经过 VB 多年的发展和完善，VBA 和 VB 一样，已经从一个简单的程序设计语言发展成为支持组件对象模型的核心开发环境。

8.4.1　数据类型

数据是程序的必要组成部分，也是数据处理的对象，在高级语言中广泛使用"数据类型"这一概念。数据类型就是一组性质相同的值的集合，以及定义在这个值集合上的一组操作的总称。VBA 的数据类型如表 8-4 所示。

表 8-4　VBA 的数据类型

数据类型	关键字	符号	存储空间	说　　明	默认值
字节型	Byte		1 字节	0～255	0
整型	Integer	%	2 字节	−32 768～32 767	0
长整型	Long	&	4 字节	$-21 \times 10^8 \sim 21 \times 10^8$	0
单精度型	Single	!	4 字节	可以达到 6 位有效数字	0
双精度型	Double	#	8 字节	可以达到 16 位有效数字	0
货币型	Currency	@	8 字节	有 15 位整数、4 位小数	0
字符型	String	$	与字符串长度有关	0～65 535 个字符	""
日期/时间型	Date		8 字节	日期：100 年 1 月 1 日～9999 年 12 月 31 日；时间：00:00:00～23:59:59	0
逻辑型	Boolean		2 字节	True 或 False	False
变体型	Variant		根据需要	可以表示任何数据类型	
对象型	Object		4 字节		Empty

8.4.2　常量和变量

在计算机程序中，不同类型的数据既可以以常量的形式出现，也可以以变量的形式出现。常量是指在程序执行期间不能发生变化、具有固定值的量；而变量是指在程序执行期间可以变化的量。

1. 常量

常量分为直接常量和符号常量。

(1) 直接常量。直接常量就是日常所说的常数，例如：3.14、88、'a'都是直接常量，它们分别是单精度型、整型和字符型常量，由于从字面上即可直接看出它们是什么，因此又称字面常量。

(2) 符号常量。符号常量是在一个程序中指定的用名字代表的常量，从字面上不能直接看出它们的类型和值。声明符号常量要使用 Const 语句，其格式如下：

```
Const 常量名[as 类型]=表达式
```

参数说明如下。

① 常量名：命名规则与变量名的命名规则相同。

② as 类型：说明该常量的数据类型。如果该选项省略，则数据类型由表达式决定。

③ 表达式：可以是数值常数、字符串常数，以及运算符组成的表达式。

例如：

```
Const PI = 3.14159
```

这里声明符号常量 PI，代表圆周率 3.14159。在程序代码中使用圆周率的地方就可以用 PI 来代表。使用符号常量的好处主要在于，当要修改该常量值时，只需修改定义该常量的语句即可。

2. 变量

数据被存储在一定的存储空间中，在计算机程序中，数据连同其存储空间被抽象为变量，每个变量都有一个名字，这个名字就是变量名。它代表了某个存储空间及其所存储的数据，这个空间所存储的数据称为该变量的值。将一个数据存储到变量这个存储空间，称为赋值。在定义变量时就赋值称为赋初值，而这个值称为变量的初值。

(1) 变量的命名规则。

① 变量名只能由字母、数字、汉字和下划线组成，不能含有空格和除了下划线字符外的其他任何标点符号，长度不能超过 255。

② 必须以字母开头，不区分变量名的大小写，例如，若以 Ab 命名一个变量，则 AB、ab、aB 都被认为是同一个变量。

③ 不能和 VBA 保留字同名。例如，不能以 if 命名一个变量。保留字是指在 VBA 中用作语言的那部分词，包括预定义语句(如 If 和 Loop)、函数(如 Len 和 Abs)和运算符(如 Or 和 Mod)等。

(2) 变量的声明。

声明变量有两个作用：指定变量的数据类型和指定变量的适用范围。VBA 应用程序并不要求对过程或者函数中使用的变量提前进行明确声明。如果使用了一个没有明确声明的变量，系统会默认地将它声明为 Variant 数据类型。VBA 可以强制要求用户在过程或者函数中使用变量前必须首先进行声明，方法是在模块"通用"部分中包含一个 Option Explicit 语句。

VBA 使用 Dim 语句声明变量，Dim 语句使用格式为：

> Dim 变量名 As 数据类型

例如：

Dim i as integer	'声明了一个整型变量 i
Dim a as integer,b as long,c as single	'声明了三个 a、b、c，分别为整型、长整形、单精度
Dim s1,s2 As String	'声明一个变体类型变量和一个字符串变量

上例中声明变量 s1 和 s2 时，因为没有为 s1 指定数据类型，所以将其默认为 Variant 类型。

(3) 变量的作用域。

变量的作用域也就是变量的作用范围。在 VBA 编程中，根据变量定义的位置和方式的不同，可以把变量的作用范围分为局部范围、模块范围和全局范围。根据变量的作用范围，可以把变量分为 3 种类型：局部变量、模块变量和全局变量。

① 局部变量，是指在过程(通用过程或事件过程)内定义的变量，其作用域是它所在的过程；在不同的过程中可以定义相同名字的局部变量，它们之间没有任何关系。局部变量在过程内用 Dim 或 Static 定义。

② 模块变量，包括窗体模块变量和标准模块变量。窗体模块变量可用于该窗体内的所有过程。在使用窗体模块变量前必须先声明，其方法是：在程序代码窗口的"对象"框中选择"通用"，并在"过程"框中选择"声明"，可用 Dim 或 Private 声明。标准模块变量对该模块中的所有过程都是可见的，但对其他模块中的代码不可见，可以用 Dim 或 Private 声明。

③ 全局变量，也称全程变量，其作用域最大，可以在工程的每个模块、每个过程中使用。全局变量必须用 Public 声明，同时，全局变量只能在标准模块中声明，不能在类模块或窗体模块中声明。

(4) 变量的生存期。

从变量的生存期来分，变量又分为动态变量和静态变量。

① 动态变量：在过程中，用 Dim 关键字声明的局部变量属于动态变量。动态变量从变量所在的过程第一次执行，到过程执行完毕，自动释放该变量所占的内存单元。

② 静态变量：当使用 Static 语句取代 Dim 语句时，所声明的变量称为静态变量。静态变量只能是局部变量，只能在过程内声明。静态变量在过程运行时可保留变量的值，即每次调用过程时，用 Static 申明的变量保持上一次的值。

Dim 语句声明的局部变量，变量值在过程结束后释放内存，在再次执行此过程前，它将重新被初始化；静态变量在过程结束后，只要整个程序还在运行，都能保留它的值而不被重新初始化。而当所有的代码都运行完成后，静态变量才会失去它的范围和生存期。

8.4.3 数组

数组是一组具有相同数据类型的数据组成的序列，用一个统一的数组名标识这一组数据，用下标来指示数组中元素的序号。例如 Score[1]、Score[2]、Score[3]、Score[4]分别代表 4 个同学的成绩，它们组成一个成绩数组(数组名为 Score)，Score[1]代表第一个人的成绩，Score[4]代表第 4 个人的成绩。

数组必须先声明后使用，数组的声明方式和其他的变量类似，它可以使用 Dim、Public 或 Private 语句来声明。

数组的第 1 个元素的下标称为下界，最后一个元素的下标称为上界，其余元素的下标连续地分布在上下界之间。

一维数组的声明格式如下：

> Dim 数组名([下界 TO]上界)[As 数据类型]

如果用户不显式地使用 To 关键字声明下界，则 VBA 默认下界为 0，而且数组的上界必须大于下界。

As 数据类型，如果缺省，默认为变体数组；如果声明为数值型，数组中的全部数组元素都初始化为 0；如果声明为字符型，数组中的全部元素都初始化为空字符串；如果声明为布尔型，数组中的全部元素都初始化为 False。

例如：

> Dim Score(1to4)As Integer
> Dim Age(4) As Integer

在上面的例子中，数组 Score 包含 4 个元素，下标范围是 1～4；数组 Age 包括 5 个元素，下标范围是 0～4。

除了常用的一维数组外，还可以使用二维数组和多维数组，其声明格式如下：

> Dim 数组名([下界 TO]上界，[下界 TO]上界…)[As 数据类型]

例如：

> Dim S(2,3)As Integer

上面的例子定义了有 3 行 4 列、包含 12 个元素的二维数组 S，每个元素就是一个普通的 Integer 类型变量。各元素可以排列成如表 8-5 所示的二维表。

表 8-5　二维数组 S 的元素排列

	第 0 列	第 1 列	第 2 列	第 3 列
第 0 行	S(0,0)	S(0,1)	S(0,2)	S(0,3)
第 1 行	S(1,0)	S(1,1)	S(1,2)	S(1,3)
第 2 行	S(2,0)	S(2,1)	S(2,2)	S(2,3)

提示：

VBA 下标下界的默认值为 0，在使用数组时，可以在模块的通用声明部分使用 Option Base 1 语句来指定数组下标下界从 1 开始。

数组可以分固定大小数组和动态数组两种类型。若数组的大小被指定，则它是个固定大小数组。若程序运行时数组的大小可以被改变，则它是个动态数组。

8.4.4　运算符和表达式

1.　运算符

运算是对数据的加工。最基本的运算形式常常可以用一些简洁的符号记述，这些符号称为运算符，被运算的对象——数据称为运算量或操作数。VBA 中包含丰富的运算符，有算术运算符、字符串运算符、关系运算符、逻辑运算符(也称为布尔运算符)和对象运算符。

(1) 算术运算符。

算术运算符是常用的运算符，用来执行简单的算术运算。VBA 提供了 8 个算术运算符，除负号是单目运算符外，其他均为双目运算符，如表 8-6 所示。

表 8-6　算术运算符

运算符	说明	优先级别	运算符	说明	优先级别
^	乘方	1	\	整除	4
−	负号	2	Mod	取模	5
*	乘	3	+	加	6
/	除	3	−	减	6

在使用算术运算符进行运算时，应注意以下规则：

① "/" 是浮点数除法运算符，运算结果为浮点数。例如，表达式 5/2 的结果为 2.5。

② "\" 是整数除法运算符，结果为整数。例如，表达式 5\2 的值为 2。

③ Mod 是取模运算符，用来求余数，运算结果为第一个操作数整除第二个操作数所得的余数。例如，5 Mod 3 的运算结果为 2。

④ 如果表达式中含有括号，则先计算括号内表达式的值，然后严格按照运算符的优先级别进行运算。

(2) 字符串运算符。

字符串运算符执行将两个字符串连接起来生成一个新的字符串的运算。字符串运算符有两个："&" 和 "+"，作用是将两个字符串连接起来。

例如：

```
"VBA" & "程序设计基础"        '结果是"VBA 程序设计基础"
"奥迪 A" &8                   '结果是"奥迪 A8"
123 & 456                    '结果是"123456"
"VBA" + "程序设计基础"        '结果是"VBA 程序设计基础"
"奥迪 A" +8                   '出错
"123" + 456                  '结果是 579
```

在使用字符运算符进行运算时，应注意以下规则：

① 由于符号 "&" 还是长整型的类型定义符，所以在使用连接符 "&" 时，"&" 连接符两边最好各加一个空格。

② 运算符"&"两边的操作数可以是字符型，也可以是数值型。进行连接操作前，系统先进行操作数类型转换，数值型转换成字符型，然后再做连接运算。

③ 运算符"+"要求两边的操作数都是字符串。若一个是数字型字符串，另一个为数值型，则系统自动将数字型字符串转化为数值，然后进行算术加法运算；若一个为非数字型字符串，另一个为数值型，则出错。

④ 在 VBA 中，"+"既可用作加法运算符，还可以用作字符串连接符，但"&"专门用作字符串连接运算符，在有些情况下，用"&"比用"+"可能更安全。

(3) 关系运算符。

关系运算符的作用是对两个表达式的值进行比较，比较的结果是一个逻辑值，即真(True)或假(False)。如果表达式比较结果成立，返回 True，否则返回 False。VBA 提供了 6 个关系运算符，如表 8-7 所示。

表 8-7　关系运算符

运　算　符	说　　明	举　　例	运　算　结　果
>	大于	"abcd" > "abc"	True
>=	大于等于	"abcd" >="abce"	False
<	小于	25<46	True
<=	小于等于	45<=45	True
=	等于	"abcd"="abc"	False
<>	不等于	"abcd" <> "ABCD"	True

在使用关系运算符进行比较时，应注意以下规则：

① 数值型数据按其数值大小比较。

② 日期型数据将日期看成 yyyymmdd 的 8 位整数，按数值大小比较。

③ 汉字按区位码顺序比较。

④ 字符型数据按其 ASCII 码值比较。

通过关系运算符组成的表达式称为关系表达式，关系表达式主要用于条件判断。

(4) 逻辑运算符。

逻辑运算符(也称为布尔运算符)，除 Not 是单目运算符外，其余均是双目运算符。由逻辑运算符连接两个或多个关系式，对操作数进行逻辑运算，结果是逻辑值 True 或 False，如表 8-8 所示。

表 8-8　逻辑运算符

运　算　符	说　　明	举　　例	运　算　结　果
Not	逻辑非	Not 1 >2	True
And	逻辑与	3 >2 And 1>2	False
Or	逻辑或	3 >2 Or 1 >2	True

（5）对象运算符。

对象运算符有"!"和"."两种，使用对象运算符指示随后将出现项目类型。

① "!"运算符。"!"运算符的作用是指出随后为用户定义的内容。使用它可以引用一个开启的窗体、报表，或其上的控件。

例如，Forms![学生信息]表示引用开启的"学生信息"窗体；Forms![学生信息]![学号]表示引用开启的"学生信息"窗体上的"学号"控件；Reports![学生成绩表]表示引用开启的"学生成绩表"报表。

② "."运算符。"."运算符通常指出随后为 Access 定义的内容。例如，引用窗体、报表或控件等对象的属性，引用格式为：控件对象名.属性名。

在实际应用中，"."运算符和"!"运算符配合使用，用于表示引用的一个对象或对象的属性。

例如：可以引用或设置一个打开窗体的某个控件的属性。

```
Forms![学生信息]![Command1].Enabled = False
```

该语句用于表示引用开启的"学生信息"窗体上的 Command1 控件的 Enabled 属性并设置其值为 False。

提示：

如果"学生信息表"窗体为当前操作对象，Form![学生信息]可以用 Me 来替代。

2. 表达式

表达式描述了对哪些数据，以什么样的顺序以及进行什么样的操作。它由运算符与操作数组成，操作数可以是常量、变量，还可以是函数。

（1）表达式的书写规则。

① 只能使用圆括号且必须成对出现，可以使用多个圆括号，且必须配对。

② 乘号不能省略。X 乘以 Y 应写成 X*Y，不能写成 XY。

③ 表达式从左至右书写，无大小写区分。

（2）运算优先级。

如果一个表达式中含有多种不同类型的运算符，运算进行的先后顺序由运算符的优先级决定。不同类型运算符的优先级为：算术运算符＞字符运算符＞关系运算符＞逻辑运算符。圆括号优先级最高，在具体应用中，对于多种运算符并存的表达式，可以通过使用圆括号来改变运算优先级，使表达式更清晰易懂。

8.4.5　常用内部函数

内部函数是 VBA 系统为用户提供的标准过程，能完成许多常见运算。根据内部函数的功能，可将其分为数学函数、字符串函数、日期或时间函数、类型转换函数、测试函数等。具体参见本书第 4 章。本章介绍 VBA 程序设计中其他常用的一些内部函数。

1. 具有选择功能的函数

VBA 提供了 3 个具有选择功能的函数，分别为 IIf 函数、Switch 函数和 Choose 函数。

(1) IIf 函数。IIf 函数是一个根据条件的真假确定返回值的内置函数，其调用格式如下：

> IIf(条件表达式,表达式 1,表达式 2)

如果条件表达式的值为真，则函数返回表达式 1 的值；如果条件表达式的值为假，则返回表达式 2 的值。

例如：

> maxNum = IIf(a>b,a,b)

这条语句的功能是将 a、b 中较大的值赋给变量 maxNum。

(2) Switch 函数。Switch 函数根据不同的条件值决定函数的返回值，其调用格式如下：

> Switch(条件式 1,表达式 1,条件式 2,表达式 2,…,条件式 n,表达式 n)

该函数从左向右依次判断条件式是否为真，而表达式则会在第一个相关的条件式为真时，作为函数返回值返回。

例如：

> y= Switch(x>0,1,x=0,0,x<0,-1)

该语句的功能是根据变量 x 的值，返回相应 y 的值。如果 x=5，则函数返回 1 并赋值给 y。

(3) Choose 函数。Choose 函数是根据索引式的值返回选项列表中的值，函数调用格式如下：

> Choose(索引式,选项 1,选项 2,…,选项 n)

当索引式的值为 1 时，函数返回选项 1 的值；当索引式的值为 2 时，函数返回选项 2 的值，依此类推。若没有与索引式相匹配的选项，则会出现编译错误。

例如：

> Week= Choose(Day, "星期一", "星期二", "星期三", "星期四", "星期五", "星期六", "星期天")

该语句的功能是根据变量 Day 的值返回所对应的星期中文名称，如 Day 的值为 1，则 Week 的值为"星期一"，Day 的值为 3，则 Week 的值为"星期三"。

2. 输入和输出函数

对数据的一种重要操作是输入与输出，把要加工的初始数据从某种外部设备(如键盘)输入计算机中，并把处理结果输出到指定设备(如显示器)，这是程序设计语言所应具备的基本功能。没有输出的程序是没有用的，没有输入的程序是缺乏灵活性的。VBA 的输入输出由函数来实现。InputBox 函数实现数据输入，MsgBox 函数实现数据输出。

(1) InputBox 函数。InputBox 函数用于 VBA 与用户之间的人机交互，打开一个对话框，

显示相应的信息并等待用户输入内容，当用户在文本框输入内容且单击"确定"按钮或按
【Enter】键时，函数返回输入的内容。

函数格式如下：

InputBox[$](提示[,标题][,默认][,X 坐标位置][,Y 坐标位置] [, helpfile, context])

参数说明如下。

① 提示(prompt)：必选。作为消息在对话框中显示的字符串表达式。prompt 的最大
长度大约为 1024 个字符，这取决于使用的字符宽度。如果 prompt 包含多行，则可以在行
间使用回车符(Chr(13))、换行符(Chr(10))或回车-换行符组合(Chr(13)&Chr(10))来分隔行。

② 标题(title)：可选。在对话框的标题栏中显示的字符串表达式。如果忽略 title，应
用程序名称会放在标题栏中。

③ 默认(default)：可选。在没有提供其他输入的情况下，作为默认响应显示在文本框
中的字符串表达式。如果忽略 default，则文本框显示为空。

④ X 坐标(xpos)：可选。指定对话框左边缘距屏幕左边缘的水平距离的数值表达。如
果忽略 xpos，则对话框水平居中。

⑤ Y 坐标(ypos)：可选。指定对话框上边缘距屏幕顶部的垂直距离的数值表达式。如
果忽略 ypos，对话框会垂直放置在距屏幕上端大约三分之一的位置。

⑥ helpfile：可选。字符串表达式，标识用于为对话框提供上下文相关帮助的帮助文
件。如果提供了 helpfile，还必须提供 context。

⑦ context：可选。数值表达式，帮助作者为适当的帮助主题指定的帮助上下文编号。
如果提供了 context，还必须提供 helpfile。

(2) MsgBox 函数。MsgBox 函数用于 VBA 与用户之间的人机交互，用于打开一个信息
框，等待用户单击按钮，并返回一个整数值来确定用户单击了哪一个按钮，从而采取相应
的操作。

函数格式如下：

MsgBox(提示[,按钮][,标题] [, helpfile, context])

参数说明如下。

① 提示(prompt)：必选。这是在对话框中作为消息显示的字符串表达式，可以是常量、
变量或表达式。prompt 的最大长度大约为 1024 个字符，这取决于所使用的字符宽度。如
果 prompt 包含多行，则可在行与行之间使用回车符 Chr(13)、换行符 Chr(10) 或回车-换
行符组合 Chr(13)&Chr(10) 来分隔这些行。

② 标题(title)：可选。在对话框的标题栏中显示的字符串表达式。如果省略，将把应
用程序名放在标题栏中。

③ helpfile：可选。字符串表达式，标识用于为对话框提供上下文相关帮助的帮助文
件。如果提供了 helpfile，还必须提供 context。

④ context：可选。数值表达式，帮助作者为适当的帮助主题指定的帮助上下文编号。

如果提供了 context，还必须提供 helpfile。

⑤ 按钮(buttons)：可选。数值表达式，它是用于指定要显示的按钮数和类型、要使用的图标样式、默认按钮的标识以及消息框的形态等各项值的总和。如果省略，则 buttons 的默认值为 0。MsgBox 函数的 buttons 设置值如表 8-9 所示。

表 8-9 MsgBox 函数的 buttons 设置值

分　　组	常　　数	数　　值	含　　义
按钮数目	vbOKOnly	0	只显示"确定"按钮
	vbOKCancel	1	显示"确定"和"取消"按钮
	vbAbortRetryIngore	2	显示"终止""重试"和"忽略"按钮
	vbYesNoCancel	3	显示"是""否"和"取消"按钮
	vbYesNo	4	显示"是"和"否"按钮
	vbRetryCancel	5	显示"重试"和"取消"按钮
图标类型	vbCritical	16	显示重要消息图标
	vbQuestion	32	显示警告查询图标
	vbExclamation	48	显示警告消息图标
	vbInformation	64	显示信息消息图标
默认按钮	vbDefaultButtonl	0	第一个按钮是默认值
	vbDefaultButton2	256	第二个按钮是默认值
	vbDefaultButton3	512	第三个按钮是默认值
	vbDefaultButton4	768	第四个按钮是默认值

"按钮数目"表示在对话框中显示的按钮数目和类型；"图标类型"表示对话框中的图标样式；"默认按钮"表示哪个按钮为默认按钮。将这些数字相加以生成 buttons 参数的最终值时，只能使用每个组中的一个值。

buttons 参数可由上面 3 组数值组成，其组成原则是：从每一类中选择一个值，把这几个值累加在一起就是 buttons 参数的值，不同的组合可得到不同的结果。

MsgBox 函数返回值表示用户选择了对话框中的哪个按钮，如表 8-10 所示。例如：如果函数值为 6，表示用户单击了"是"按钮。

表 8-10 MsgBox 函数返回值及含义

常　　数	值	含　　义
vbOK	1	确定
vbCancel	2	取消
vbAbort	3	终止
vbRetry	4	重试
vbIgnore	5	忽略
vbYes	6	是
vbNo	7	否

【例 8.1】设计如下应用程序，当用户输入自己的姓名后，系统会显示用户输入的姓名和问好字样，并且输出用户选择按钮的值。

操作步骤如下：

(1) 打开"学生管理"数据库，进入 VBE 界面，创建标准模块，将模块名字命名为"教材实例"，Access 2010 默认的标准模块名字为模块 1、模块 2……，修改模块名字的方法是打开属性窗口，选中当前模块，单击名称文本框，如图 8-9 所示。

图 8-9　模块重命名

(2) 在代码窗口的空白区域输入如下程序代码：

```
Private Sub testInputOutput()
    Dim strName As String
    Dim i As Integer        '接受用户单击按钮的返回值
    strName = InputBox("请输入您的姓名", "输入姓名", "***")
    i = MsgBox("您好！   " & strName & "欢迎您的加入！ ", vbOKCancel + vbInformation + _
    vbDefaultButton1, "输出姓名")
    MsgBox i '输出 msgbox 函数的返回值
End Sub
```

(3) 将光标移动到该过程内部，单击 VBE 工具栏上的 ▷ 按钮运行程序，查看程序运行结果。

提示：

MsgBox 语句的功能和用法与 MsgBox 函数完全相同，只是 MsgBox 语句没有返回值。" _"是 VBA 的代码换行符，下划线前面一定要加空格。

8.5　VBA 程序流程结构

程序就是对计算机要执行的一组操作序列的描述。VBA 语言源程序的基本组成单位就是语句，语句可以包含关键字、函数、运算符、变量、常量及表达式。语句按功能可以分为两类：一类用于描述计算机要执行的操作运算(如赋值语句)，另一类是控制上述操作运算的执行顺序(如循环控制语句)。前一类称为操作运算语句，后一类称为流程控制语句。

8.5.1　VBA 语句的书写规则

在程序的编辑中，任何高级语言都有自己的语法规则、语言书写规则。不符合这些规则时，就会产生错误。

(1) 在 VBA 代码语句中，不区分字母的大小写，但要求标点符号和括号等要用西文格式。

(2) 通常将一条语句写在一行，若语句过长，可以采用断行的方式，用续行符(一个空格后面跟一个下划线)将长语句分成多行。

(3) VBA 允许在同一行上可以书写多条语句，语句间用冒号“:”分隔，一行允许多达255 个字符。例如，dim a as integer:a=100。

(4) 一行命令输完后按【Enter】键结束，VBA 会自动进行语法检查，如果语句存在错误，该行代码将以红色显示(或伴有错误信息提示)。

8.5.2　VBA 常用语句

1. 注释语句

为了增加程序的可读性，在程序中可以添加适当的注释。VBA 在执行程序时，并不执行注释语句。注释可以和语句在同一行并写在语句的后面，也可占据一整行。

(1) 使用 Rem 语句。

使用格式为：

```
Rem   注释内容
```

用 Rem 语句书写的注释一般放在要添加注释的代码行的上面一行。若 Rem 语句放在代码行的后面进行注释，要在 Rem 的前面添加冒号。

例如：

```
Rem 定义整型数组，用于存放班级学生的年龄，本班级人数为 40 人
Dim Age(39)as integer
```

(2) 使用西文单引号“'”。

使用格式为：

```
'注释内容
```

单引号引导的注释多用于一条语句，并且和要添加注释的代码行在同一行。

例如：

```
Const PI = 3.14159     '声明符号常量 PI，代表圆周率
```

在程序中使用注释语句，系统默认将其显示为绿色，在 VBA 运行代码时，将自动忽

略掉注释。

2. 赋值语句

变量声明以后，需要为变量赋值，为变量赋值应使用赋值语句。

赋值语句的语法格式为：

> [Let]变量名=表达式

说明：

(1) Let 为可选项，在使用赋值语句时，一般省略。

(2) 赋值号 "=" 不等同于等号。

(3) 赋值语句是将右边表达式的值赋给左边的变量，执行步骤是先计算右边表达式的值再赋值。

(4) 已经赋值的变量可以在程序中使用，并且还可以重新赋值以改变变量的值。

例如：

```
dim Sname as string
Sname="李明"              'Sname 的值为"李明"
Dim I as integer
I=3+5                   'I 的值为 8
```

实现累加作用的赋值语句如下：

```
n=n+1        '变量 n 的值加 1 后再赋给 n
```

提示：

如果变量未被赋值而直接引用，则数值型变量的值为0，字符型变量的值为空串""，逻辑型变量的值为 False。

3. MsgBox 语句

MsgBox 语句格式为：

> MsgBox 提示[,按钮][,标题]

MsgBox 语句的功能和用法与 MsgBox 函数完全相同，只是 MsgBox 语句没有返回值，无法对用户的选择做出进一步的响应。

8.5.3　流程控制语句

正常情况下，程序中的语句按其编写顺序相继执行，这个过程称为顺序执行。当然我们也要讨论各种VBA 语句能够使程序员指定下一条要执行的语句，这可能与编写顺序中的下一条语句不同，这个过程称为控制转移。

同一操作序列，按不同的顺序执行，就会得到不同的结果。流程控制语句就是如何控制各操作的执行顺序，结构化程序设计要求。所有的程序都可以只按照 3 种控制结构来编写：顺序结构、选择结构、循环结构，由这 3 种基本结构可以组成任何结构的算法，解决任何问题。

1. 顺序结构

如果没有使用任何控制执行流程的语句，程序执行时的基本流程是从左到右、自顶向下的顺序执行各条语句，直到整个程序的结束，这种执行流程称为顺序结构。顺序结构是最常用、最简单的结构，是进行复杂程序设计的基础，其特点是各语句按其出现的先后顺序依次执行。

2. 选择结构

选择结构所解决的问题称为判断问题，它描述了求解规则：在不同的条件下应进行的相应操作。因此，在书写选择结构之前，应该首先确定要判断的是什么条件，进一步确定判断结果为不同的情况(真或假)时，应该执行什么样的操作。

VBA 中的选择结构可以用 If 和 Select case 两种语句表示，它们的执行逻辑和功能略有不同。

1) 单分支选择结构

(1) 语句格式：

```
If 条件表达式  Then
语句块
End If
```

或

```
If 条件表达式  Then 语句块
```

(2) 功能：条件表达式一般为关系表达式或逻辑表达式。当条件表达式为真时，执行 Then 后面的语句块或语句，否则不做任何操作。

(3) 说明：

① 语句块可以是一条或多条语句。

② 在使用第一种语句格式时，If 和 End If 必须配对使用。

③ 在使用第二种单行简单格式时，Then 后只能是一条语句，或者是多条语句用冒号分隔，但必须与 If 语句在一行上。需要注意，使用此格式的 If 语句时，不能以 End If 作为语句的结束标记。

【例 8.2】从键盘输入两个整数，然后在屏幕上输出较大的数。

操作步骤如下：打开【例 8.1】创建的"教材实例"标准模块，在该模块代码窗口的空白区域输入如下过程代码，输入完成后将光标移动到该过程内部，单击 VBE 工具栏上的 ▷ 按钮运行程序，查看程序运行结果。

程序代码如下：

```
Private Sub outputMaxNum()
    Dim x As Integer, y As Integer, t As Integer
    x = InputBox("请输入第一个数", "输入整数", 0)'将缺省的默认值设为 0，下同
    y = InputBox("请输入第二个数", "输入整数", 0)
    If x < y Then
        t = x          't 为中间变量，用于实现 x 与 y 值的交换
        x = y
        y = t
    End If
    MsgBox x
End Sub
```

提示：

该小节所有实例都在 VBE 标准模块"教材实例"中调试运行，如无特别说明，下面的实例的操作步骤同上，再不赘述。

2) 双分支选择结构

(1) 语句格式：

```
If 条件表达式 Then
语句块 1
Else
语句块 2
End If
```

或

```
If 条件表达式 Then  语句 1  Else 语句 2
```

(2) 功能：当条件表达式的结果为真时，执行 Then 后面的语句块 1 或语句 1，否则执行 Else 后面的语句块 2 或语句 2。

【例 8.3】 求一个数的绝对值。

程序代码如下：

```
Private Sub numAbs()
    Dim x As Single
    Dim y As Single                              '存放 x 的原始值
    x = Val(InputBox("请输入一个数", "输入数字", 0))   'val()为类型转换函数
    y = x
    If x < 0 Then
        x = -x
    Else
        x = x
```

```
        End If
        MsgBox Str(y)& "的绝对值=" & Str(x), vbOKOnly + vbInformation, "输出数字"
        'str()为类型转换函数
End Sub
```

【例 8.4】将【例 8.1】的功能继续扩充一下：当用户输入自己的姓名后，系统会显示用户输入的姓名和问好字样，并且如果用户单击"确定"按钮，会给用户一会员提示，用户单击"取消"按钮，则提示用户下次继续。

程序代码如下：

```
Private Sub welcomeMember()
    Dim strName As String
    Dim i As Integer        '接受用户单击按钮的返回值
    strName = InputBox("请输入您的姓名", "输入姓名", "***")
    i = MsgBox("您好！   " & strName & "欢迎您的加入！", vbOKCancel + vbInformation + _
vbDefaultButton1, "输出姓名")
    If i = 1 Then
        MsgBox "您好，请于本周二携带本人身份证，到时代广场顶楼办理会员证！"
    Else
        MsgBox "很遗憾，欢迎下次加入！"
    End If
End Sub
```

双分支结构语句只能根据条件表达式的真或假来处理两个分支中的一个。当有多种条件时，要使用多分支结构语句。

3) 多分支选择结构

(1) If 语句。

① 语句格式：

```
If 条件表达式 1 Then
语句块 1
    ElseIf 条件表达式 2 Then
        语句块 2
        …
[Else
        语句块 n+1]
End If
```

② 功能：依次判断条件，如果找到一个满足的条件，则执行其下面的语句块，然后跳过 End If，执行后面的程序。如果所列出的条件都不满足，则执行 Else 语句后面的语句块；如果所列出的条件都不满足，又没有 Else 子句，则直接跳过 End If，不执行任何语句块。

③ 说明：

● ElseIf 中不能有空格。

- 不管条件分支有几个，程序执行了一个分支后，其余分支不再执行。
- 当有多个条件表达式同时为真时，只执行第一个与之匹配的语句块。因此，应注意多分支结构中条件表达式的次序及相交性。

【例 8.5】输入学生的一门课成绩 x(百分制)，显示该学生的成绩评定等级。

要求：当 x<60，输出"不及格"。

当 x∈[60,70)，输出"及格"。

当 x∈[70,80)，输出"中等"。

当 x∈[80,90)，输出"良好"。

当 x∈[90,100]，输出"优秀"。

程序代码如下：

```
Private Sub grade()
    Dim score As Single
    score = Val(InputBox("请输入学生成绩", "输入成绩", 0))
    If score < 60 Then
        MsgBox "不及格", vbOKOnly + vbInformation, "成绩评定"
    ElseIf score < 70 Then
        MsgBox "及格", vbOKOnly + vbInformation, "成绩评定"
    ElseIf score < 80 Then
        MsgBox "中等", vbOKOnly + vbInformation, "成绩评定"
    ElseIf score < 90 Then
        MsgBox "良好", vbOKOnly + vbInformation, "成绩评定"
    Else
        MsgBox "优秀", vbOKOnly + vbInformation, "成绩评定"
    End If
End Sub
```

(2) Select Case 语句。

当条件选项较多时，虽然可用 If 语句的嵌套来实现，但程序的结构会变得很复杂，不利于程序的阅读与调试。此时，用 Select Case 语句会使程序的结构更清晰。

① 语句格式：

```
Select Case 变量或表达式
    Case 表达式 1
        语句块 1
    Case 表达式 2
        语句块 2
    …
    Case 表达式 n
        语句块 n
    [Case Else
        语句块 n+1]
```

```
End Select
```

② 功能：根据变量或表达式的值，选择第 1 个符合条件的语句块执行。即先求变量或表达式的值，然后顺序测试该值符合哪一个 Case 子句中情况，如果找到了，则执行该 Case 子句下面的语句块，然后执行 End Select 下面的语句；如果没找到，则执行 Case Else 下面的语句块，然后执行 End Select 下面的语句。

③ 说明：

- 变量或表达式可以是数值型或字符串表达式。
- Case 表达式与变量或表达式的类型必须相同，可以是下列几种形式：单一数值或一行并列的数值，之间用逗号隔开。例如 case 1,5,9。
- 用关键字 To 指定值的范围，其中，前一个值必须比后一个值要小。字符串的比较是从它们的第一个字符的 ASCII 码值开始比较的，直到分出大小为止，例如 case "A" To "Z"。

提示：

用 Is 关系运算符表达式。Is 后紧接关系操作符(<>、<、<=、=、>=、>)和一个变量或值，例如 case Is>20。

【例 8.6】 把【例 8.5】中的程序用 Select Case 改写。

程序代码如下：

```
Private Sub caseGrade()
    Dim score As Single
    score = Val(InputBox("请输入学生成绩", "输入成绩", 0))
    Select Case score
    Case Is < 60
        MsgBox "不及格", vbOKOnly + vbInformation, "成绩评定"
    Case Is < 70
        MsgBox "及格", vbOKOnly + vbInformation, "成绩评定"
    Case Is < 80
        MsgBox "中等", vbOKOnly + vbInformation, "成绩评定"
    Case Is < 90
        MsgBox "良好", vbOKOnly + vbInformation, "成绩评定"
    Case Else
        MsgBox "优秀", vbOKOnly + vbInformation, "成绩评定"
    End Select
End Sub
```

3. 循环结构

在程序设计时，人们总是把复杂的、不易理解的求解过程转换为易于理解的操作的多次重复，这样一方面可以降低问题的复杂性和程序设计的难度，减少程序书写及输入的工作量，另一方面可以充分发挥计算机运算速度快、能自动执行程序的优势。

循环控制有两种办法：计数法与标志法。计数法要求先确定循环次数，然后逐次测试，完成测试次数后，循环结束。标志法是达到某一目标后，使循环结束。

1）For 循环语句

For 循环语句常用于循环次数已知的循环操作。

（1）语句格式：

```
For  循环变量=初值  To  终值  [Step  步长]
    语句块 1
    [Exit For]
    语句块 2
Next [循环变量]
```

（2）执行过程：

① 将初值赋给循环变量。

② 判断循环变量的值是否超过终值。

③ 如果循环变量的值超过终值，则跳出循环；否则继续执行循环体(For 与 Next 之间的语句块)。

这里所说的"超过"有两种含义，即大于或小于。当步长为正值时，循环变量的值大于终值为"超过"；当步长为负值时，循环变量的值小于终值为"超过"。

④ 在执行完循环体后，将循环变量的值加上步长赋给循环变量，再返回第二步继续执行。

循环体执行的次数可以由初值、终值和步长确定，计算公式为：

```
循环次数=Int((终值−初值)/步长)+1
```

（3）说明：

① 循环变量必须为数值型。

② 初值、终值都是数值型，可以是数值表达式。

③ Step 步长：可选参数。如果省略，则步长值默认为 1。注意：步长值可以是任意的正数或负数。一般为正数，初值应小于等于终值；若为负数，初值应大于等于终值。

④ 在 For 和 Next 之间的所有语句称为循环体。

⑤ 循环体中如果含有 Exit For 语句，则循环体语句执行到此跳出循环，Exit For 语句后的所有语句不执行。

【例 8.7】计算 1～100 之间自然数之和。

程序代码如下：

```
Private Sub naturalNumberSum()
    Dim i, nSum As Integer
    nSum = 0              '将初始变量的值设为 0
    For i = 1 To 100      'i 为循环变量
        nSum = nSum + i
```

```
          Next i
          MsgBox "1-100 之间自然数的和为：    " & Str(nSum), vbOKOnly + vbInformation, "输出和"
      End Sub
```

程序执行结束后，nSum 的值是 5050，i 的值是 101。

提示：

请修改程序代码，输出 i 的值，验证循环临界值。

【例 8.8】 计算 n!。

程序代码如下：

```
Private Sub doFactorial()
    Dim result As Long, i As Integer, n As Integer
    result = 1        '将结果变量的初始值设为 1
    n = InputBox("请输入 n")
for i=1 to n
result = result * i
next i
    MsgBox Str(result)
End Sub
```

2) While 循环语句

For 循环适合于解决循环次数事先能够确定的问题。对于只知道控制条件，但不能预先确定执行多少次循环体的情况，可以使用 While 循环。

(1) 语句格式：

```
While  条件表达式
    语句块
Wend
```

(2) 执行过程：

① 判断条件是否成立，如果条件成立，就执行语句块；否则，转到第三步执行。

② 执行 Wend 语句，转到第一步执行。

③ 执行 Wend 语句下面的语句。

(3) 说明：

① While 循环语句本身不能修改循环条件，所以必须在 While…Wend 语句的循环体内设置相应语句，使得整个循环趋于结束，以避免死循环。

② While 循环语句先对条件进行判断，然后才决定是否执行循环体。如果开始条件就不成立，则循环体一次也不执行。

③ 凡是用 For…Next 循环编写的程序，都可以用 While…Wend 语句实现；反之则不然。

【例 8.9】 在 VBE 立即窗口中输出 26 个大写英文字母。

程序代码如下：

```
Private Sub characterArray()
    Dim charArray(1 To 26)As String        '定义数组
    Dim i As Integer, j As Integer
    i = 1
    While i <= 26
        charArray (i)= Chr(i + 64)          'chr()函数的功能是将 ASCII 码转换为对应的字符, A 的
                                             ASCII 码为 65
        i = i + 1
    Wend
    For j = 1 To 26
        Debug.Print charArray(j)            '要查看程序结果, 请打开立即窗口
    Next j
End Sub
```

提示：

Debug.Print 为输出语句，用来在立即窗口中输出程序结果，多用来调试程序。

3) Do 循环语句

Do 循环具有很强的灵活性，Do 循环语句格式有以下几种。

(1) 语句格式。

① 格式 1：

```
Do While  条件表达式
    语句块 1
[Exit Do]
    语句块 2
Loop
```

功能：若条件表达式的结果为真，则执行 Do 和 Loop 之间的循环体，直到条件表达式结果为假；若遇到 Exit Do 语句，则结束循环。

② 格式 2：

```
Do Until  条件表达式
    语句块 1
[Exit Do]
    语句块 2
Loop
```

功能：若条件表达式的结果为假，则执行 Do 和 Loop 之间的循环体，直到条件表达式结果为真；若遇到 Exit Do 语句，则结束循环。

③ 格式 3：

```
Do
    语句块 1
```

```
[Exit Do]
    语句块 2
Loop While  条件表达式
```

功能：首先执行一次 Do 和 Loop 之间的循环体，执行到 Loop 时判断条件表达式的结果，如果为真，继续执行循环体，直到条件表达式结果为假；若遇到 Exit Do 语句，则结束循环。

④ 格式 4：

```
Do
    语句块 1
[Exit Do]
    语句块 2
Loop Until  条件表达式
```

功能：首先执行一次 Do 和 Loop 之间的循环体，执行到 Loop 时判断条件表达式的结果，如果为假，继续执行循环体，直到条件表达式结果为真；若遇到 Exit Do 语句，则结束循环。

(2) 说明：

① 格式 1 和格式 2 循环语句先判断后执行，循环体有可能一次也不执行。格式 3 和格式 4 循环语句为先执行后判断，循环体至少执行一次。

② 关键字 While 用于指明当条件为真(True)时，执行循环体中的语句，而 Until 正好相反，条件为真(True)前执行循环体中的语句。

③ 在 Do…Loop 循环体中，可以在任何位置放置任意个数的 Exit Do 语句，随时跳出 Do…Loop 循环。

④ 如果 Exit Do 使用在嵌套的 Do…Loop 语句中，则 Exit Do 会将控制权转移到 Exit Do 所在位置的外层循环。

【例 8.10】计算 n!

程序代码如下：

```
Private Sub doFactorial()
    Dim result As Long, i As Integer, n As Integer
    result = 1        '将结果变量的初始值设为 1
    i = 1             '将循环变量的初始值设为 1
    n = InputBox("请输入 N")
    Do
        result = result * i
        i = i + 1
    Loop While i <= n
    MsgBox Str(result)
End Sub
```

4) 循环控制结构

循环控制结构一般由 3 部分组成：进入条件、退出条件、循环体。

根据进入和退出条件，循环控制结构可以分为以下 3 种形式。

(1) while 结构：退出条件是进入条件的"反条件"，即满足条件时进入，重复执行循环体，直到进入的条件不再满足时退出。

(2) do…while 结构：无条件进入，执行一次循环体后再判断是否满足再进入循环的条件。

(3) for 结构：和 while 结构类似，也是"先判断后执行"。

【例 8.11】计算 1!+2!+…+k!的值，其中 k 为正整数。

程序代码如下：

```
Public Sub factorialSum()
    Dim k As Integer
    Dim producResult As Long, sumResult As Long        '用来存放乘积的值和成绩和的值
    Dim i, j As Integer                                '循环变量
    k = Val(InputBox("请输入 1～k 的乘积和中的 k", "输入 k", 0))
    sumResult = 0                                      '存储乘积的和
    For i = 1 To k
        producResult = 1                              '存储乘积
        For j = 1 To i
        producResult = producResult * j
        Next j
        sumResult = sumResult + producResult
    Next i
    MsgBox Str(sumResult)
End Sub
```

【例 8.12】算经中的"百鸡问题"：鸡翁一值钱五，鸡母一值钱三，鸡雏三值钱一。百钱买百鸡，问鸡翁、母、雏各几何？

程序代码如下：

```
Private Sub chick100()
    Dim cock As Integer, hen As Integer, chick As Integer
    cock = 0
    Do While cock <= 19                    '公鸡不能超过 20 只，20*5=100
    hen = 0
        Do While hen <= 33                 '母鸡不能超过 33 只，34*3=102
            chick = 100 - cock - hen       '小鸡的数量要计算出来
            If (5 * cock + hen * 3 + chick / 3 = 100)Then
                MsgBox "cock=" + Str(cock)+ ",hen=" + Str(hen)+ ",chick=" + Str(chick)
            End If
        hen = hen + 1
```

```
        Loop
      cock = cock + 1
      Loop
  End Sub
```

8.5.4　GoTo 语句

1. 语句格式

```
GoTo 标号
```

标号是一个字符序列，首字符必须是字母，大小写无关。

2. 语句作用

无条件地转移到标号指定的那行语句。在 VBA 中，GoTo 主要用于错误处理语句。

GoTo 语句的过多使用，会导致程序运行跳转频繁，程序结构不清晰，调试和可读性差，建议不用或少用 GoTo 语句。

8.6　过程与参数传递

在编写程序时，通常把一个较大的程序分为若干小的程序单元，每个程序单元完成相应独立的功能，这样可以达到简化程序的目的。这些小的程序单元就是过程。

过程是 VBA 代码的容器，通常有两种：Sub 过程和 Function 过程。Sub 过程没有返回值，而 Function 过程将返回一个值。

8.6.1　过程声明

1. Sub 过程

Sub 过程执行一个操作或一系列运算，但没有返回值。用户可以自己创建 Sub 过程，或使用 Access 所创建的事件过程模板来创建 Sub 过程。

(1) 过程的定义格式。

```
[Public|Private] Sub 子过程名([形参列表])
    [局部变量或常数定义]
    [语句序列]
    [Exit Sub]
    [语句序列]
End Sub
```

对于子过程，可以传送参数和使用参数来调用它，但不返回任何值。

(2) 参数说明。

① 选用关键字 Public：可使该过程能被所有模块的所有其他过程调用。

② 选用关键字 Private：可使该过程只能被同一模块的其他过程调用。

③ 过程名：命名规则同变量名的命名规则。过程名无值、无类型。但要注意，在同一模块中的各过程名不要同名。

④ 形参列表的格式：

> [Byval|ByRef] 变量名[()][As 数据类型][, [Byval|ByRef] 变量名[()][As 数据类型]]…

其中，Byval 的含义是：参数的传递按照值传递；ByRef 的含义是：参数的传递按照地址(引用)传递。如果省略此项，则按照地址(引用)传递。

⑤ Exit Sub 语句：表示退出子过程。

2. Function 过程

Function 过程能够返回一个计算结果。Access 提供了许多内置函数(也称标准函数)，例如，Date()函数可以返回当前机器系统的日期。除了系统提供的内置函数以外，用户也可以自己定义函数，编辑 Function 过程即是自定义函数。因为函数有返回值，因此可以用在表达式中。

(1) 函数过程的定义格式。

> [Public|Private] Function 函数过程名([形参列表])[As 类型]
> 　　[局部变量或常数定义]
> 　　[语句序列]
> 　　[Exit Function]
> 　　[语句序列]
> 　　函数过程名=表达式
> End Function

(2) 参数说明。

① 函数过程名：命名规则同变量名的命名规则，但是函数过程名有值，有类型，在过程体内至少要被赋值一次。

② As 类型：函数返回值的类型。

③ Exit Function：表示退出函数过程。

④ 其余参数与 sub 过程同义。

3. 过程的创建

方法一：在 VBE 的"工程资源管理器"窗口中，双击需要创建过程的窗体模块或报表模块或标准模块，然后选择"插入"菜单中的"过程"命令，打开"添加过程"对话框，如图 8-10 所示。

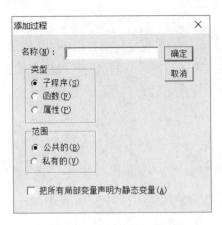

图 8-10 "添加过程"对话框

方法二：在窗体模块或报表模块或标准模块的代码窗口中，输入子过程名，然后按【Enter】键，自动生成过程的头语句和尾语句。

【例 8.13】创建一个子过程，过程名为 swapNum，实现两个整数值的交换。

操作步骤如下：

(1) 在"教学管理"数据库中打开"教材实例"模块，然后选择"插入"菜单中的"过程"命令，打开"添加过程"对话框。在"名称"文本框中输入 swapNum，"类型"选择"子程序"，"范围"选择"公共的"，然后单击"确定"按钮。

(2) VBE 自动生成过程的头语句和尾语句，如图 8-11 所示。

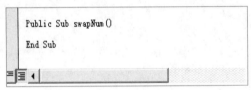

图 8-11 VBE 自动生成过程结构

(3) 完整的程序代码如下：

```
Public Sub swapNum(x As Integer, y As Integer)
    Dim t As Integer
    t = x
    x = y
    y = t
End Sub
```

【例 8.14】创建一个函数过程，过程名为 nFactorial，计算 n!。

操作步骤如下：

(1) 在"教学管理"数据库中打开"教材实例"模块，然后选择"插入"菜单中的"过程"命令，打开"添加过程"对话框。在"名称"文本框中输入 nFactorial，"类型"选择"函数"，"范围"选择"公共的"，然后单击"确定"按钮。

(2) VBE 自动生成过程的头语句和尾语句。

(3) 完整的程序代码如下:

```
Public Function nFactorial(n As Integer)As Long
    Dim result As Long, i As Integer
    result = 1
    For i = 1 To n
    result = result * i
    Next i
    nFactorial = result
End Function
```

8.6.2 过程调用

1. 过程的作用范围

过程可被访问的范围称为过程的作用范围,也称为过程的作用域。

过程的作用范围分为公有的和私有的。公有的过程前面加 Public 关键字,可以被当前数据库中的所有模块调用。私有的过程前面加 Private 关键字,只能被当前模块调用。

一般在标准模块中存放公有的过程和公有的变量。

2. 过程的调用

(1) Sub 过程的调用。

有时编写一个过程,不是为了获得某个函数值,而仅是处理某种功能的操作。例如,对一组数据进行排序等,VBA 提供的子过程可以更灵活地完成这一类操作。

子过程的调用有两种方式,一种是利用 Call 语句加以调用,另一种是把过程名作为一个语句来直接调用。

① 调用格式。

格式一:

Call 过程名([参数列表])

格式二:

过程名 [参数列表]

② 参数说明。

* 参数列表:这里的参数称为实参,与形参的个数、位置和类型必须一一对应,实参可以是常量、变量或表达式。多个实参之间用逗号分隔。
* 参数传递:调用过程时,把实参的值传递给形参。

【例 8.15】使用过程调用重新编写【例 8.2】,从键盘输入两个整数,然后在屏幕上输出较大的数。

完整的程序代码如下:

```
Private Sub callSwapNum()
    Dim a As Integer, b As Integer
    a = InputBox("请输入第一个数", "输入整数", 0)'将默认值设为 0，下同
    b = InputBox("请输入第二个数", "输入整数", 0)
    If a < b Then
        Call swapNum(a, b)
        '调用 swapNum 过程，实现 a 和 b 的值交换，以保证 a 中始终保存较大的数值
    End If
    MsgBox a
End Sub
```

(2) Function 过程的调用。

函数过程的调用同标准函数的调用相同，就是在赋值语句中调用函数过程。

① 调用格式。

> 变量名=函数过程名([实参列表])

② 参数说明。参数列表和参数说明同子过程的调用。

【例 8.16】使用函数过程调用重新编写【例 8.8】，计算 n!

完整的程序代码如下：

```
Private Sub callNFactorial()
    Dim a As Integer, b As Long
    a = Val(InputBox("请输入 n 的值："))
    b = nFactorial(a)            '调用 nFactorial 函数过程，并且将函数的返回值赋值给变量 b
    MsgBox Str(a)+ "阶乘=" + Str(b)
End Sub
```

8.6.3　参数传递

在调用过程中，一般主调过程和被调过程之间有数据传递，也就是主调过程的实参传递给被调过程的形参，然后执行被调过程。

在 VBA 中，实参向形参的数据传递有两种方式，即传值(ByVal 选项)方式和传址(ByRef 选项)方式。传址调用是系统默认方式。区分两种方式的标志是：要使用传值的形参，在定义时前面加上 ByVal 关键字，否则为传址方式。

1. 传值调用的处理方式

当调用一个过程时，系统将相应位置实参的值复制给对应的形参，在被调过程处理中，实参和形参没有关系，被调过程的操作处理是在形参的存储单元中进行，形参值由于操作处理引起的任何变化均不反馈、不影响实参的值。当过程调用结束时，形参所占用的内存单元被释放。因此，传值调用方式具有单向性。

2. 传址调用的处理方式

当调用一个过程时，系统将相应位置实参的地址传递给相应的形参。因此，在被调过程处理中，对形参的任何操作处理都变成了对相应实参的操作，实参的值将会随被调过程对形参的改变而改变，传址调用方式具有双向性。

【例 8.17】阅读下面的程序，分析程序运行结果。

主调过程代码如下：

```
Private Sub callValRef()
    Dim x As Integer
    Dim y As Integer
    x = 10
    y = 20
    Debug.Print x, y
    Call changeNum(x, y)
    Debug.Print x, y
End Sub
```

子过程代码如下：

```
Private Sub changeNum(ByVal m As Integer, n As Integer)
    m = 100
    n = 200
End Sub
```

程序分析：x 和 m 的参数传递是传值方式，y 和 n 的参数传递是传址方式；将实参 x 的值传递给形参 m，将实参 y 的值传递给形参 n，然后执行子过程 changeNum；子过程执行完后，m 的值为 100，n 的值为 200；过程调用结束，形参 m 的值不返回，形参 n 的值返回给实参 y。

在立即视图中显示结果：

```
10      20
10      200
```

【例 8.18】将【例 8.5】的学生成绩评定等级程序用窗体模块实现，窗体设计如图 8-12 所示，窗体所用到的控件如表 8-11 所示。

图 8-12 "成绩评定"窗体

表 8-11　　【例 8.18】控件属性表

控件名称	名称属性	标题属性	位　置	用　途
标签	lblInputScore	输入分数	上面的标签	
标签	lblGrade	评定结果	下面的标签	
文本框	txtInputScore		上面的文本框	接受用户输入的分数
文本框	txtGrade		下面的文本框	显示程序评定的结果
命令按钮	cmdJudge	评定	上面的命令按钮	
命令按钮	cmdExit	退出	下面的命令按钮	

"评定"命令按钮的单击事件过程程序代码如下所示:

```
Private Sub cmdJudge_Click()
    Dim score As Single
    score=val(txtInputScore.Value)
    If score<60 Then
        txtGrade.Value="不及格"
    ElseIf score<70 Then
        txtGrade.Value ="及格"
    ElseIf score<80 Then
        txtGrade.Value ="中等"
    ElseIf score<90 Then
        txtGrade.Value ="良好"
    Else
        txtGrade.Value ="优秀"
    End If
End Sub
```

【例 8.19】将【例 8.10】的计算 n!程序用窗体模块实现,窗体视图如图 8-13 所示,要求在文本框中输入一个整数后,单击"开始计算"按钮,弹出消息框显示该数的阶乘,计算结果如图 8-14 所示。

图 8-13　求 N 的阶乘窗体

图 8-14　程序运行结果界面

设计窗体所用到的控件如表 8-12 所示。

表 8-12　【例 8.19】控件属性表

控 件 名 称	名 称 属 性	标 题 属 性	位　　置	用　　途
标签	lblFactorial	求 N 的阶乘 N！	上面的标签	
标签	lblInputN	请输入 N	文本框左边的标签	
文本框	txtInputN			接受用户输入的 N
命令按钮	cmdCalculate	开始计算		

"开始计算"命令按钮的单击事件过程程序代码如下所示:

```
Private Sub CmdCalculate_Click()
    Dim result As Long
    Dim i As Integer, n As Integer
    n=val(txtInputN.Value)
    result =1
    For i = 1 To n
        result = result * i
    Next i
    MsgBox Str(n)+"!="+Str(result)
End Sub
```

【例 8.20】设计一个简单的计算器,如图 8-15 所示,可以实现加、减、乘、除。

图 8-15　计算器窗体

(1) 新建一个窗体,在此窗口中,填充"主体节"背景色为"白色"。

(2) 在窗体上创建一个"图像"控件,选择插入一张图片,其余控件及属性如表 8-13 所示。

表 8-13　【例 8.20】控件属性表

控件名称	名称属性	标题属性	选项值	位　　置	用　　途
标签	lblInputScore	计算器		最上面的标签	
文本框	txtFirstNum			上面的文本框	接受用户输入第 1 个操作数

(续表)

控件名称	名称属性	标题属性	选项值	位　置	用　途
文本框	txtSecondNum			中间的文本框	接受用户输入第 2 个操作数
文本框	txtResult			下面的文本框	显示计算的结果
选项组	fmeOperation			中间文本框的下面	放置+、-、*、/运算符号
单选按钮	optAdd	+	1	选项组中第一个	
单选按钮	optSubtract	-	2	选项组中第二个	
单选按钮	optMultiply	*	3	选项组中第三个	
单选按钮	optDivide	/	4	选项组中第四个	
切换按钮	togEquel	=			

切换按钮"="的单击事件过程如下:

```
Private Sub togEquel_Click()
    Dim x As Single, y As Single
    x=val(txtFirstNum.Value)
    y=val(txtSecondNum.Value)
    Select Case fmeOperation
    Case 1
        txtResult.Value=x+y
    Case 2
        txtResult.Value=x-y
    Case 3
        txtResult.Value=x*y
    Case 4
        txtResult.Value=x/y
    End Select
End Sub
```

在实际的开发过程中,还要检验用户的输入是否正确和有效,在本例中,如果用户在第 2 个文本框中输入了数字 0,并且选择了除法,那么程序就会出错,为了避免出现这类错误,可以在程序中限制用户的输入或者捕获错误。

8.7　VBA 程序调试和错误处理

在模块中编写程序代码不可避免地会发生错误,VBE 提供了程序调试和错误处理的方法。

8.7.1　程序调试

VBE 提供了"调试"菜单和"调试"工具栏,在调试程序时可以选择需要的调试命令或工具对程序进行调试，两者功能相同。

1. 调试工具栏

调试工具栏如图 8-16 所示。

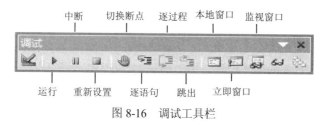

图 8-16　调试工具栏

按钮功能如下。

(1) 运行按钮：运行过程或用户窗体或宏。

(2) 中断按钮：用于暂时中断程序运行。在程序的中断位置会使用黄色亮条显示代码行。

(3) 重新设置按钮：用于终止程序调试运行，返回代码编辑状态。

(4) 切换断点按钮：在当前行设置或清除断点。

(5) 逐语句按钮(快捷键【F8】)：一次执行一句代码。

(6) 逐过程按钮(快捷键【Shift+F8】)：在代码窗口中一次执行一个过程。

(7) 跳出按钮(快捷键【Ctrl+Shift+F8】)：执行当前执行点处过程的其余行。

(8) 本地窗口按钮：用于打开本地窗口。

(9) 立即窗口按钮：用于打开立即窗口。

(10) 监视窗口按钮：用于打开监视窗口。

2. 程序模式

在 VBE 环境中测试和调试应用程序代码时，程序所处的模式包括设计模式、运行模式和中断模式。在设计模式下，VBE 创建应用程序；在运行模式下，会运行这个程序；在中断模式下，能够中断程序，利于检查和改变数据。

3. 运行方式

VBE 提供了多种程序运行方式，通过不同的方式运行程序，可以对代码进行各种调试工作。

(1) 逐语句执行代码。逐语句执行是调试程序时十分有效的方法。通过单步执行每一行程序代码，包括被调用过程中的程序代码，可以及时、准确地跟踪变量的值，从而发现错误。如果逐语句执行代码，可单击工具条上的"逐语句"按钮，在执行该语句后，VBA运行当前语句，并自动转到下一条语句，同时将程序挂起。

对于在一行中有多条语句用冒号隔开的情况，在使用"逐语句"命令时，将逐个执行该行中的每条语句。

（2）逐过程执行代码。逐过程执行与逐语句执行的不同之处在于，执行代码调用其他过程时，逐语句是从当前行转移到该过程中，在过程中逐行地执行，而逐过程执行也一条条语句地执行，但遇到过程时，将其当成一条语句执行，而不进入到过程内部。

（3）跳出执行代码。如果希望执行当前过程中的剩余代码，可单击工具条上的"跳出"按钮。在执行跳出命令时，VBE 会将该过程未执行的语句全部执行完，包括在过程中调用的其他过程。过程执行完后，程序返回到调用该过程的下一条语句处。

（4）运行到光标处。选择"调试"的"运行到光标处"选项，VBE 就会运行到当前光标处。当用户可确定某一范围的语句正确，而对后面语句的正确性不能保证时，可将该命令运行到某条语句，再在该语句后逐步调试。这种调试方式通过光标确定程序运行的位置，十分方便。

（5）设置下一语句。在 VBE 中，用户可自由设置下一步要执行的语句。当程序已经挂起时，可在程序中选择要执行的下一条语句，右击，并在弹出的快捷菜单中选择"设置下一条语句"命令。

4. 暂停运行

VBE 提供的大部分调试工具，都要在程序处于挂起状态时才能运行，因此使用时要暂停 VBA 程序的运行。在这种情况下，变量和对象的属性仍然保持不变，当前运行的代码在模块窗口中显示出来。如果要将语句设为挂起状态，可采用以下两种方法。

（1）断点挂起。

如果 VBA 程序在运行时遇到了断点，系统就会在运行到该断点处时将程序挂起。可在任何可执行语句和赋值语句处设置断点，但不能在声明语句和注释行处设置断点。

在模块窗口中，将光标移到要设置断点的行，按【F9】键，或单击工具条上的"切换断点"按钮设置断点，也可以在模块窗口中，单击要设置断点行的左侧边缘部分设置断点。如果要消除断点，可将插入点移到设置了断点的程序代码行，然后单击工具条上的"切换断点"按钮。

（2）Stop 语句挂起。

在过程中添加 Stop 语句，或在程序执行时按【Ctrl+Break】键，也可将程序挂起。Stop 语句是添加在程序中的，当程序执行到该语句时将被挂起。如果不再需要断点，则将 Stop 语句逐行清除。

5. 查看变量值

在调试程序时，希望随时查看程序中变量的值，在 VBE 环境中提供了多种查看变量值的方法。

（1）在代码窗口中查看变量值。在程序调试时，在代码窗口中，只要将鼠标指向要查看的变量，就会直接在屏幕上显示变量的当前值，这种方式查看变量值最简单，但只能查看一个变量的值。

（2）在本地窗口中查看数据。在程序调试时，可单击工具栏上的"本地窗口"按钮打开本地窗口，在本地窗口中显示"表达式"以及"表达式"的值和类型。

（3）在监视窗口中查看变量和表达式。在程序执行过程中，可利用监视窗口查看表达式或变量的值，可选择"调试"—"添加监视"选项，设置监视表达式。通过监视窗口可展开或折叠变量级别信息、调整列标题大小及更改变量值等。在监视窗口中查看变量，如图 8-17 所示。

图 8-17　在监视窗口中查看变量

（4）在立即窗口查看结果。使用立即窗口可检查一行 VBA 代码的结果。可以输入或粘贴一行代码，然后按【Enter】键执行该代码。可使用立即窗口检查控件、字段或属性的值，显示表达式的值，或为变量、字段或属性赋一个新值。立即窗口是一种中间结果暂存器窗口，在这里可以立即得出语句、方法或过程的结果。

8.7.2　错误类型

常见的错误主要有 3 种类型。

1．编译时错误

编译时错误是在编译过程中发生的错误，可能是程序代码结构引起的错误，例如，遗漏了配对的语句(If 和 End If 或 For 和 Next)，在程序设计上违反了 VBA 的规则(拼写错误或类型不匹配等)。编译时错误也可能会因语法错误而引起，例如，括号不匹配，给函数的参数传递了无效的数值等，都可能导致这种错误。

2．运行时错误

程序在运行时发生错误，如数据传递时类型不匹配，数据发生异常和动作发生异常等。Access 2010 系统会在出现错误的地方停下来，并且将代码窗口打开，光标停留在出错行，等待用户修改。

3．逻辑错误

程序逻辑错误是指应用程序未按设计执行，或得到的结果不正确。这种错误是由程序代码中不恰当的逻辑设计而引起的。这种程序在运行时并未进行非法操作，只是运行结果不符合预期。这是最难处理的错误。VBA 不能发现这种错误，只有靠用户对程序进行详细分析才能发现。

8.7.3　错误处理

VBA 代码输入后，在运行过程中，不可避免地会出现各种错误。VBA 针对不同错误类型的处理方法是：调试错误和错误处理。

前面介绍了许多程序调试的方法，可帮助找出许多错误。但程序运行中的错误，一旦出现将造成程序崩溃，无法继续执行。因此，必须对可能发生的运行时错误加以处理，也就是在系统发出警告之前，截获该错误，在错误处理程序中提示用户采取行动，是解决问题还是取消操作。如果用户解决了问题，程序就能够继续执行；如果用户选择取消操作，就可以跳出这段程序，继续执行后面的程序。这就是处理运行时错误的方法，将这个过程称为错误捕获。

1. 激活错误捕获

在捕获运行错误之前，首先要激活错误捕获功能。此功能由 On Error 语句实现，OnError 语句有 3 种形式。

(1) On Error GoTo 行号。此语句的功能是激活错误捕获，并将错误处理程序指定为从"行号"位置开始的程序段。也就是说，在发生运行错误后，程序将跳转到"行号"位置，执行下面的错误处理程序。

(2) On Error Resume Next。此语句的功能是忽略错误，继续往下执行。它激活错误捕获功能，但并不指定错误处理程序。当发生错误时，不做任何处理，直接执行产生错误的下一行程序。

(3) On Error GoTo 0。此语句用来强制性取消捕获功能。错误捕获功能一旦被激活，就停止程序的执行。

2. 编写错误处理程序

在捕获到运行时错误后，将进入错误处理程序。在错误处理程序中，要进行相应的处理。例如，判断错误的类型，提示用户出错并向用户提供解决的方法，然后根据用户的选择将程序流程返回到指定位置继续执行等。

【例 8.21】对数据溢出错误的处理程序。

```
Public Sub ErrorProcess()
    On Error GoTo DataErr
    Dim m As Integer, n As Integer
    m = InputBox("输入数据")
    n = m * 100
    MsgBox n
    Exit Sub
DataErr:
    MsgBox "您输入的数太大！"
End Sub
```

8.8　习　　题

8.8.1　简答题

1．什么是模块？模块有哪些类型？

2．什么是变量的作用域和生存期？

3．Sub 过程和 Function 过程的主要区别是什么？

4．什么是类和对象？它们之间有何关系？

5．VBA 中常见的流程控制语句有哪些？

6．在调试程序过程中，如何查看程序运行过程中的中间结果？

8.8.2　选择题

1．VBA 中定义符号常量可以用关键字(　　　)。

A. Const　　　　　　　　B. Dim　　　　　　　　C. Public　　　　D. Static

2．以下关于运算优先级的叙述正确的是(　　　)。

A. 算术运算符>逻辑运算符>关系运算符

B. 逻辑运算符>关系运算符>算术运算符

C. 算术运算符>关系运算符>逻辑运算符

D. 以上均不正确

3．若定义了二维数组 B(2 to 6,5)，则该数组的元素个数为(　　　)。

A. 25　　　　　　　　B. 36　　　　　　　　C. 2　　　　　　　　D. 30

4．在 VBA 代码调试过程中，能够显示出所有在当前过程中变量声明及变量值信息的是(　　　)。

A. 监视窗口　　　　B. 立即窗口　　　　C. 本地窗口　　　　D. 工程资源窗口

5．在 VBA 中不能进行错误处理的语句结构是(　　　)。

A. On Error Then　标号　　　　　　　　B. On Error Goto　标号

C. On Error goto 0　　　　　　　　　　D. On Error Resume Next

6．在 Access 2010 中编写事件过程使用的编程语言是(　　　)。

A. QBASIC　　　　　　B. VBA　　　　　　C. SQL　　　　　　D. C++

7．在 VBA 中有返回值的处理过程是(　　　)。

A. 声明过程　　　　B. Sub 过程　　　　C. Function 过程　　D. 控制过程

8．在 VBA 中，如果没有显式声明或用符号来定义变量的数据类型，变量的默认数据类型为(　　　)。

A. Boolean　　　　　　B. Integer　　　　　　C. String　　　　　　D. Variant

9．给定日期 DD，计算该日期当月最大天数的正确表达式是(　　　)。

  A. Day(DD)

  B. Day(DateSerial(Year(DD),Month(DD),day(DD)))

  C. Day(DateSerial(Year(DD),Month(DD),0))

  D. Day(DateSerial(Year(DD),Month(DD)+1,0))

10. 在调试 VBA 程序时，能自动被检查出来的错误是(　　)。

  A. 语法错误　　 B. 逻辑错误　　 C. 运行错误　　 D. 语法错误和逻辑错误

11. 在模块的声明部分使用 Option Base 1 语句，然后定义二维数组 A(2 to 5,5)，则该数组的元素个数为(　　)。

  A. 20　　 B. 24　　 C. 25　　 D. 36

12. 软件(程序)调试的任务是(　　)。

  A. 诊断和改正程序中的错误　　 B. 尽可能多地发现程序中的错误

  C. 发现并改正程序中的所有错误　　 D. 确定程序中错误的性质

13. VBA 中用实际参数 a 和 b 调用有参过程 Area(m,n)的正确形式是(　　)。

  A. Area m,n　　 B. Area a,b　　 C. Call Area(m,n)　　D. Call Area a,b

14. InputBox 函数的返回值类型是(　　)。

  A. 数值　　 B. 字符串

  C. 变体　　 D. 数值或字符串(视输入的数据而定)

15. 已知程序段：

```
s=0
Fori=1 To 10 Step 2
s=s+1
i=i*2
Next i
```

当循环结束后，变量 i、s 的值各为(　　)。

  A. 10，4　　 B. 11，3　　 C. 22，3　　 D. 16，4

8.8.3　填空题

1. 要使数组的下标从 1 开始，用＿＿＿＿语句设置。

2. 在 VBA 编程中用来测试字符串长度的函数是＿＿＿＿。

3. VBA 程序的多条语句可以写在一行中，其分隔符必须使用符号＿＿＿＿。

4. On Error Resume Next 的语句含义是＿＿＿＿。

5. VBA 中，函数 InputBox 的功能是＿＿＿＿。

6. VBA 的逻辑值在表达式中进行运算时，True 值当做＿＿＿＿、False 值当做＿＿＿＿处理。

8.8.4　操作题

1. 编写一个模块，计算 100 以内所有偶数的数值之和，并且输出结果。

2．编写一个 Function 函数子过程 fn(x,n)，计算 x^n，然后编写一个模块调用函数计算 2^{13}。

3．设计一个系统登录窗体，放置"用户名""密码"文本框和"登录""取消"按钮，使用图像控件或窗体背景属性美化界面。用户单击登录按钮，检查用户名和密码是否正确(系统用户名为 admin，密码为 123456)。若正确，则显示信息"欢迎使用本系统"；若不正确，则显示信息"对不起，请重新输入"。用户单击取消按钮，则关闭窗口。

第9章　教学管理系统的开发

进行系统开发是使用数据库管理系统的最终目的。本章是对以前各章知识、技术、方法的综合训练和应用。

本章首先介绍数据库应用系统的一般开发过程，其次以"教学管理系统"的开发过程为实例，介绍具体的开发步骤与细节。

9.1　管理信息系统的一般开发过程

1. 结构化系统开发方法的一般过程

结构化系统开发方法一般过程包括 5 个阶段：系统规划阶段、系统分析阶段、系统设计阶段、系统实施阶段和系统维护阶段，如图 9-1 所示。

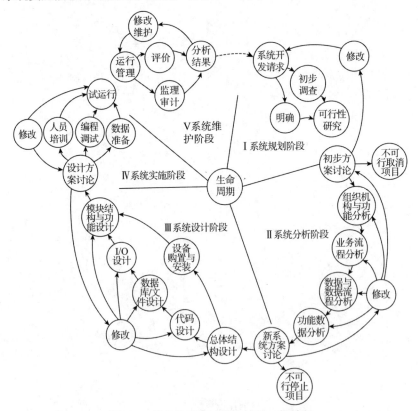

图 9-1　结构化系统开发方法的一般过程

2. 各阶段的主要任务

(1) 系统规划阶段。

这是管理信息系统的起始阶段，以计算机为主要手段的管理信息系统是其所在组织的管理系统的组成部分，它的新建、改建或扩建服从于组织的整体目标和管理决策活动的需要。这一阶段的主要任务是：根据组织的整体目标和发展战略，确定管理信息系统的发展战略，明确组织总的信息需求、制订管理信息建设总计划，其中包括确定拟建系统的总体目标、功能、大致规模和粗略估计所需资源；根据需求的轻、重、缓、急及资源和应用环境的约束，把规划的系统建设内容分解成若干开发项目，以分期分批进行系统开发。

(2) 系统分析阶段。

开发数据库应用系统，系统分析是非常重要的环节，系统分析的好坏决定系统的成败，系统分析做得越好，系统开发的过程就越顺利。

在数据库应用系统开发的分析阶段，要在信息收集的基础上确定系统开发的可行性思路。也就是要求系统开发者通过对将要开发的数据库应用系统相关信息的收集，确定总需求目标、开发的总体思路及开发所需的时间等。

在数据库应用系统的分析阶段，明确数据库应用系统的总体需求目标是最重要的内容。作为系统开发者，要清楚是为谁开发数据库应用系统，又由谁来使用，由于使用者的不同，数据库应用系统的目标和角度也不一样。

(3) 系统设计阶段。

在数据库应用系统开发分析阶段确立的总体目标基础上，就可以进行数据库应用系统开发的逻辑模型或规划模型的设计。

数据库应用系统开发设计的首要任务，就是对数据库应用系统在全局性基础上进行全面的总体设计，只有认真细致地搞好总体设计，才能省时、省力、省资金。而总体设计任务的具体化，就是要确立该数据库系统的逻辑模型的总体设计方案；具体确定数据库应用系统所具有的功能，指明各系统功能模块所承担的任务，特别是要指明数据的输入、输出的要求等。

(4) 系统实施阶段。

在数据库应用系统开发的实施阶段，主要任务是按系统功能模块的设计方案，具体实施系统的逐级控制和各独立模块的建立，从而形成一个完整的数据库应用系统。在建立系统的过程中，要按系统论的思想，把数据库应用系统视为一个大的系统，将这个大系统再分成若干相对独立的小系统，保证总控程序能够控制各个功能模块。

在数据库应用系统开发的实施阶段，一般采用"自顶向下"的设计思路和步骤来开发系统，通过系统菜单或系统控制面板逐级控制低一层的模块，确保每个模块完成独立的任务，且受控于系统菜单或系统控制面板。

具体设计数据库应用系统时，要做到每一个模块易维护、易修改，并使每一个功能模块尽量小而简明，使模块间的接口数目尽量少。

(5) 系统维护阶段。

数据库应用系统建立后，就进入了调试和维护阶段。在此阶段，要修正数据库应用系统的缺陷，增加新的功能。而测试数据库应用系统的性能尤为关键，不仅要通过调试工具检查、调试数据库应用系统，还要通过模拟实际操作或实际数据验证数据库应用系统，若出现错误或有不适当的地方要及时加以修正。

9.2　"教学管理系统"的系统规划

1. 提出开发请求

某大学是一所综合性大学，学校设有经济学院、艺术学院、信息工程学院、外语学院、会计学院等 14 个学院。学校现有教职工近 1400 人，学生 18 000 多人。

学校的主要学生管理工作有：

(1) 制订全校本专科教学工作计划、各课程教学大纲、教材建设和各种教学文件。

(2) 编制每学年(期)教学任务安排，包括教师排课、学生选课、教室安排等。

(3) 学生成绩统计及补考安排。

(4) 教师工作量统计。

随着信息量的增加、学生管理工作越来越繁杂，手工管理的弊端日益显露，为了提高学生管理的质量和工作效率，及时提高信息，实现学生管理的信息化，特开发"教学管理系统"。

2. 可行性分析研究

可行性分析是要分析建立新系统的可能性。可行性主要包括经济可行性、技术可行性和社会可行性。

经济可行性的研究目的是使新系统能达到以最小的开发成本取得最佳的经济效益。需要做投资估算，对开发中所需人员、硬软件支持及其他费用进行估算，并对系统投入使用后带来的经济效益进行估计。

技术可行性研究就是弄清现有技术条件能否顺利完成开发工作，硬软件配置能否满足开发的需要等。

社会可行性研究是指新系统在投入使用后，对可能给社会带来的影响进行分析。

软件开发公司对学校的教学管理工作进行了详细调查，在熟悉了教学业务流程之后，认为：教学管理是一个教学单位不可缺少的部分，教学管理的水平和质量至关重要，直接影响到学校的发展。但传统的手工管理方式效率低，容易出错，保密性差。此外，随着时间的推移，将产生大量的文件和数据，给查找、更新和维护都带来了不少的困难。使用计算机进行教学管理，优点是检索迅速、查找方便、可靠性高、存储量大、保密性好、减少错误发生等，大大提高了教学管理的效率和质量。同时，从经济、技术、社会 3 方面分析也是可行的。因此，开发"教学管理系统"势在必行。

9.3　"教学管理系统"的系统分析

教学管理系统的主要使用人员是学校各系的成绩管理人员和师生，管理系统所管理的有班级资料、学生资料、教师资料、授课资料和成绩资料等。

1. 学校组织机构

学校的主要教学机构如图 9-2 所示，有若干个学院及教学辅助单位，各个学院有若干教师和班级，班级又包括若干学生。

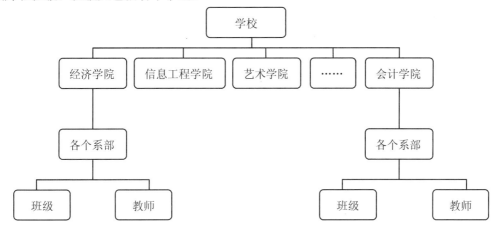

图 9-2　学校教学机构图

2. 教学管理工作流程

教学管理的核心工作流程如图 9-3 所示。各个学院每学期根据教学计划安排教师授课，安排学生选课；学期末登记学生成绩，统计教师工作量；各类信息的查询和报表打印，等等。

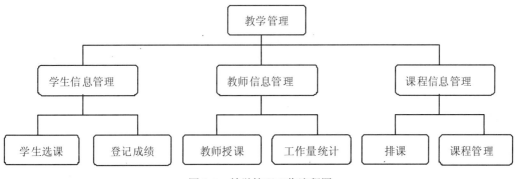

图 9-3　教学管理工作流程图

9.4　"教学管理系统"的系统设计

9.4.1　功能模块设计

1. 功能模块的概念设计

根据上述对教学管理业务流程和数据流程的调查分析，可将系统功能划分为如图 9-4 所示的功能模块结构。

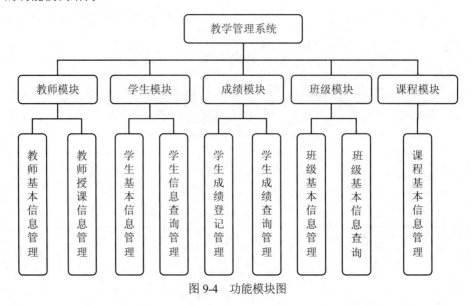

图 9-4　功能模块图

对每一种信息的管理，都包含信息的登录、信息的浏览、信息的删除等功能。

(1) 教师模块：对教师的基本信息进行管理，对教师的授课信息进行管理。

(2) 学生模块：对学生的基本信息进行管理，具备学生信息的查询功能。

(3) 成绩模块：对学生成绩进行登记、统计管理，具备学生成绩的查询功能。

(4) 班级模块：对班级的基本信息进行管理，具备班级信息的查询功能。

(5) 课程模块：对全校所开课程的类别设置、分数设置、学时设置和其他设置进行管理。

实际上，教学管理系统是一个非常复杂的系统，涉及的内容非常多。这里设计的教学管理系统只是一个具备基本功能的简单教学演示系统，实际应用中可以根据具体情况进行扩充和修改。

2. 功能模块的物理实现

前面讲的数据库应用系统开发的一般过程，其核心内容是设计数据库应用系统的逻辑模型或规划模型，这是数据库系统设计过程的第一步。而这种规划性的核心是要设计好系统的主控模块和若干主要功能模块的规划方案，这是设计开发的关键。

在数据库应用系统规划设计中，首先要确定好系统的主控模块及主要功能模块的设计思想和方案。一般的数据库应用系统的主控模块包括系统主窗体、系统登录窗体、控制面板、系统主菜单；主要功能模块包括数据库的设计、数据输入窗体、数据维护窗体、数据浏览、数据查询窗体的设计、统计报表的设计等。

9.4.2　数据库设计

1. 数据库概念设计

(1) 确定实体。

为了利用计算机完成上述复杂的教学管理任务，必须存储学院、专业、学期、教师、班级、学生、课程、教学安排、成绩等大量信息。因此，教学管理系统中的实体应包含学期、学院、专业、学期、班级、课程、学生和教师。

(2) 确定实体的属性。

实体的属性如图 9-5 所示。

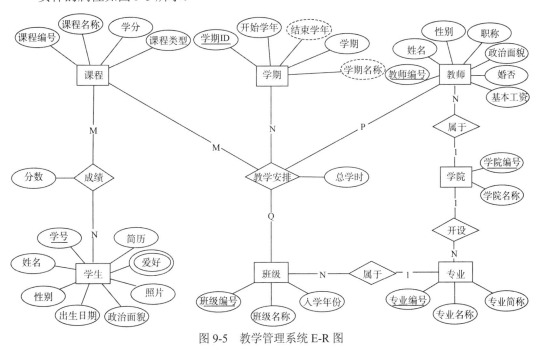

图 9-5　教学管理系统 E-R 图

(3) 确定实体的联系类型。

① 每个班级可以开设多门课程，而每门课程可以在多个班开设。班级与课程是多对多的联系。

② 每个班级可以有多名学生，而每个学生只能属于一个班级。班级与学生是一对多的联系。

③ 每个学生可以选修多门课程，而每门课程可以由多名学生选修。学生与课程是多对多的联系。

④ 每个学院聘用多名教师，而每名教师只能属于一个学院。学院与教师是一对多的联系。

⑤ 每个学院开设多个专业，而每个专业只能属于一个学院。学院与专业是一对多的联系。

⑥ 每个专业招收多个班级，而每个班级只能选修一个专业。专业与班级是一对多的联系。

⑦ 每个班级每学期开设多门课程，每门课程有一个任课教师。使用教学安排建立班级、课程、教师和学期四个实体的联系。

(4) 转换为关系模式。

将 E-R 图中的实体和联系转换为关系模式。

学期实体单独转换成一个关系模式，其中"结束学年"和"学期名称"为计算属性。

学期(学期 ID，开始学年，结束学年，学期，学期名称)

学院实体单独转换成一个关系模式。

学院(学院编号，学院名称)

专业实体单独转换成一个关系模式，学院和专业之间的"属于"关系是一对多的联系，因此将学院的主键"学院编号"加入专业关系模式中，作为外键。

专业(专业编号，专业名称，专业简称，学院编号)

教师实体单独转换成一个关系模式，学院和教师之间的"属于"关系是一对多的联系，因此将学院的主键"学院编号"加入教师关系模式中，作为外键。

教师(教师编号，姓名，性别，职称，政治面貌，婚否，基本工资，学院编号)

班级单独转换成一个关系模式，专业和班级之间的"属于"关系是一对多的联系，因此将专业的主键"专业编号"加入班级关系模式中，作为外键。

班级(班级编号，班级名称，入学年份，专业编号)

学生实体单独转换成一个关系模式，班级和学生之间的"属于"关系是一对多的联系，因此将班级的主键"班级编号"加入学生关系模式中，作为外键。其中，"爱好"属性为多值属性。

学生(学号，姓名，性别，出生日期，政治面貌，照片，爱好，简历，班级编号)

课程单独转换成一个关系模式。

课程(课程编号，课程名称，课程类别，学分)

学期、教师、班级和课程之间的"教学安排"联系是多对多的联系，因此单独转换成一个关系模式，并且加入 4 个实体的键，由于将四个实体的键作为"教学安排"关系的主键使用不方便，故单独添加"教学安排 ID"作为主键，而四个实体的主键上建立唯一性索引。

教学安排(<u>教学安排 ID</u>，<u>学期 ID</u>，<u>班级编号</u>，<u>课程编号</u>，<u>教师编号</u>，总学时)

学生和课程之间的"成绩"联系是多对多的，因此单独转换成一个关系模式，并且加入两端的键，作为成绩关系的主键。

成绩(<u>学号</u>，<u>课程号</u>，分数)

专业关系中，"学院编号"是外键。

班级关系中，"专业编号"是外键。

学生关系中，"班级编号"是外键。

教学安排关系中，"学期 ID""班级编号""课程编号""教师编号"是外键。

成绩关系中，"学号""课程号"是外键。

(5) 规范化理论的应用。

对于转换后的 9 个关系模式，应按照数据库规范化设计原则检验其好坏。经检验，9个关系模式符合数据库规范化设计原则。

2. 数据库的物理实现

(1) 建立表。

根据第三范式的建表原则，将系统所需的数据划分到 10 个表中，分别是"学院"表、"专业"表、"班级"表、"学生"表、"课程"表、"成绩"表、"教师"表、"学期"表、"教学安排"表和"操作员"表。

① "学院"表。学院表记载了学院的详细信息，如表 9-1 所示。

表 9-1　学院表

列　名	数据类型	宽　度	小　数	不允许空	主　键	外　键
学院编号	文本	20		√	√	
学院名称	文本	50				

② "专业"表。专业表记载了每个专业的详细信息，如表 9-2 所示。"专业"表的其他属性如表 9-3 所示。

表 9-2　"专业"表

列　名	数据类型	宽　度	小　数	不允许空	主　键	外　键
专业编号	文本	20		√	√	
专业名称	文本	50		√		
专业简称	文本	2				
学院编号	文本	20				√

表 9-3　　"专业"表其他属性

字　　段	项　　目	设　　　　置	
学院编号	默认值	无	
	查阅	显示控件	组合框
		行来源类型	表/查询
		行来源	学院
		绑定列	1
		列数	2
		列宽	0cm;4cm
		列表宽度	4cm
		允许多值	

　　③ "班级"表。班级表记载了班级的详细信息,如表 9-4 所示。"班级"表的其他属性如表 9-5 所示。

表 9-4　　"班级"表

列　　名	数 据 类 型	宽　　度	小　数	不 允 许 空	主　键	外　键
班级编号	文本	20		√	√	
班级名称	文本	50				
入学年份	整型					
专业编号	文本	50				√

表 9-5　　"班级"表其他属性

字　　段	项　　目	设　　　　置	
专业编号	默认值	无	
	查阅	显示控件	组合框
		行来源类型	表/查询
		行来源	专业
		绑定列	1
		列数	2
		列宽	0cm;4cm
		列表宽度	4cm
		允许多值	

　　④ "学生"表。学生表记载了每个学生的详细信息,如表 9-6 所示。"学生"表的其他属性如表 9-7 所示。

表 9-6　"学生"表

列　　名	数 据 类 型	宽　　度	小　数	不 允 许 空	主　键	外　键
学号	文本	20		√	√	
姓名	文本	50		√		
性别	文本	2				
出生日期	日期/时间					
政治面貌	文本	20				
照片	附件					
爱好	文本	255				
简历	长文本					
班级编号	文本	20				√

表 9-7　"学生"表其他属性

字　　段	项　　目		设　　　置
性别	默认值		"女"
	验证规则		In ('男','女')
	验证文本		性别非法
	查阅	显示控件	组合框
		行来源类型	值列表
		行来源	男;女
政治面貌	默认值		群众
	查阅	显示控件	组合框
		行来源类型	表/查询
		行来源	SELECT 代码集.名称 FROM 代码集 WHERE (((代码集.类型)="政治面貌"))ORDER BY 代码集.编码;
		绑定列	1
		列数	1
		列宽	3cm
		列表宽度	3cm
		允许多值	
爱好	查阅	显示控件	组合框
		行来源类型	表/查询
		行来源	SELECT 代码集.名称 FROM 代码集 WHERE (((代码集.类型)="爱好"))ORDER BY 代码集.编码;
		绑定列	1
		列数	1
		列宽	自动
		允许多值	√

(续表)

字　　段	项　　目	设　　置	
班级编号	查阅	显示控件	组合框
		行来源类型	表/查询
		行来源	班级
		绑定列	1
		列数	2
		列宽	0cm;5cm
		列表宽度	5cm
		允许多值	

⑤ "课程"表。课程表记载了所有课程的详细信息，如表 9-8 所示。"课程"表的其他属性如表 9-9 所示。

表 9-8　"课程"表

列　　名	数据类型	宽　　度	小　　数	不允许空	主　　键	外　　键
课程编号	文本	20		√	√	
课程名称	文本	50		√		
课程类型	文本	20				
学分	整型					

表 9-9　"课程"表其他属性

字　　段	项　　目	设　　置	
课程类型	查阅	显示控件	组合框
		行来源类型	表/查询
		行来源	SELECT 代码集.名称 FROM 代码集 WHERE (((代码集.类型)="课程类型"))ORDER BY 代码集.编码;
		绑定列	1
		列数	1
		列宽	4cm
		列表宽度	4cm
		允许多值	

⑥ "成绩"表。"成绩"表记载了所有学生的成绩信息，如表 9-10 所示。"成绩"表的其他属性如表 9-11 所示。

表 9-10 "成绩"表

列 名	数据类型	宽 度	小 数	不允许空	主 键	外 键
学号	文本	20		√	√	√
课程编号	文本	20		√	√	√
分数	小数	18	1			

表 9-11 "成绩"表其他属性

字 段	项 目	设 置
分数	有效性规则	Is Null Or (>=0 And <=100)
	有效性文本	分数必须介于 0~100 之间

⑦ "教师"表。"教师"表记载了教师的详细信息，如表 9-12 所示。"教师"表的其他属性如表 9-13 所示。

表 9-12 "教师"表

列 名	数据类型	宽 度	小 数	不允许空	主 键	外 键
教师编号	文本	20		√	√	
姓名	文本	50		√		
性别	文本	2				
职称	文本	20				
政治面貌	文本	20				
婚否	是/否					
基本工资	货币					
学院编号	文本	20				√

表 9-13 "教师"表其他属性

字 段	项 目	设 置	
性别	默认值	"女"	
	验证规则	In ('男','女')	
	验证文本	性别非法	
	查阅	显示控件	组合框
		行来源类型	值列表
		行来源	男;女
政治面貌	默认值	群众	
	查阅	显示控件	组合框
		行来源类型	表/查询

(续表)

字 段	项 目		设 置
政治面貌	查阅	行来源	SELECT 代码集.名称 FROM 代码集 WHERE(((代码集.类型)="政治面貌"))ORDER BY 代码集.编码;
		绑定列	1
		列数	1
		列宽	3cm
		列表宽度	3cm
		允许多值	
学院编号	默认值		无
	查阅	显示控件	组合框
		行来源类型	表/查询
		行来源	学院
		绑定列	1
		列数	2
		列宽	0cm;4cm
		列表宽度	4cm
		允许多值	
职称	默认值		无
	查阅	显示控件	组合框
		行来源类型	表/查询
		行来源	SELECT 代码集.名称 FROM 代码集 WHERE((((代码集.类型)="职称"))ORDER BY 代码集.编码;
		绑定列	1
		列数	1
		列宽	4cm
		列表宽度	4cm
		允许多值	

⑧ "学期"表。"学期"表记载了学期的详细信息,如表 9-14 所示。"学期"表的其他属性如表 9-15 所示。

表 9-14 "学期"表

列 名	数 据 类 型	宽 度	小 数	不 允 许 空	主 键	外 键
学期 ID	自动编号			√	√	
开始学年	整型			√		
结束学年	计算					

(续表)

列　　名	数 据 类 型	宽　　度	小　数	不 允 许 空	主　键	外　键
学期	整型			√		
学期名称	计算					

表 9-15　"学期"表其他属性

字　　段	项　　目	设　　　　置
结束学年	表达式	[开始学年]+1
学期名称	表达式	[开始学年] & "—" & [结束学年] & "学年第" & [学期] & "学期"

⑨　"教学安排"表。"教学安排"表记载了每个班级每学期的教学安排信息，如表 9-16 所示。"教学安排"表的其他属性如表 9-17 所示。

表 9-16　"教学安排"表

列　　名	数 据 类 型	宽　　度	小　数	不 允 许 空	主　键	外　键
教学安排ID	自动编号			√	√	
学期 ID	长整型	50				√
课程编号	文本	20		√		√
班级编号	文本	20		√		√
教师编号	文本	20		√		√
总学时	长整形					

表 9-17　"教学安排"表其他属性

字　　段	项　　目	设　　　　置	
学期 ID	查阅	显示控件	组合框
		行来源类型	表/查询
		行来源	SELECT 学期.学期 ID, 学期.学期名称 FROM 学期;
		绑定列	1
		列数	1
		列宽	0cm;5cm
		列表宽度	5cm
		允许多值	
课程编号	查阅	显示控件	组合框
		行来源类型	表/查询
		行来源	课程
		绑定列	1
		列数	4

(续表)

字　　段	项　　目	设　　置	
课程编号	查阅	列宽	0cm;4cm
		列表宽度	4cm
		允许多值	
班级编号	查阅	显示控件	组合框
		行来源类型	表/查询
		行来源	班级
		绑定列	1
		列数	2
		列宽	0cm;4cm
		列表宽度	4cm
		允许多值	
教师编号	查阅	显示控件	组合框
		行来源类型	表/查询
		行来源	教师
		绑定列	1
		列数	2
		列宽	0cm;2cm
		列表宽度	2cm
		允许多值	

⑩ "操作员"表。"操作员"表记载了每个操作员的编码、名称和密码等信息，如表 9-18 所示。

表 9-18　"操作员"表

列　　名	数 据 类 型	宽　　度	小　　数	不 允 许 空	主　　键	外　　键
编码	文本	20		√	√	
名称	文本	20		√		
密码	文本	20				
状态	整数					

(2) 建立表间关系。

"班级"表和"学生"表按照"班级编号"字段建立一对多联系，如图 9-6 所示。

"学生"表和"成绩"表按照"学号"字段建立一对多联系，"课程"表和"成绩"表按照"课程编号"建立一对多联系，"学期"表和"教学安排"表按照"学期 ID"建立一对多关联，"班级"表和"教学安排"表按照"班级编号"建立一对多联系，"课程"表和"教学安排"表按照"课程编号"建立一对多联系，"教师"表和"教学安排"表按照"教师编号"建立一对多联系。表间关系如图 9-7 所示。

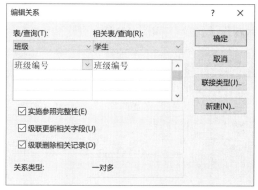

图 9-6　"编辑关系"窗体

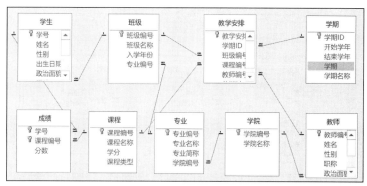

图 9-7　"关系"窗体

9.5　"教学管理系统"的系统实施

9.5.1　查询的设计与实现

1. 成绩查询

成绩查询的设计过程如下：

(1) 选择"在设计视图中创建查询"。

(2) 分别添加"学生"表、"课程"表和"成绩"表。

(3) 在"学生"表和"成绩"表之间按照"学号"字段建立关联，在"课程"表和"成绩"表之间按照"课程编号"字段建立关联，如图 9-8 所示。

(4) 依次选择"学生"表中的"学号""姓名"，"课程"表中的"课程名称"，"成绩"表中的"分数"字段。

(5) 在查询类型中选择"交叉表查询"。

(6) 其他字段的"总计"行选择 Group By，在"分数"字段的"总计"行选择"合计"。

(7) 将"学号""姓名""课程名称""分数"字段的"交叉表"行分别设置为"行标题""行标题""列标题""值"，如图 9-9 所示。

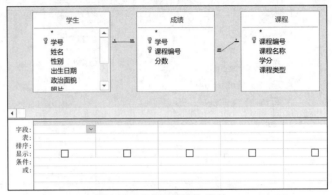

图 9-8　"查询设计"窗体一

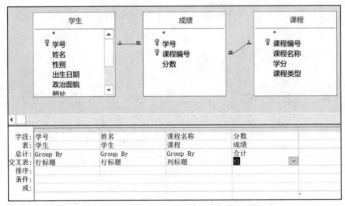

图 9-9　"查询设计"窗体二

(8) 保存查询并命名为"成绩查询"。

(9) 运行该查询，如图 9-10 所示。

学号	姓名	大学英语	计算机文化	毛泽东思想	微积分
201801010101	郭莹	90	73	74	62
201801010102	刘莉莉	96	52	53	81
201801010103	张婷	89	68	99	73
201801010104	辛盼盼	95	90	81	73
201801010105	许一润	72	81	87	79
201801010106	李琪	97	80	63	74
201801010107	王璇	69	63	84	67
201801010108	马洁	59	55	87	93
201801010109	牛丹霞	55	56	92	95
201801010110	徐易楠	63	65	82	79
201801010111	李静	100	87	97	77
201801010112	陈佩	50	84	91	77
201801010113	张琴	57	95	71	97
201801010114	胡翻翻	59	50	50	69
201801010115	魏春燕	59	80	88	56
201801010116	廖贺文	70	63	79	96
201801010117	段邦恩	82	65	62	66
201801010118	杜占龙	59	91	52	53
201801010119	李静	61	52	92	76
201801010120	仇鹏鹏	58	92	61	64
201801010121	第玉汉	91	61	59	56
201801010122	黄朝阳	94	89	57	75
201801010123	惠娟	100	57	87	82
201801010124	牛雪梅	51	60	50	89
201801010125	晁童	84	99	87	97

图 9-10　运行查询一

2. 教学安排查询

教学安排查询的设计过程如下：

(1) 选择"在设计视图中创建查询"。

(2) 分别添加"课程"表、"教学安排"表、"班级"表、"学期"表。

(3) 在"课程"表和"教学安排"表之间按照"课程编号"字段建立关联，"教学安排"表和"班级"表之间按照"班级编号"字段建立关联，"教学安排"表和"学期"表之间按"学期 ID"字段建立关联，"教学安排"表和"教师"表之间按"教师编号"字段建立关联，如图 9-11 所示。

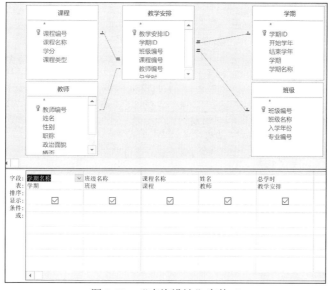

图 9-11　"查询设计"窗体三

(4) 依次选择"学期"表中的"学期名称"，"班级"表中的"班级名称"，"课程"表中的"课程名称"，"教师"表中的"姓名"和"教学安排"表中的"总学时"。

(5) 保存查询并命名为"教学安排查询"。

(6) 运行该查询，如图 9-12 所示。

学期名称	班级名称	课程名称	姓名	总学时
2018—2019学年第1学期	18国贸1	马克思主义原理	王老师	34
2018—2019学年第1学期	18国贸2	马克思主义原理	王老师	34
2018—2019学年第1学期	18国贸3	马克思主义原理	王老师	34
2018—2019学年第1学期	18贸经1	毛泽东思想和中国特色社会主	李老师	34
2018—2019学年第1学期	18贸经2	毛泽东思想和中国特色社会主	李老师	34

图 9-12　运行查询二

9.5.2　窗体的设计与实现

1. 班级窗体的设计与实现

(1) 单击"创建"选项卡上的"窗体向导"按钮。

(2) 在"表/查询"下拉列表框中选择"表：班级"。

(3) 单击"全选"按钮 » 选择全部字段，然后单击"下一步"按钮。

(4) 选择默认的窗体布局"纵栏表"，单击"下一步"按钮。

(5) 将窗体标题设置为"班级"。

(6) 单击"完成"按钮，完成整个窗体的创建过程。

(7) 打开班级窗体，如图 9-13 所示。

图 9-13　班级窗体

2. 学生窗体的设计与实现

(1) 单击"创建"选项卡上的"窗体向导"按钮。

(2) 在"表/查询"下拉列表框中选择"表：学生"。

(3) 单击"全选"按钮 » 选择全部字段，然后单击"下一步"按钮。

(4) 选择默认的窗体布局"纵栏表"，单击"下一步"按钮。

(5) 将窗体标题设置为"学生"。

(6) 单击"完成"按钮，完成整个窗体的创建过程。

(7) 打开学生窗体，如图 9-14 所示。

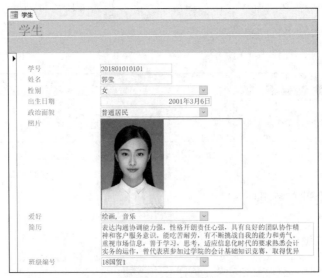

图 9-14　学生窗体

3. 教师窗体的设计与实现

(1) 单击"创建"选项卡上的"窗体向导"按钮。

(2) 在"表/查询"下拉列表框中选择"表：教师"。

(3) 单击"全选"按钮 ≫ 选择全部字段，然后单击"下一步"按钮。

(4) 选择默认的窗体布局"纵栏表"，单击"下一步"按钮。

(5) 将窗体标题设置为"教师"。

(6) 单击"完成"按钮，完成整个窗体的创建过程。

(7) 打开教师窗体，如图 9-15 所示。

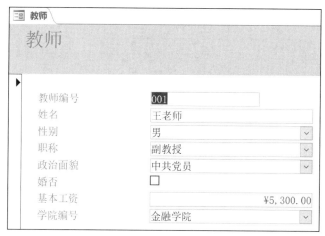

图 9-15　教师窗体

4. 课程窗体的设计与实现

(1) 单击"创建"选项卡上的"窗体向导"按钮。

(2) 在"表/查询"下拉列表框中选择"表：课程"。

(3) 单击"全选"按钮 ≫ 选择全部字段，然后单击"下一步"按钮。

(4) 选择默认的窗体布局"纵栏表"，单击"下一步"按钮。

(5) 将窗体标题设置为"课程"。

(6) 单击"完成"按钮，完成整个窗体的创建过程。

(7) 打开课程窗体，如图 9-16 所示。

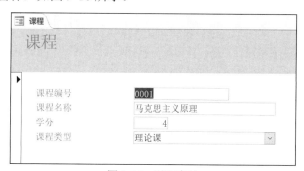

图 9-16　课程窗体

说明：参照前面的方法依次创建学期、学院、专业等窗体。

5. 教学安排窗体的设计与实现

(1) 单击"创建"选项卡上的"窗体向导"按钮。

(2) 在"表/查询"下拉列表框中选择"表：教学安排"。

(3) 选择除"教学安排 ID"之外的所有字段。

(4) 选择默认的窗体布局"纵栏表"，单击"下一步"按钮。

(5) 将窗体标题设置为"教学安排"。

(6) 单击"完成"按钮，完成整个窗体的创建过程。

(7) 打开教学安排窗体，如图 9-17 所示。

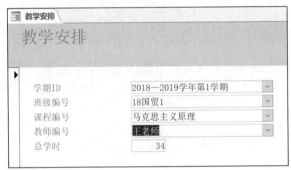

图 9-17　教学安排窗体

6. 成绩窗体的设计与实现

(1) 单击"创建"选项卡上的"窗体设计"按钮，创建一个空白窗体，在右键菜单中选择"窗体页眉/页脚"命令，在"设计"选项卡上选择"标签"，在"窗体页眉"中加一个标签，标签文本输入"成绩输入"，字体设置为 26 号、加粗、居中，如图 9-18 所示。

图 9-18　"窗体设计"窗体一

(2) 在窗体上添加一个名为 ComboClass 的组合框，标题设置为"班级名称"，"行来源"设置为"SELECT 班级.班级编号, 班级.班级名称 FROM 班级 ORDER BY 班级.班级编号;"。

(3) 在窗体上添加一个名为 ComboCourse 的组合框，标题设置为"课程名称"，"行来源"设置为"SELECT 课程.课程编号, 课程.课程名称 FROM 课程 ORDER BY 课程.课程编号;"，设计完成后如图 9-19 所示。

(4) 在"设计"工具栏上选择"子窗体/子报表"，在窗体上绘制一个子报表，在弹出的"子窗体向导"对话框中选择"使用现有的表和查询"单选按钮，如图 9-20 所示。

图 9-19　"窗体设计"窗体二

图 9-20　"子窗体向导"窗体一

(5) 单击"下一步"按钮，在"表/查询"下拉列表框中首先选择"表：学生"选项，依次选择"学号""姓名""性别"字段，如图 9-21 所示。

(6) 再在"表/查询"下拉列表框中选择"表：成绩"选项，选择 "分数"字段，选择过程中可能需要调整字段的先后顺序，如图 9-22 所示。

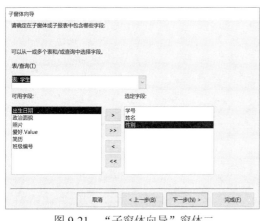

图 9-21　"子窗体向导"窗体二

图 9-22　"子窗体向导"窗体三

(7) 单击"下一步"按钮，将"子窗体"命名为"成绩子窗体"，如图 9-23 所示。

(8) 单击"完成"按钮，切换到设计视图，如图 9-24 所示。

(9) 选择子窗体，在属性窗口中将记录源修改为"SELECT 学生.学号, 学生.姓名, 学生.性别, 成绩.分数, 成绩.课程编号, 学生.班级编号 FROM 学生 INNER JOIN 成绩 ON 学生.[学号] = 成绩.[学号];"，将"允许添加"和"允许删除"设置为"否"，将子窗体中"学号""姓名"和"性别"的是否锁定属性设置为"是"，"可用"属性设置为"否"，不允许修改这三列数据。

图 9-23　"子窗体向导"窗体四

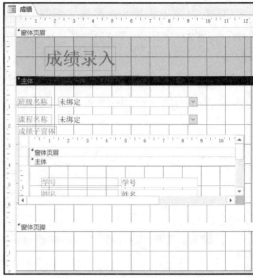

图 9-24　"窗体设计"窗体三

(10) 分别选择 ComboClass 控件和 ComboCourse 控件，选择"更改"事件编写以下代码。

```
Option Compare Database
Option Explicit

Private Sub ComboClass_Change()
FilterData
End Sub

Private Sub ComboCourse_Change()
FilterData
End Sub

Private Sub FilterData()
    Dim strClass As String
    Dim strCourse As String
    Dim strSQL As String
    If IsNull(ComboClass)Then
strClass = ""
    Else
strClass = ComboClass
    End If
    If IsNull(ComboCourse)Then
strCourse = ""
    Else
strCourse = ComboCourse
    End If
```

```
            If (strClass<> "" And strCourse<> "")Then
                strSQL = "INSERT INTO 成绩(学号,课程编号)SELECT 学号,'" + strCourse + "' FROM 学生
                WHERE 班级编号='" + strClass + "' AND 学号 NOT IN(SELECT 学号 FROM 成绩 WHERE
                课程编号='" + strCourse + "')"
                DoCmd.SetWarnings False
                DoCmd.RunSQLstrSQL
                DoCmd.SetWarnings True
            End If
            成绩子窗体.Form.Filter = "班级编号='" + strClass + "' AND 课程编号='" + strCourse + "'"
            成绩子窗体.Form.FilterOn = True
    End Sub


    Private Sub Form_Load()
        FilterData
    End Sub
```

(11) 切换到窗体视图，调整子窗体中各列的宽度，如图 9-25 所示。

7. 系统主窗体的设计与实现

数据库应用系统的主窗体是整个系统中最高一级的工作窗体，在系统运行期间该窗体始终处于打开状态，系统主窗体用来显示和调用各个功能窗体。

(1) 单击"创建"选项卡上的"空白窗体"，创建一个空白窗体。

(2) 切换到"设计视图"，在窗体上添加一个"选项卡控件"，将两个选项卡的名称分别修改为"窗体"和"报表"，如图 9-26 所示。

图 9-25 成绩窗体

图 9-26 "窗体设计"窗体四

(3) 在"窗体"选项卡中放置一个"按钮"控件，取消弹出的向导窗口，将按钮命名为 CommandCollege，按钮的标题和名称均设置为"学院管理"，选择按钮，然后单击属性窗口中的图片属性的浏览按钮，弹出图片生成器窗口，如图 9-27 所示。

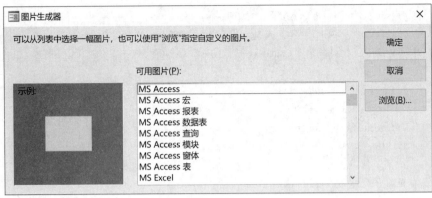

图 9-27　　"图片生成器"窗体

(4) 单击"浏览"按钮,选择数据库文件夹下的 college.png 图片,单击"确定"按钮,将按钮的"图片标题排列"属性设置为"底部",完成后效果如图 9-28 所示。

图 9-28　　主窗体

(5) 选择"学院管理"按钮,右击"事件生成器",在弹出快捷菜单中选择"宏生成器"命令,弹出窗体如图 9-29 所示,"窗体名称"选择"学院",窗口模式选择"对话框"。

图 9-29　　"宏设计"窗体

（6）在"窗体"选项卡中依次添加"专业管理""班级管理""教师管理""课程管理""学生管理""教学安排""成绩管理""学期管理"，分别用于打开"专业""班级""教师""课程""学生""教学安排""成绩""学期"窗体，如图 9-30 所示。

（7）在"报表"选项卡中分别添加"成绩报表""学生报表""学生卡""教师报表"，分别用于打开"成绩表""学生""学生卡""教师"报表，如图 9-31 所示。

图 9-30　　"窗体"选项卡一

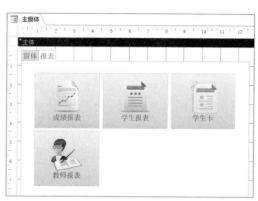

图 9-31　　"报表"选项卡一

（8）切换到窗体视图，如图 9-32 和图 9-33 所示。

图 9-32　　"窗体"选项卡二

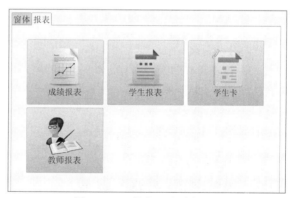

图 9-33　　"报表"选项卡二

8. 登录窗体的设计与实现

系统登录窗体主要提供口令输入功能，可以防止非法用户使用系统。图 9-34 所示是"教学管理系统"的登录窗体。步骤如下：

（1）单击"创建"选项卡上的"其他窗体"按钮，在弹出的菜单中选择"模式对话框"，将生成的"确定"按钮的名称修改为 CommandOK，

图 9-34　　"教学管理系统"的登录窗体

"取消"按钮的名称修改为 CommandCancel，按钮的标题保持不变。

(2) 在窗体中添加两个组合框，名称分别是 ComboUser 和 TextPassword，对应的标题设置为"用户名"和"口令"。选择 ComboUser 控件，"行来源类型"设置为"表/查询"，"行来源"设置为"SELECT 操作员.名称, 操作员.密码 FROM 操作员 WHERE (((操作员.状态)=1));"，"绑定列"设置为 1，列数设置为 1，列宽设置为 3cm。选择 TextPassword 空间，将输入掩码属性设置为"密码"。

(3) 在窗体上放置一个"图像"控件，并设置其图片，如图 9-35 所示。

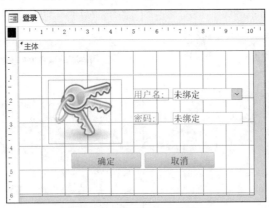

图 9-35   "窗体设计"窗体五

(4) 选择"确定"按钮，编写下面的代码。

```
Option Compare Database
Private Sub CommandCancel_Click()
    DoCmd.Close
    '为防止不能进入数据库，暂不执行此语句
    'DoCmd.CloseDatabase
End Sub
Private Sub CommandOK_Click()
    Dim strUserName, strPassword As String
    Dim rs As Recordset
    If IsNull(Me.ComboUser)Then
        MsgBox "请选择用户", vbOKOnly + vbCritical, "提示"
        Exit Sub
    End If
    If IsNull(Me.TextPassword)Then
        MsgBox "请输入密码，默认密码 1", vbOKOnly + vbCritical, "提示"
        Exit Sub
    End If
    strUserName = Me.ComboUser
    strPassword = Me.TextPassword
    Me.RecordSource = "SELECT * FROM 操作员  WHERE  名称='" & strUserName & "'"
    Set rs = Me.Recordset
    If rs.RecordCount > 0 And rs.Fields("密码")= strPassword Then
```

```
            DoCmd.Close
            DoCmd.OpenForm "主窗体"
        Else
            MsgBox "用户登录失败", vbOKOnly + vbCritical, "提示"
        End If
    End Sub
```

(5) 关闭代码编辑器，将窗体保存为"登录"。

(6) 单击"文件"选项卡中的"选项"按钮，选择"当前数据库"，将显示窗体设置为"登录"，如图 9-36 所示。

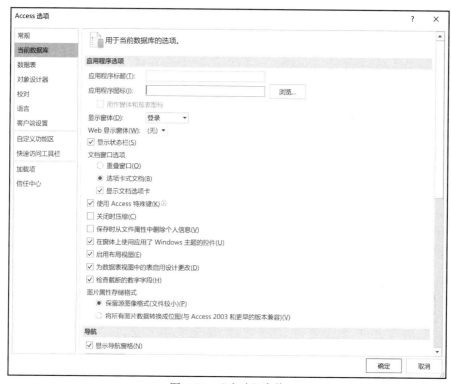

图 9-36 "启动"窗体

9.5.3 报表的实现

1. 学生报表的设计与实现

(1) 单击"创建"工具栏上的"报表设计"按钮，新建一个空白报表，将"属性表"中的"记录源"设置为"SELECT 班级.班级名称, 学生.学号, 学生.姓名, 学生.性别, 学生.出生日期, 学生.政治面貌, 学生.照片 FROM 班级 INNER JOIN 学生 ON 班级.班级编号 = 学生.班级编号;"，记录源设置窗体如图 9-37 所示，设置完成后如图 9-38 所示。

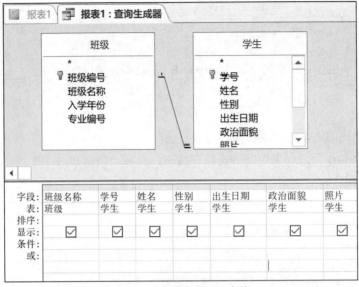

图 9-37　"查询生成器"窗体一

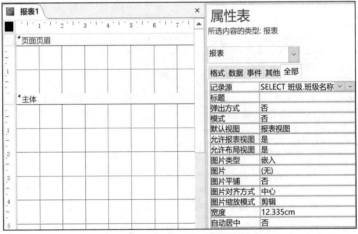

图 9-38　"报表设计"窗体一

(2) 单击"分组和排序"按钮，出现如图 9-39 所示的窗体。单击"添加组"按钮，在弹出的窗口中选择"班级名称"选项，然后单击"添加排序"按钮，在弹出窗口中选择"学号"选项，如图 9-40 所示。

图 9-39　"分组、排序和汇总"窗体一

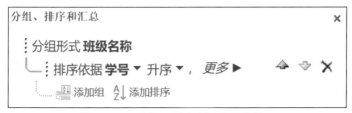

图 9-40　"分组、排序和汇总"窗体二

(3) 选中"设计"选项卡上的"添加现有字段"复选框,将"班级名称"字段拖动到"班级名称页眉"节,选择其余字段拖动到"主体"节中,如图 9-41 所示。

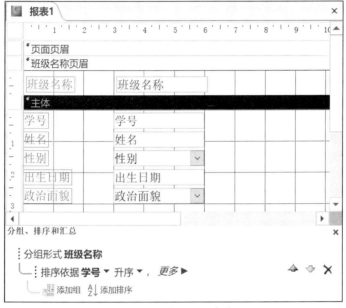

图 9-41　"报表设计"窗体二

(4) 选中报表中的全部控件,右击,在弹出菜单中选择"布局"中的"表格"命令。

(5) 在空白处右击,在弹出菜单中选择"报表页眉/页脚"命令。

(6) 在"设计"选项卡上选择"标签",在报表页眉上添加一个标签,标签文本设置为"学生",字体设置为 26 号、加粗,如图 9-42 所示。

(7) 切换到"报表视图",如图 9-43 所示,将报表保存为"学生"。

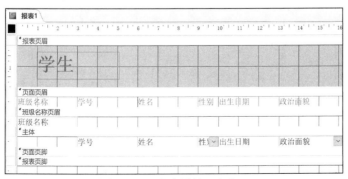

图 9-42　"报表设计"窗体三

图 9-43 "报表视图"窗体一

2. 学生卡的设计与实现

(1) 单击"创建"选项卡上的"报表设计"按钮，新建一个空白报表，将"属性表"中的"记录源"设置为"SELECT 学生.学号, 学生.姓名, 学生.性别, 学生.出生日期, 学生.政治面貌, 学生.兴趣爱好, 学生.照片, 班级.班级名称 FROM 班级 INNER JOIN 学生 ON 班级.班级编号 = 学生.班级编号;"，记录源设置窗体如图 9-44 所示。在报表空白处右击，在弹出菜单中再次选择"页面页眉/页脚"命令，设置完成后如图 9-45 所示。

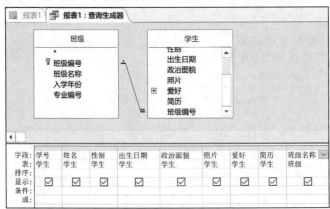

图 9-44 "查询生成器"窗体二

图 9-45 "报表设计"窗体四

(2) 单击"设计"选项卡上的"分组和排序"按钮，显示"分组、排序和汇总"窗体，如图 9-46 所示。

图 9-46　"分组、排序和汇总"窗体三

(3) 单击"添加排序"按钮，在弹出窗口中依次选择按"班级名称"和"学号"排序，如图 9-47 所示。

图 9-47　"分组、排序和汇总"窗体四

(4) 单击"设计"选项卡上的"添加现有字段"按钮，将所有字段拖动到"主体"节中，排列后如图 9-48 所示。

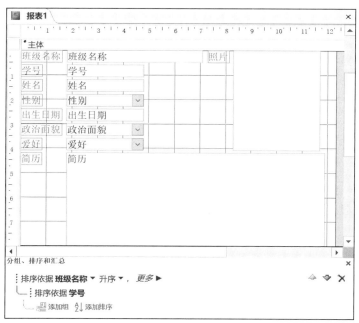

图 9-48　"报表设计"窗体五

(5) 单击"设计"选项卡上的"标签"按钮，在"班级名称"的上面添加一个标签，标签文本设置为"学生信息卡"，字体设置为 26 号、加粗、居中。在其上方绘制一条直线，线条的边框样式设置为"点线"，如图 9-49 所示。

图 9-49 "报表设计"窗体六

(6) 切换到"报表视图"，如图 9-50 所示，将报表保存为"学生卡"。

图 9-50 "报表视图"窗体二

3. 教师报表的设计与实现

(1) 在左侧窗格表对象中选择"教师"，单击"创建"选项卡上的"报表"按钮，新建一个基本报表，切换到设计视图，如图 9-51 所示。

(2) 切换到"排列"选项卡，选择报表中的任意控件使得"选择布局"按钮变为可用，单击"选择布局"按钮选择布局；单击"网格线"按钮，在弹出的下拉菜单中选择"垂直和水平"设置表格线；单击"控件边距"按钮，在弹出的下拉菜单中选择"无"；单击"控件填充"按钮，在弹出的下拉菜单中选择"无"；调整"页面页眉"的高度和"主体"节的高度，使之正好容纳控件为止。

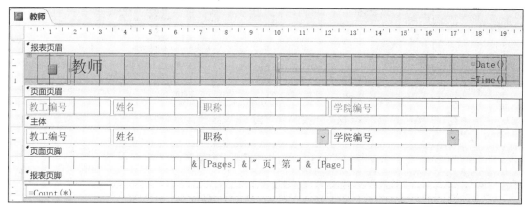

图 9-51　　"报表设计"窗体七

(3) 切换到"报表视图"，如图 9-52 所示。

教工编号	姓名	职称	学院编号
001	王老师	副教授	金融学院
002	李老师	教授	会计学院
003	周老师	副教授	统计学院
004	张老师	讲师	工商管理学院
005	马老师	副教授	工商管理学院
006	侯老师	副教授	信息工程学院
007	魏老师	教授	法学院
7			

教师　　　　2018年9月30日　09:21:54

共 1 页，第 1 页

图 9-52　　"报表设计"窗体八

4. 成绩表的设计与实现

(1) 单击"创建"选项卡上的"报表设计"按钮新建一个空白报表，将"属性表"中的"记录源"设置为"SELECT 班级.班级编号, 班级.班级名称, 学生.学号, 学生.姓名, 成绩查询.大学英语, 成绩查询.计算机文化基础, Sum(成绩查询.微积分)AS 微积分之合计 FROM 成绩查询 INNER JOIN(班级 INNER JOIN 学生 ON 班级.班级编号 = 学生.班级编号)ON 成绩查询.学号 = 学生.学号 GROUP BY 班级.班级编号, 班级.班级名称, 学生.学号, 学生.姓名, 成绩查询.大学英语, 成绩查询.计算机文化基础;"，记录源设置窗体如图 9-53 所示。在报表空白处右击，在弹出菜单中再次选择"页面页眉/页脚"命令，设置完成后如图 9-54 所示。

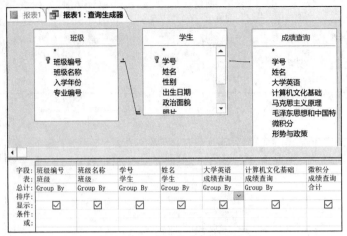

图 9-53　"查询生成器"窗体三

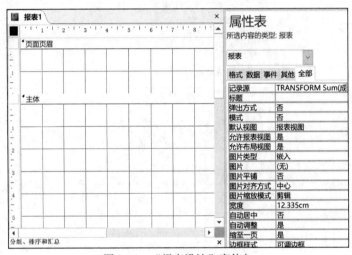

图 9-54　"报表设计"窗体九

(2) 单击"设计"选项卡上的"分组和排序"按钮，显示"分组、排序和汇总"窗体，如图 9-55 所示。

图 9-55　"分组、排序和汇总"窗体五

(3) 单击"添加分组"按钮，在弹出的窗口中依次选择按"班级名称"分组，然后单击"添加排序"按钮，按照"学号"排序，如图 9-56 所示。

(4) 单击"设计"选项卡上的"添加现有字段"按钮，将"班级名称"拖动到"班级编号页眉"节，其余所有字段拖动到"主体"节中，如图 9-57 所示。

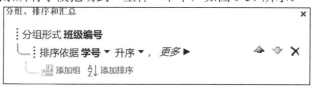

图 9-56　"分组、排序和汇总"窗体六

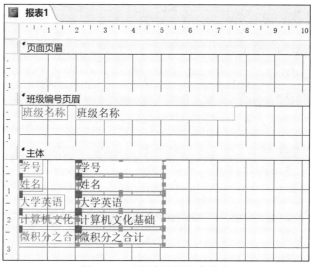

图 9-57　"报表设计"窗体十

（5）选择"主体"节中的所有控件，切换到"排列"工具栏，单击工具栏上的"表格"按钮，将主体节的字段按表格布局，如图 9-58 所示。

图 9-58　"报表设计"窗体十一

（6）选择"页面页眉"节中的所有控件，切换到"排列"选项卡，单击"删除布局"按钮，删除控件布局后，将控件拖动到"班级编号页眉"节中，然后单击"表格"按钮，将字段标题按照表格布局，如图 9-59 所示。

（7）保持对字段标题的选中状态；单击"网格线"按钮，在弹出的下拉菜单中选择"垂直和水平"命令设置表格线；单击"控件边距"按钮，在弹出的下拉菜单中选择"无"选项；单击"控件填充"按钮，在弹出的下拉菜单中选择"无"选项。

图 9-59　"报表设计"窗体十二

(8) 选择"主体"节中的所有控件；单击"网格线"按钮，在弹出的下拉菜单中选择"垂直和水平"命令设置表格线；单击"控件边距"按钮，在弹出的下拉菜单中选择"无"选项；单击"控件填充"按钮，在弹出的下拉菜单中选择"无"选项，调整"班级编号页眉"和"主体"节的高度，使之正好容纳控件为止。

(9) 在设计工具栏上选择"标签"，在"页面页眉"节中添加一个标签，标签文本设置为"成绩表"，字体设置为 26 号、加粗、居中，如图 9-60 所示。

图 9-60　"报表设计"窗体十三

(10) 切换到"报表视图"，如图 9-61 所示。将报表保存为成绩。

成绩表

班级名称	18国贸1			
学号	姓名	大学英语	计算机文化基础	微积分之合计
201801010101	郭莹	90	73	62
201801010102	刘莉莉	96	52	81
201801010103	张婷	89	68	73
201801010104	辛盼盼	95	90	73
201801010105	许一润	72	81	79
201801010106	李琪	97	80	74
201801010107	王瑛	69	63	67
201801010108	马洁	59	55	93
201801010109	牛丹霞	55	56	95
201801010110	徐易楠	63	65	79
201801010111	李静	100	87	77
201801010112	陈佩	50	84	77
201801010113	张琴	57	95	97
201801010114	胡翻翻	59	50	69

图 9-61　"报表视图"窗体三

参 考 文 献

[1] 刘卫国. Access 数据库基础与应用实验指导[M]. 2 版. 北京：北京邮电大学出版社，2013.

[2] 崔洪芳. Access 数据库应用技术[M]. 3 版. 北京：清华大学出版社，2014.

[3] 段雪丽. Access 2010 数据库原理及应用[M]. 北京：化学工业出版社，2014.

[4] 韩金仓，马亚丽，等. Access 2010 数据库应用教程[M]. 北京：清华大学出版社，2015.

[5] 曹小震. Access 2010 数据库应用案例教程[M]. 北京：清华大学出版社，2016.

[6] 鄂大伟. 数据库应用技术教程——Access 关系数据库(2010 版)[M]. 厦门：厦门大学出版社，2017.

[7] 全国计算机等级考试命题研究中心，未来教育教学与研究中心. 全国计算机等级考试一本通二级 Access[M]. 北京：人民邮电出版社，2017.